四川省"十四五"职业教育规划教材（立项建设）

ZHUANGPEI SHI JIANZHU GONGCHENG JILIANG YU JI JIA

装配式建筑工程计量与计价

主　编 / 胡晓娟

副主编 / 李剑心

参　编 / 陈建立　叶　萍　王　燕
　　　　夏一云　吴英男　黄　敏

主　审 / 吕逸实

重庆大学出版社

内容提要

本教材根据现行《建设工程工程量清单计价标准》(GB/T 50500—2024)、《房屋建筑与装饰工程工程量计算标准》(GB/T 50854—2024)、《通用安装工程工程量计算标准》(GB/T 50856—2024),并参照 202×版《四川省建设工程工程量清单计价定额》进行编写。本教材按照造价工作分为 8 个模块,具体内容包括:认识装配式建筑工程计量与计价、收集计量与计价依据、计算工程量、编制工程量清单、编制最高投标限价、编制投标报价、综合案例及计算机辅助计量与计价。不同学校可以根据专业人才培养需要选择不同模块进行教学。

本教材适用于高等职业教育装配式建筑工程技术等技术类专业,也适用于工程造价等管理类专业的拓展学习,还可以作为造价从业人员学习新技术、提升专业能力的参考资料。

图书在版编目(CIP)数据

装配式建筑工程计量与计价 / 胡晓娟主编. -- 重庆 :
重庆大学出版社,2025. 8. -- (高等职业教育建设工程
管理类专业系列教材). -- ISBN 978-7-5689-4905-7

Ⅰ. TU723.3

中国国家版本馆 CIP 数据核字第 2024GA9080 号

高等职业教育建设工程管理类专业系列教材

装配式建筑工程计量与计价

主　编　胡晓娟
副主编　李剑心
主　审　吕逸实
责任编辑:刘颖果　　版式设计:刘颖果
责任校对:邹　忌　　责任印制:赵　晟

*

重庆大学出版社出版发行

社址:重庆市沙坪坝区大学城西路 21 号

邮编:401331

电话:(023) 88617190　88617185(中小学)

传真:(023) 88617186　88617166

网址:http://www.cqup.com.cn

邮箱:fxk@cqup.com.cn(营销中心)

全国新华书店经销

重庆金博印务有限公司印刷

*

开本:787mm×1092mm　1/16　印张:17.5　字数:427 千

2025 年 8 月第 1 版　　2025 年 8 月第 1 次印刷

印数:1—2 000

ISBN 978-7-5689-4905-7　定价:49.00 元

前 言

为贯彻党的二十大关于"推动经济社会发展绿色化、低碳化是实现高质量发展的关键环节"等重要精神,住建部在2024年提出"绿色、低碳、智能、安全"的好房子标准。建筑业作为我国的支柱产业,将继续向绿色化、智能化转型,装配式建筑将更加普及。行业发展急需装配式建筑施工技术及管理人才,装配式建筑工程技术专业需要通过"装配式建筑工程计量与计价"课程,培养精技术、懂管理、会造价的复合型人才;工程造价专业需要拓展学习领域,培养满足建筑业转型升级需求的造价人员。

本教材根据教育部《装配式建筑工程技术专业教学标准(高等职业教育专科)》、现行建筑工程计价标准、现行建筑工程计量系列标准、现行四川省定额及计价文件等,结合工程实例进行编写,具有以下特点:

(1)落实课程思政,融入育人元素。切实践行党的二十大强调的"高质量发展""产教融合""广泛践行社会主义核心价值观"等重要内容,将社会主义核心价值观和工程造价职业道德恰当融入各教学模块。模块1,通过对我国装配式建造先进水平的介绍,融入工匠精神,坚定"四个自信";模块2,在收集计量与计价依据的过程中培养学生尊重依据的求实精神、合理决策的科学精神;模块3,在计算工程量中融入"实事求是、精益求精"的工匠精神;模块4,在编制工程量清单中融入质量意识和责任意识;模块5,在编制最高投标限价中融入"客观、公正、公平"的职业意识;模块6,在编制投标报价中融入"法治、诚信"价值观;模块7,在综合案例中融入"分析研判、举一反三"的实践精神;模块8,在计算机辅助计量与计价中融入创新精神等。

(2)校企合作双元开发。与行业骨干企业合作成立编写团队,讨论并确定编写大纲;校内教师均具备"双师"素质,造价软件研发骨干承担计算机辅助计量与计价模块编写,企业高级工程师主审教材,校企深度合作确保教材内容紧跟行业发展趋势、满足行业人才需求。

(3)工作手册式教材。按照造价工作内容划分为计算工程量、编制工程量清单、编制最高投标限价、编制投标报价等 8 个学习模块,每个模块按照工作过程,依据现行工程造价编审规程编写,在工作方法和程序中设置"说一说""练一练"等学习任务,让学生"学中做""做中学"。同时,还设置有"想一想""看一看"等学习环节,引导学生主动思考、主动学习、举一反三,实现知识和技能的有效迁移。

(4)突出案例教学。本教材以典型案例为载体,融入行业新材料、新技术、新工艺、新理念。模块 1 的案例是独立的"装配式预制混凝土柱";模块 3 的案例包含"装配式预制混凝土构件工程量计算";模块 4 的案例包含"装配式预制混凝土外墙板""装配式预制混凝土空调板""成品空调金属百叶窗护栏""预制混凝土外墙板采取工具式支撑"等常见装配式构件或部品;模块 7 的案例为包含"装配式预制混凝土叠合板""轻质条形板"的完整工程。将装配式构件或部品从简单到复杂,最后融入完整工程进行介绍,循序渐进,既遵循职业教育教学规律和人才成长规律,又适应职业教育教学需要,可读性、实用性强。

(5)配套数字资源。设置二维码,配套相关知识、图片、微课、视频、三维模型等数字教学资源,不仅方便教师讲授,还有助于学生自主学习。

(6)方便实训。配套实训任务书和指导书,并提供了实训参考图纸,供读者使用。

本教材由四川建筑职业技术学院胡晓娟教授组建的双师团队编写,胡晓娟编写模块 1、2、4、5、6;李剑心、吴英男、叶萍、胡晓娟编写模块 3;陈建立、叶萍、胡晓娟编写模块 7;四川省宏业建设软件有限责任公司技术总监王燕负责编写模块 8;夏一云负责图纸设计及改造;黄敏参与资源建设;四川华通建设工程造价管理有限责任公司高级工程师吕逸实主审。本教材于 2023 年 7 月入选四川省"十四五"职业教育规划教材立项建设名单。

教材清样确定后,德阳市造价工程师协会和中道明华建设项目咨询集团有限责任公司分别组织专家对教材内容进行了审读,提出了宝贵意见,在此表示感谢。

由于装配式建筑工程技术还处于探索和发展时期,新的内容和问题还会不断出现,新标准的施行需要学习和积累,新标准配套的地方计量与计价规定也会陆续出台,加之编者水平有限,教材中难免有不妥之处,望广大读者批评指正。

编　者

2024 年 12 月

目　录

模块 1 认识装配式建筑工程计量与计价

【学习目标】

(1) 了解装配式建筑在建设项目中的应用,崇尚工匠精神、坚定"四个自信";

(2) 了解建设工程各阶段的造价工作,清晰把握不同企业角度工程造价的构成,并初步建立起造价管控意识;

(3) 整体认识装配式建筑工程计量与计价的内容和方法,明确学习目标;

(4) 认识工程造价工作的重要性,树立责任意识;

(5) 了解工程造价表格之间的逻辑关系,培养严谨的工作作风。

1.1 建设项目的基本认识

1.1.1 装配式建筑

根据《工程造价术语标准》(GB/T 50875—2013)第 2.1.6 条:建设项目是按一个总体规划或设计进行建设的,由一个或若干个互有内在联系的单项工程组成的工程总和。如某学院新校区建设、某工业园区建设、某拆迁安置小区建设等都是建设项目。

建设项目包括工业与民用建筑、城市基础设施、水利工程、道路工程等,本教材主要针对工业与民用建筑的建设项目进行介绍。

随着现代工业技术的发展,工业与民用建筑可以像机器生产那样,成批、成套地生产制造建筑结构、建筑构件及部品,把预制好的建筑结构、建筑构件及部品运到施工现场进行组装。这种由预制构件在施工现场装配而成的建筑,就是装配式建筑。装配式建筑按结构材料不同,一般可分为装配式混凝土结构、装配式钢结构、装配式木结构 3 种形式。

国家正大力推广装配式建筑在工业与民用建筑中的应用。装配式预制构件在不同建设项目中的应用各不相同,有的建设项目只是局部采用装配式构件或部品,如非承重墙采用装配式板材(装配式板材具有强度高、自重轻、造价低、砌筑速度快等特点,在工业与民用建筑的非承重墙中应用广泛);有的建设项目则大量采用装配式结构、构件或部品。

根据《装配式建筑评价标准》(GB/T 51129—2017)第2.0.1条:装配式建筑是由预制部品部件在工地装配而成的建筑。第3.0.3条:装配式建筑应同时满足以下要求:①主体结构部分的评价分值不低于20分;②围护墙和内隔墙部分的评价分值不低于10分;③采用全装修;④装配率不低于50%。各地根据国家标准,因地制宜地出台了各地的装配率评价标准。

推进建筑工业化、推动装配式建筑发展,要不断提高工程质量,精细化施工水平。我国已经建造有中国南极长城站、港珠澳大桥、广州塔等标志性建设项目,向世界展示了强大的装配式建筑施工技术,也彰显了一丝不苟、精益求精、统筹协作的工匠精神。

【温故知新】要正确计算装配式建筑工程造价,不仅需要了解装配式建筑在建设项目中的应用,还需要熟悉装配式建筑的构造、施工工艺和施工机械等,读者应复习或学习相关技术知识,为学习装配式建筑工程计量与计价打好基础。扫一扫,温习装配式构件设计、生产、运输和安装的相关知识。

【案例展示】扫一扫,了解中国南极长城站、港珠澳大桥、广州塔工程,这些典型的装配式建筑不仅展示了我国先进的装配式建造技术,也展现了国家逢山开路、遇水架桥的奋斗精神,体现了我国的综合国力和自主创新能力,体现了勇创世界一流的民族志气,彰显了"中国精神"的强大感召力,展现出了"中国智慧"和"中国力量"。

| 装配式构件深化设计 | 预制构件施工模拟动画 | 预制构件全自动生产线模拟动画 | 预制构件运输模拟动画 | 装配式建筑典型工程 |

1.1.2 建设项目的组成

建设项目可按用途、性质、规模和组成内容等进行不同的分类。根据组成内容,可将建设项目分为单项工程、单位工程、分部工程和分项工程。

1)单项工程

单项工程是指具有独立的设计文件,建成后能够独立发挥生产能力或使用功能的工程项目。单项工程是建设项目的组成部分,它由若干个单位工程组成,如工厂的一栋厂房或学校的一栋教学楼就是单项工程。在实际工作中通常也把大型地下室、住区绿化景观作为单项工程。

2)单位工程

单位工程是指具有独立的设计文件,能够独立组织施工,但不能独立发挥生产能力或使用功能的工程项目。单位工程是单项工程的组成部分,如厂房或教学楼的建筑与装饰工程、电气设备安装工程、消防工程、给排水工程、暖通工程、弱电工程、绿化工程等,都是单位工程。

3)分部工程

分部工程是指根据建筑工程的主要部分或工种不同或安装工程种类划分的工程。分部工程是单位工程的组成部分,如建筑与装饰工程可以划分为土石方工程、地基处理与边坡支护工程、桩基工程、砌筑工程、楼地面装饰工程等分部工程,电气设备安装工程可以划分为变压器安装、配电装置安装、母线安装等分部工程。

4)分项工程

分项工程是指根据相关标准(计量标准或建设工程定额),按照不同的施工方法、建筑材料、不同规格的设备等,将分部工程进一步细分的工程。分项工程是建筑安装工程的基本构造要素,是分部工程的组成部分。如砌筑工程可以分为实心砖墙、多孔砖墙、砌块墙等分项工程;又如装配式预制混凝土构件安装可以分为装配式预制柱安装、装配式预制梁安装、装配式预制混凝土叠合楼板(底板)安装等;再如变压器安装可以分为油浸电力变压器安装、干式变压器安装、整流变压器安装等。分项工程是假设的"建筑产品",在施工图预算、发承包及实施阶段的工程造价确定中,分项工程是工程造价中直接费的基本单元,是工程计量与计价的直接对象,即对每一分项工程逐一计算工程量,再确定单价并层层汇总为工程造价。

国家计量标准把建设工程划分为9个专业工程,包括房屋建筑与装饰工程、仿古建筑工程、通用安装工程、市政工程、园林绿化工程、矿山工程、构筑物工程、城市轨道交通工程、爆破工程,不同的专业工程要执行不同的计量标准,将分部分项工程费等汇总为单位工程费,单位工程费汇总为单项工程费,单项工程费汇总为工程总价。

【说一说】结合身边建筑列举建设项目的划分。扫一扫,参考答案帮助你理解巩固。

建设项目
划分举例

1.2　工程造价的基本认识

1.2.1　建设各阶段的造价工作

工程造价是指拟建工程的建造价格,在建筑工程的决策阶段、设计阶段、发承包阶段、施工阶段和竣工验收阶段都要分别进行计算。

①决策阶段要编制投资估算。建设项目投资估算是可行性研究报告的重要组成部分,也是对建设项目进行经济效益评价的重要基础。项目确定后,投资估算总额还将对初步设计和概算编制起控制作用。投资估算由建设单位编制,建设单位也可以委托设计单位或咨询单位编制。

②设计阶段要编制设计概算和施工图预算。设计概算在初步设计阶段编制,是国家控制

建设投资的依据;是编制建设计划的依据;是进行拨款和贷款的依据;是签订总承包合同的依据;是考核设计方案经济合理性和控制施工图预算及施工图设计的依据;是考核和评价工程建设项目成本和投资效果的依据。施工图预算在施工图设计阶段编制,是设计阶段控制工程造价的重要环节,是控制施工图设计不突破设计概算的重要措施。设计概算和施工图预算由建设单位编制,建设单位也可以委托设计单位或咨询单位编制。

③发承包阶段要编制最高投标限价和投标报价。建设单位将建设项目的特定工程内容(如某单项工程的建筑与安装工程)通过招标方式发包,建设单位作为招标人编制最高投标限价,建设单位不具备编制资格或能力的,可以委托咨询单位编制。投标人编制的投标报价,是承包工程的预期价格。经过评标后,按照既定的评标办法确定中标价,签入合同,成为签约合同价。

④施工阶段要计算预付款、进度款、办理阶段结算,竣工阶段要编审竣工结算。建设项目投资大、工期长,工程价款按照相关规定应采取开工前根据签约合同价预付工程款、施工中根据期中结算或已完工程产值拨付进度款、竣工后根据竣工结算支付尾款,具体支付方式由发包人(建设单位)和承包人(施工单位)在合同中约定。预付款、进度款、结算款均由承包人根据合同计算后向发包人提出申请,经发包人或其委托的造价咨询单位审核后确定。竣工结算价是发包工程的最终造价。

1.2.2　工程造价的构成

要正确计算建设各阶段的工程造价,就要正确理解工程造价的构成。站在不同角度,工程造价定义不同,其构成也不同。

1)从投资人或业主角度定义

站在投资人或业主角度,工程造价是指完成一个建设项目的预期开支或实际开支的全部建设费用,即该工程项目从建设前期到竣工投产全过程所花费的费用总和。

预期开支的费用包括设备工器具购置费、建筑安装工程费、工程建设其他费用、预备费、建设期贷款利息和固定资产投资方向调节税等,如图1.1所示。

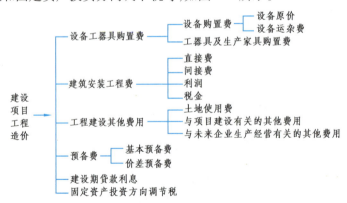

图1.1　建设项目工程造价构成

实际开支的费用为以上费用的实际支付金额,且不再包含预备费。

建设项目的范围,不仅包括固定资产的新建、改建、扩建、恢复工程及与之连带的工程,还包括整体或局部性固定资产的恢复、迁移、补充、维修、装饰装修等内容。

2）从承包商或供应商角度定义

从承包商角度定义，工程造价是指承包人经过生产活动后，从发包人那里收到建筑安装工程所发生的全部费用，通常称为建筑安装工程费（又称"建安工程费"）。

从供应商角度定义，工程造价是指供应商供应材料或设备后，从发包人那里收到的全部费用，通常为设备费。

建筑安装工程费在建设项目的投资中占有较大份额，也是最活跃的部分，是建筑市场交易的主要对象之一。交易对象可以是一个建设项目，也可以是一个单项工程，还可以是单位工程等中间产品。建设工程发承包及实施阶段的工程造价构成，按照费用构成要素划分，由人工费、材料费、施工机具使用费、企业管理费、利润、规费和税金组成；按照造价形成划分，由分部分项工程费、措施项目费、其他项目费、规费和税金组成。

建筑安装工程费用项目组成如图 1.2 和图 1.3 所示。

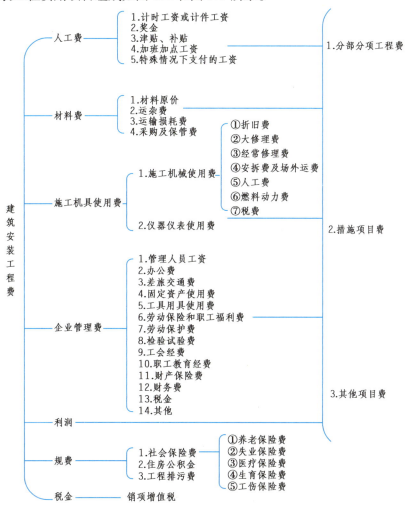

图 1.2　建筑安装工程费用项目组成（按费用构成要素划分）

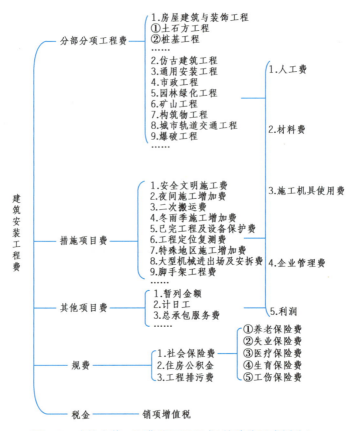

图 1.3　建筑安装工程费用项目组成(按造价形成划分)

建筑安装工程费用项目组成详见《住房城乡建设部　财政部关于印发〈建筑安装工程费用项目组成〉的通知》(建标〔2013〕44 号)。需要注意的是,自 2016 年 5 月 1 日起,建筑业营业税改征增值税,建筑安装工程费用中的构成和归属有所调整,分部分项工程费等税前造价为不含进项税造价,税前造价汇总后再根据销项增值税税率计算销项增值税,具体规定见各地建设主管部门发布的营改增配套文件。

《建设工程工程量清单计价标准》(GB/T 50500—2024)中规定,规费不再单独计算,工人的规费计入人工费,管理人员的规费计入企业管理费;税金中的附加税也在企业管理费中计算。

【知识拓展】扫一扫,全面了解建筑安装工程费用项目组成。

建标〔2013〕44号文

【例 1.1】假设某卫生局拟建设康复中心,在投资决策阶段、设计阶段、发承包阶段、决算阶段和竣工后的项目费用见表 1.1。

康复中心项目在投资决策和设计阶段,分别编制了投资估算和设计概算。完成施工图设计后,进入发承包阶段,建设单位委托咨询单位编制招标工程量清单和最高投标限价并公开招标,将房建工程(综合楼、辅助用房、门卫房)作为一个标段包招标,总平工程[室外道路(包括消防通道)、地下管线铺设、广场砖铺设、景观绿化等]作为另一个标段包招标,经过评标,房建工程由 A 建筑公司中标,总平工程由 B 园林公司中标。中标单位按照合同,完成了工程施工,并办理了结算。以上阶段费用见表 1.1、表 1.2。

表1.1 建设项目费用表

工程名称:某康复中心建设项目

单位:万元

序号	项目	费用内容	估算	概算	决算
1	工程费用		5 800	5 500	5 391
1.1	建筑安装工程费	建筑与装饰工程费、安装工程费	4 200	4 000	3 841
1.2	设备购置费	设备购置费	1 600	1 500	1 550
2	工程建设其他费用		1 730	1 649	1 639
2.3.1	土地费用	土地征用费、税费、节地评审费等	1 000	950	940
2.3.2	建设项目管理费	项目建设管理费、施工监理费等	200	190	200
2.3.3	建设工程前期工作咨询费	编制可行性报告、评价可行性报告等	15	14	13
2.3.4	工程招标代理费	工程招标代理费	10	9	10
	询服务费	招标工程量清单及最高投标限价编制费、审查费;施工阶段全过程控制、竣工结算审计费等	100	96	98
	程勘察设计费	工程勘察费、基本设计费、施工图设计审查费等	200	195	190
2.3.7	环境影响咨询服务费	环境影响报告编制费、评估费等	5	4	4
2.3.8	建设项目一站式服务费	建设项目报建费等	50	48	46
2.3.9	与建设相关的其他费用	场地准备及临时设施费、工程保险费、用地接入费等	120	115	110
2.3.10	专项费用	工程质量检测费、水土保持补偿费等	30	28	28
3	预备费用	基本预备费、价差预备费	620	600	—
4	贷款利息	贷款利息、手续费等	400	380	390
5	固定资产投资方向调节税	(暂停收取)	—	—	—
合计			8 550	8 129	7 420

说明:①各地建设工程其他项目费用组成可能不相同,案例中项目仅作参考。

②费用应按照工程所在地相关规定计算。

③费用表有规定格式,这里根据教学需要设计,不能用于工作实际。

表1.2　建筑安装工程费用表

工程名称:某康复中心建设项目　　　　　　　　　　　　　　　　　　　　　　单位:万元

序号	单项工程名称	估算	概算	最高投标限价	投标报价（中标）	结算价
1	综合楼		3 280	3 200	3 100	3 180
1.1	建筑与装饰工程		2 740	2 670	2 580	2 640
1.2	强电工程		220	220	218	220
1.3	弱电电工	3 415	98	90	88	92
1.4	消防工程		27	30	29	32
1.5	给排水工程		95	100	95	96
1.6	通风空调工程		100	90	90	100
2	辅助用房		400	380	360	370
2.1	建筑与装饰工程		340	325	307	310
2.2	强电工程		26	24	23	25
2.3	弱电电工	440	9	8	8	10
2.4	消防工程		3	3	3	4
2.5	给排水工程		10	9	9	10
2.6	通风空调工程		12	11	10	11
3	门卫房		22	20	19	21
3.1	建筑与装饰工程		18.5	16.6	15.8	17.5
3.2	强电工程		1.5	1.4	1.3	1.6
3.3	弱电电工	25	0.7	0.7	0.6	0.7
3.4	消防工程		0.4	0.4	0.4	0.3
3.5	给排水工程		0.6	0.6	0.6	0.6
3.6	通风空调工程		0.3	0.3	0.3	0.3
4	总平		300	290	280	270
4.1	总平工程	320	300	290	280	270
	合计	4 200	4 002	3 890	3 759	3 841

说明:费用表有规定格式,这里根据教学需要设计,不能用于工作实际。

　　本例清晰反映了建设项目在建设各阶段的造价工作,也直观反映了工程造价的大额性特点。工程造价涉及国家投资和企业收入,建设单位和施工单位都要加强工程造价管理,造价人员必须树立责任意识,严格按照相关规定计算,并在建设过程中加强造价管理,使设计概算不突破投资估算,施工图预算不超过设计概算,最高投标限价不超过设计概算,投标报价不超过最高投标限价,工程结算价不应突破投标报价,不能超过设计概算。

【说一说】站在建设单位的角度,该项目的工程造价是多少? 站在施工单位的角度,承包项目的工程造价是多少? 扫一扫,参考答案帮助你理解巩固。

【想一想】工程中经常有"工程价格"的说法,工程价格和工程造价是一回事吗? 扫一扫,参考答案帮助你解决疑惑。

该案例直观展示了工程造价的构成以及建设各阶段的工程造价,通过这个案例,请总结工程造价具有哪些特点? 扫一扫,参考答案帮助你加深对工程造价的理解。

说一说参考
答案

工程价格是
工程造价吗

工程造价构成
案例启示

1.3　工程计价的基本认识

1.3.1　工程计价的方法

工程计价是指按照法律法规和国家相关标准等规定的程序、方法和依据,对工程造价及其构成内容进行预测或确定。不同阶段造价的计价目的、计价依据、计价内容是不同的,建设各阶段采用的计价方法也不同。

1)投资估算

项目建议书阶段应进行投资估算,可采用生产能力指数法、系数估算法、比例估算法、指标估算法或混合法进行编制。可行性研究阶段的投资估算宜采用指标估算法进行编制。

2)设计概算和施工图预算

设计阶段应编制设计概算和施工图预算,确定和控制建设项目的投资金额。

设计概算应控制在批准的投资估算范围内,应根据相应工程造价管理部门发布的工程计价依据,编制单位积累的有关资料,以及编制同期的人工、材料、施工机械台班市场价格和相关政策文件规定,合理确定建设项目总投资。

设计概算可分为单位工程概算、单项工程综合概算和建设项目总概算三级。其中关键是单位工程概算,单位工程概算分为建筑工程概算和设备及安装工程概算。

建筑工程概算包括土建工程概算,给排水、采暖工程概算,通风空调工程概算,电气照明工程概算,弱电工程概算,特殊构筑物工程概算等。建筑工程概算应根据概算编制时具备的条件选用概算定额法、概算指标法、类似工程预算法。

设备及安装工程概算包括设备(机械设备、电气设备、热力设备等)购置费概算和设备安装工程概算两大部分。设备购置费概算是根据初步设计的设备清单计算出设备原价,并汇总求出设备总原价,然后按照规定的设备运杂费率乘以设备总原价求出运杂费(即运杂费是按照比率估算),两项相加即为设备购置费。设备及安装工程概算应根据概算编制时具备的条件选用预算单价法、扩大单价法、设备价值百分比法、综合吨位指标法。

施工图预算是指以施工图设计为依据,按照规定的程序、方法和依据,在工程施工前对工程项目的工程费用进行预测与计算。施工图预算应控制在已批准的设计概算范围内,当遇到超过概算的情况时,应编制调整概算,提交分析报告,交委托人报原概算审批部门核准。

施工图预算由单位工程施工图预算、单项工程施工图预算和建设项目施工图预算三级逐级编制、综合汇总而成,其关键是单位工程施工图预算的编制。施工图预算可以按照定额计价方式编制,也可以按照清单计价方式编制。

3)最高投标限价和投标报价

建设工程施工发承包及实施阶段,要编制最高投标限价和投标报价。

最高投标限价是指招标人根据国家法律法规及相关标准、建设主管部门的有关规定,以及拟定的招标文件和招标工程量清单,结合工程实际情况,按照国家计价标准规定编制的,限定投标人投标报价的最高价格。最高投标限价一般按照清单综合单价法编制,按照要求必须在招标文件中公布,中标价不得高于最高投标限价。

投标报价是指投标人投标时响应招标工程设计文件及技术标准规范、招标工程量清单、招标文件的合同条款等要求,在投标文件中的投标总价及已标价工程量清单中标明的合价及其综合单价等价格。投标报价反映的是企业生产经营水平,一般按照清单综合单价法编制,不得低于成本价,且不得高于招标人公布的最高投标限价。

4)竣工结算

建设工程实施中、解除时、竣工后要进行竣工结算。竣工结算是指发承包双方根据有关法律法规规定和合同约定,对合同工程实施中、解除时、竣工后的工程项目进行合同价款计算、调整、确认和支付的活动,包括施工过程结算、合同解除结算、竣工结算及工程保修结清。竣工结算按照合同约定的方法计算。

1.3.2 合同价格形式

1)单价合同

单价合同是指发承包双方约定以工程量清单及其综合单价进行合同价款计算、调整和确认的建设工程施工合同。实行工程量清单计价的工程,一般应采用单价合同方式,即合同中的工程量清单项目单价在合同约定的条件内固定不变,超过合同约定的条件时,依据合同约定进行调整;工程量清单项目及工程量依据承包人实际完成且应予以计量的工程量确定。

以单项工程为例,单价合同下的工程造价计算原理如下:

$$单项工程造价 = \sum 单位工程造价$$

$$= \sum (建筑与装饰工程造价 + 安装工程造价)$$

$$或 = \sum (建筑与装饰工程造价 + 强电工程造价 + 弱电工程造价 + 消防工程造价 + 给排水工程造价 + 通风空调工程造价等)$$

$$单位工程造价 = \sum [基本构造单元工程量 \times 相应单价]$$

按照一定标准对单位工程进行分解,划分为可按有关技术经济数据计算价格的基本构造单元,采取工程量清单计价方式,即按照计量标准划分清单项目,计算清单项目工程量,确定单价,再层层汇总计算单位工程造价、单项工程造价、建设项目造价。

我国建筑安装工程目前主要采取的是不完全综合单价形式,即综合单价是完成一个规定清单项目所需的人工费、材料和工程设备费、施工机具使用费和企业管理费、利润以及一定范围内的风险费用,不包括增值税。国际上一般采取全费用综合单价,即综合单价中包括所有费用。我国也正在探索全费用综合单价,如在水利工程领域就推行全费用综合单价形式。

采用不完全综合单价,单位工程造价 $= \sum [清单工程量 \times 不完全综合单价] +增值税$。

2)总价合同

总价合同是指发承包双方约定以施工图及其预算和有关条件进行合同价款计算、调整和确认的建设工程施工合同。当合同约定工程施工内容和有关条件不发生变化时,发包人付给承包人的工程价款总额就不发生变化。当施工内容和有关条件发生变化时,发承包双方根据变化情况和合同约定调整工程价款,但对工程量变化引起的合同价款调整应遵循以下原则:

①当合同价款是依据承包人根据施工图自行计算的工程量确定时,除工程变更造成的工程量变化外,合同约定的工程量是承包人完成的最终工程量,发承包双方不能以工程量变化作为合同价款调整的依据。

②当合同价款是依据发包人提供的工程量清单确定时,发承包双方应依据承包人最终完成的工程量(包括工程变更,工程量清单错、漏)调整确定工程合同价款。

3)成本加酬金合同

成本加酬金合同是指发承包双方约定以施工工程成本再加合同约定酬金进行合同价款计算、调整和确认的建设工程施工合同。这种合同方式,承包人不承担任何价格变化和工程量变化的风险,不利于发包人对工程造价的控制,通常在如下情况才选择成本加酬金合同:

①工程特别复杂,工程技术、结构方案不能预先确定,或者尽管可以确定工程技术和结构方案,但不可能进行竞争性的招标活动并以总价合同或单价合同的形式确定承包人。

②时间特别紧迫,来不及进行详细的计划和商谈,如抢险、救灾工程。

1.4 装配式建筑计量与计价的简单案例

下面通过一个简单的案例来整体认识装配式建筑计量与计价的编制工作,明确学习目标,清楚学习内容,具体方法在后续内容中详细介绍。

【例1.2】四川省A市某学院综合楼采用装配式构件,其中有C30装配式预制混凝土柱8根,截面尺寸为500 mm×500 mm,长为4 500 mm,纵筋为6Φ20,每根装配式预制混凝土柱设置6个注浆套管,装配式预制混凝土柱(YZ)示意图如图1.4所示。

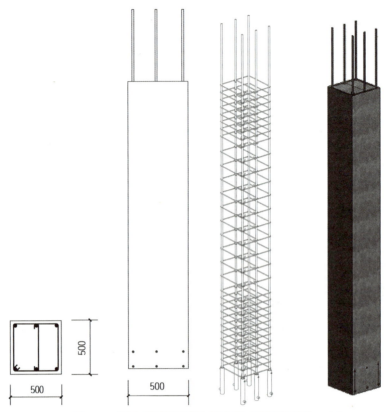

图 1.4　装配式预制混凝土柱(YZ)示意图(单位:mm)

【温故知新】装配式预制混凝土柱安装要点主要包括标高控制、起吊、安装、固定支撑、柱底接缝砂浆封堵及钢筋连接套筒注浆等,扫一扫,参考答案帮助你理解巩固。

装配式预制混凝土柱的施工工艺流程

对该装配式预制混凝土柱完成以下造价工作,见表 1.3。

表 1.3　造价工作任务表

序号	造价工作	编制角度	计算要求
1	编制招标工程量清单和最高投标限价	模拟招标人委托的造价咨询单位	1. 收集编制依据。 2. 编制招标工程量清单: (1)单价措施项目只考虑安装时的支撑措施; (2)总价措施中只考虑安全文明施工费和工程定位复测费; (3)其他项目只考虑暂列金额,暂列金额保留整数。 3. 编制最高投标限价: (1)暂列金额,与招标人沟通后,按照分部分项工程费的10%计算,保留整数; (2)采取一般计税法; (3)工程造价信息没有发布的材料,参考市场价格

续表

序号	造价工作	编制角度	计算要求
2	编制投标报价	模拟投标人	1. 收集编制依据。 2. 投标策略假设： (1) 没有企业定额，参考本省计价定额； (2) 没有掌握市场价格的材料，参考工程造价信息价格； (3) 人工费调整执行文件规定； (4) 可以竞争的企业管理费、利润和工程定位复测费在定额基础上乘以 0.8

1.4.1 编制依据

工程造价的编制依据主要涉及设计文件、招标文件、计价标准、计量标准、省级主管部门颁发的计量与计价相关规定、与建设工程有关的技术标准规范等，设计文件已经在题干中明确，其他编制依据如下。

【编制依据1】招标文件。

案例涉及招标文件的相关内容设定如下：

招标范围：招标工程量清单和设计施工图纸范围内的工程内容。

最高投标限价：34 491.40 元。

本工程，安全生产措施费是 1 830.54 元，其中：临时设施费 499.24 元，文明施工费 386.31元，环境保护费 65.38 元，安全施工费 879.61 元；各投标人报价时根据安全生产措施费填列，不得调整。

【编制依据2】《房屋建筑与装饰工程工程量计算标准》(GB/T 50854—2024)。

案例涉及计量标准的相关内容摘录如下：

E.4 装配式预制混凝土构件

装配式预制混凝土构件工程量清单项目设置、项目特征描述的内容、计量单位及工程量计算规则应按表 E.4 的规定执行。

表 E.4.1 装配式预制混凝土构件(编码:010504)

项目编码	项目名称	项目特征	计量单位	工程量计算规则	工作内容
010504001	实心柱	1. 构件规格或图号； 2. 混凝土强度等级； 3. 连接方式； 4. 灌浆料材质	m³	按设计图示构件尺寸以体积计算。接缝灌浆层体积并入构件体积内。不扣除构件内钢筋、预埋部件、预留孔洞、灌浆套筒及后浇键槽所占体积，构件外露钢筋、连接件及吊环体积亦不增加	1. 支撑杆连接件预埋，结合面清理； 2. 构件吊装、就位、校正、垫实、固定，坐浆料铺筑； 3. 接头区构件预留钢筋、连接件整理及连接； 4. 灌(注)浆料； 5. 搭设及拆除钢支撑

【编制依据3】省级主管部门颁发的工程量计量与计价规定。

2020年《四川省建设工程工程量清单计价定额》
定额总说明(摘录)

二、适用范围

(一)本定额适用于四川省行政区域内的工程建设项目计价。

(二)凡使用国有资金投资的建设工程应按有关规定执行本定额。

三、定额作用

本定额是编审建设工程设计概算、施工图预算、最高投标限价(招标控制价、招标标底)、调解处理工程造价纠纷、鉴定及控制工程造价的依据。

本定额是招标人组合综合单价,衡量投标报价合理性的基础。

本定额是投标人组合综合单价,确定投标报价的参考。

本定额是编制建设工程投资估算等指标的基础。

四、消耗量标准

本定额的消耗量标准,是根据国家现行设计标准、施工质量验收规范和安全技术操作规程,以正常的施工条件、合理的施工组织设计、施工工期、施工工艺为基础,结合四川省的施工技术水平和施工机械装备程度进行编制的,它反映了社会的平均水平。因此,除定额允许调整外,定额中的材料消耗量不得变动,如遇特殊情况,需报经工程所在地工程造价管理机构同意,并报省建设工程造价总站备查后方可调整。

五、综合基价

本定额综合基价是由完成一个规定计量单位的分部分项工程项目或措施项目的工程内容所需的人工费、材料和工程设备费、施工机具使用费、企业管理费、利润所组成。

(一)人工费

综合计算人工单价基价如下:

普工人工单价基价为90元/工日,一般技工(包括机上人工)人工单价为120元/工日,高级技工人工单价基价为150元/工日。

(六)综合基价调整

根据《建筑工程施工发包与承包计价管理办法》(中华人民共和国住房和城乡建设部令第16号),国家标准《建设工程工程量清单计价规范》(GB 50500—2013),《住房和城乡建设部、财政部关于印发〈建筑安装工程费用项目组成〉的通知》(建标〔2013〕44号),《住房和城乡建设部关于印发〈建设工程定额管理办法〉的通知》(建标〔2016〕230号),《住房和城乡建设部关于进一步推进工程造价管理改革的指导意见》(建标〔2014〕142号),《住房和城乡建设部关于加强和改善工程造价监管的意见》(建标〔2017〕209号),原四川省建委《关于进一步搞好工程造价动态管理的通知》(川建委价发〔1994〕464号)及原四川省建委、省物价局印发的《四川省建设工程造价信息管理办法》(川建委发〔2000〕0205号)的规定,《四川省住房和城乡建设厅关于加强和改善工程造价监管的实施意见》(川建造价发〔2017〕871号),综合基价的各项内容按以下规定进行调整:

1.人工费调整:本定额取定的人工费作为定额综合基价的基价,各地可根据本地劳动力单价及实物工程量劳务单价的实际情况,由当地工程造价管理部门测算并附文报省建设工程造价总站批准后调整人工费。编制设计概算、施工图预算、最高投标限价(招标控制价、标底)

时,人工费按工程造价管理部门发布的人工费调整文件进行调整;编制投标报价时,投标人参照市场价格自主确定人工费调整,但不得低于工程造价管理部门发布的人工费调整标准;编制和办理竣工结算时,依据工程造价管理部门的规定及施工合同约定调整人工费。调整的人工费进入综合单价,但不作为计取其他费用的基础。

2.材料费调整:本定额取定的材料价格作为定额综合基价的基价,调整的材料费进入综合单价。在编制设计概算、施工图预算、最高投标限价(招标控制价、标底)时,依据工程造价管理部门发布的工程造价信息确定材料价格并调整材料费,工程造价信息没有发布的材料,参照市场价确定材料价格并调整材料费;编制投标报价时,投标人参照市场价格信息或工程造价管理部门发布的工程造价信息自主确定材料价格并调整材料费;编制和办理竣工结算时,依据合同约定确认的材料价格调整材料费。

安装工程和市政工程中的给水、燃气、给排水机械设备安装、生活垃圾处理工程、路灯工程以及城市轨道交通工程的通信、信号、供电、智能与控制系统、机电设备、车辆基地工艺设备和园林绿化工程中绿地喷灌、喷泉安装等安装工程及其他专业的计价材料费,由四川省建设工程造价总站根据市场变化情况统一调整。

3.机械费调整:本定额对施工机械及仪器仪表使用费以机械费表示,作为定额综合基价的基价,定额注明了机械油料消耗量的项目,油价变化时,机械费中的燃料动力费按照上述"材料费调整"的规定进行调整,并调整相应定额项目的机械费,机械费中除燃料动力费以外的费用调整,由省建设工程造价总站根据住房和城乡建设部的规定以及四川省实际进行统一调整。调整的机械费进入综合单价,但不作为计取其他费用的基础。

4.企业管理费、利润调整:本定额的企业管理费、利润由省建设工程造价总站根据实际情况进行统一调整。

《四川省建设工程工程量清单计价定额——装配式建筑工程》
册说明

一、为贯彻落实《国务院办公厅关于大力发展装配式建筑的指导意见》(国办发〔2016〕71号)"适用、经济、安全、绿色、美观"的建筑方针,推进建造方式创新,促进传统建造方式向现代建造方式转变,满足装配式建筑项目的计价需要,根据现行的装配式建筑工程施工验收规范、质量评定标准和安全操作规程,结合我省实际,制定《四川省建设工程工程量清单计价定额——装配式建筑工程》(以下简称"本定额")。

二、本定额适用于装配式混凝土结构工程、装配式钢结构工程、建筑构件及部品工程。

三、本定额是编审建设工程设计概算、施工图预算、最高投标限价(招标控制价、招标标底)、竣工结算、调解处理工程造价纠纷,鉴定及控制工程造价的基础。

四、本定额与现行《四川省建设工程工程量清单计价定额》其他分册配套使用。本定额仅包含装配式混凝土结构工程、装配式钢结构工程相关定额内容,对装配式建筑中采用传统施工工艺的项目,按本定额有关说明和《四川省建设工程工程量清单计价定额》相应项目及其规定执行。

五、本定额有关人工、材料、机械、管理费、利润、规费等均按《四川省建设工程工程量清单计价定额》相应人工、材料、机械和管理费、利润、规费等的规定执行。

六、本定额中的钢结构吊装机械按常用机械、合理机械配备和施工企业的机械化装备程度,并结合工程实际综合确定。

七、装配式建筑工程的措施项目费,除本定额另有说明外,应按《四川省建设工程工程量清单计价定额》有关规定计算。

八、除另有说明外,本定额凡注明"×××以内或×××以下"均包括"×××"本身;注明"×××以外"或"×××以上"的,则不包括"×××"本身。

A 装配式混凝土结构工程
说明

一、一般说明

本定额包括:预制钢筋混凝土柱、梁、叠合梁(底梁)、叠合楼板(底板)、外墙板、内墙板、叠合外墙板、外挂墙板、女儿墙、楼梯、阳台板、空调板、注浆等定额项目。本定额未包括的项目应按2020年《四川省建设工程工程量清单计价定额——房屋建筑与装饰工程》相关分册有关定额项目执行。

二、装配式建筑钢筋混凝土预制构件

1. 构件安装不分构件外形尺寸、截面类型以及是否带有保温,除另有规定者外,均按构件类型套用相应定额。

2. 装配式钢筋混凝土构件按外购成品考虑,混凝土等级和钢筋含量差异产生的费用差包含在成品构件价格中。

3. 装配式钢筋混凝土预制构件成品价为到现场堆放点的价格,包括:钢筋费、预埋件(含安装预埋件、套筒预埋件)、混凝土费和保温材料费、装修材料费、成品制作费、模板费、预埋管线费、运输费、上下车费、包装费、现场堆放支架及构件厂家的管理费、利润和税金等全部费用。本定额装配式钢筋混凝土预制构件为成品基价,其调整按2020年《四川省建设工程工程量清单计价定额》总说明有关规定进行。

4. 柱和梁不分矩形或异形,均按梁、柱项目执行。

5. 柱、叠合板项目中已经包括接头灌浆工作内容,不再另行计算。

6. 墙板安装定额不分是否带有门窗洞口,均按相应定额执行。凸(飘)窗安装定额适用于单独预制的凸(飘)窗安装,依附于外墙板制作的凸(飘)窗,并入外墙板内计算,相应定额人工费和机械用量乘以系数1.2。

7. 外墙板安装定额已综合考虑了不同的连接方式,按构件不同类型套用相应定额。

8. 阳台板安装不分板式或梁式,均套用同一定额。空调板安装定额适用于单独预制的空调板安装,依附于阳台板制作的栏板、翻沿、空调板,并入阳台板计算。非悬挑的阳台板安装,分别按梁、板安装相关规则计算并套用相应定额。

9. 墙板套筒注浆,按锚入套筒内的钢筋直径不同,以≤φ18及>φ18分别编制。

10. 压顶与女儿墙分开预制时,压顶按女儿墙定额项目执行。

11. 外墙嵌缝打胶已包含在相应项目中,不另外计算。

三、后浇混凝土浇捣

1. 墙柱交界处、墙墙交界处,其现浇部分按2020年《四川省建设工程工程量清单计价定额——房屋建筑与装饰工程》相应项目执行,具体规定如下:

(1)长度≤400 mm的交界(接)处现浇混凝土按混凝土柱相应项目执行,其人工乘以系数1.3。

(2)长度400 mm以上的交界(接)处现浇混凝土按混凝土墙相应项目执行,其人工乘以系数 1.3。

（3）钢筋按现浇混凝土钢筋项目执行,其定额人工乘以系数 1.3。

2.叠合梁上、叠合板上及叠合板间现浇混凝土执行有梁板定额项目,其人工乘以系数 1.3。

工程量计算规则

一、装配式钢筋混凝土预制构件

1.构件安装工程量按成品构件设计图示尺寸的实体积以"立方米"计算,依附于构件制作的各类保温层、饰面层的体积并入相应构件安装中计算,不扣除构件内钢筋、预埋铁件、配管、套管、线盒及单个面积≤0.3 m² 的孔洞、线箱等所占体积,构件外露钢筋体积亦不再增加。

2.套管注浆按设计数量以"个"计算。

3.墙间空腹注浆按注浆的长度以"米"计算。

二、后浇混凝土浇捣

1.后浇混凝土浇捣工程量按设计图示尺寸以实体积计算,不扣除混凝土内钢筋、预埋铁件及单个面积≤0.3 m² 的孔洞等所占体积。

2.预制楼梯按设计图示尺寸以体积计算。不扣除构件内钢筋、预埋铁件所占体积,但应扣除空心踏步板空洞体积。

3.后浇混凝土钢筋工程量按 2020 年《四川省建设工程工程量清单计价定额——房屋建筑与装饰工程(一)》中混凝土及钢筋混凝土相应规则执行。

定额子目(摘录)

A.1 装配式预制混凝土构件安装

A.1.1 柱

工作内容:构件辅助吊装、就位、校正、螺栓固定、预埋铁件、构件安装等全部操作过程。　　　　单位:m³

定额编号				MA0001
项目				装配式预制混凝土柱
综合基价(元)				2 549.22
其中	人工费(元)			124.74
	材料费(元)			2 372.27
	机械费(元)			—
	管理费(元)			15.89
	利润(元)			36.32
材料	名称	单位	单价(元)	数量
	无收缩水泥砂浆	t	900.00	0.051
	装配式钢筋混凝土预制柱	m³	2 300.00	1.000
	板枋材	m³	1 700.00	0.008
	预埋铁件	kg	4.15	0.002
	垫铁	kg	4.15	0.886
	镀锌六角螺栓带螺母 2 平垫 1 弹垫 M20×100 以内	套	1.8	5.046

A.2 装配式构件套筒注浆
装配式构件套筒注浆

工作内容:注浆料搅拌、浇筑、养护及工具清洗等。　　　　　　　　　　　　　　　　单位:见表

定额编号				MA0017
项目				套筒注浆
				φ>18
				个
综合基价(元)				12.87
其中	人工费(元)			3.39
	材料费(元)			8.06
	机械费(元)			—
	管理费(元)			0.43
	利润(元)			0.99
	名称	单位	单价(元)	数量
材料	注浆料	kg	7.97	0.947
	水	m³	2.80	0.095
	其他材料费	元		0.240

D　措施项目
说明

一、工具式铝模板

1.工具式铝模板指组成模板的模板结构和构配件为定型化标准化产品,可多次重复利用,并按规定的程序组装和施工,本章定额中的工具式模板按铝合金模板编制。

2.铝合金模板系统是由铝模板系统、支撑系统、紧固系统和附件系统构成,本定额中铝合金模板按周转摊销考虑。

3.现浇混凝土柱(不含构造柱)、墙、梁(不含圈、过梁)、板是按高度(板面或地面、垫层面至上层板面的高度)3.6 m综合考虑。如遇斜板面结构时,柱分别按各柱的中心高度为准;墙按分段的平均高度为准;框架梁按每跨两端的支座平均高度为准;板(含梁板合计的梁)按高点与低点的平均高度为准。

二、后浇混凝土模板

1.墙柱交界处、墙墙交接处,其现浇混凝土模板按《四川省建设工程工程量清单计价定额——房屋建筑与装饰工程》相应项目执行,具体规定如下:

(1)凡以中心线长度≤400 mm的交界(接)处现浇混凝土模板按混凝土柱模板相应项目执行,其人工乘以系数1.3。

(2)凡以中心线长度400 mm以上的交界(接)现浇混凝土模板按混凝土墙模板相应项目执行,其人工乘以系数1.3。

2.叠合板上、叠合梁上、叠合板间现浇混凝土执行有梁板项目。

三、脚手架工程

装配式钢筋混凝土预制构件围护外脚手架按周转使用考虑。

四、预制构件支撑

1. 装配式钢筋混凝土预制构件支撑按周转使用考虑。

2. 阳台支撑按叠合楼板支撑项目执行。

五、垂直运输

装配式钢筋混凝土结构工程的垂直运输费按《四川省建设工程工程量清单计价定额——房屋建筑与装饰工程》垂直运输中框剪相应项目执行,本定额檐高50 m以上的垂直运输定额项目,按起重力矩1 000 kN·m以内的自升式塔式起重机考虑,若与定额不同时,由甲乙双方协商确定。

工程量计算规则(摘录)

四、预制构件支撑

1. 叠合板工具式支撑按支撑的叠合板构件体积计算(不扣除单个面积≤0.3 m²的空洞、柱、墙、垛所占体积)。

2. 叠合板架管支撑工程量根据经批准的架管支撑方案按搭设水平投影面积以支撑高度计算,支撑高度以下层结构层顶面至上层结构板底面的高度确定。

3. 墙板、柱支撑体系按竖向构件的垂直投影面积(不扣除门窗洞口、空圈洞口等所占面积,不扣除单个面积≤0.3 m²空洞所占体积)计算,外墙按单侧计,内墙按双侧计,柱按1/2周长计。

D.3 预制构件支撑

D.3.1 预制构件工具式支撑

工作内容:安底座、选料、周转材料场内外运输、安拆支撑点等。 单位:见表

定额编号				MD0019
项目				装配式预制构件工具式支撑
				柱
				m³
综合基价(元)				63.65
其中	人工费(元)			30.16
	材料费(元)			12.42
	机械费(元)			14.93
	管理费(元)			1.88
	利润(元)			4.26
	名称	单位	单价(元)	数量
材料	加工铁件	kg	4.15	1.700
	竖向构件支撑体系	套	157.70	0.034
机械	柴油	L		(1.702)

《四川省建设工程工程量清单计价定额——构筑物工程、爆破工程、建筑安装工程费用、附录》费用计算(摘录)

一、总价措施项目费

(一)安全文明施工费

安全文明施工费不得作为竞争性费用。环境保护费、文明施工费、安全施工费、临时设施费分基本费、现场评价费两部分计取。

1.在编制设计概算、施工图预算、招标控制价(最高投标限价、标底)时应足额计取,即环境保护费、文明施工费、安全施工费、临时设施费费率按基本费费率加现场评价费最高费率列计。

环境保护费费率=环境保护基本费费率×2   文明施工费费率=文明施工基本费费率×2

安全施工费费率=安全施工基本费费率×2   临时设施费费率=临时设施基本费费率×2

2.在编制投标报价时,应按招标人在招标文件中公布的安全文明施工费金额计取。

安全文明施工费基本费费率标准

A. 一般计税法

项目名称	工程类型	取费基础	基本费率(%)	说明
环境保护费	房屋建筑与装饰工程、仿古建筑工程、绿色建筑工程、装配式房屋建筑工程、构筑物工程	税前建安工程造价(不含总价措施项目费)	0.11	表中所列工程均为单独发包工程。房屋建筑与装饰工程、仿古建筑工程、绿色建筑工程、装配式房屋建筑工程、构筑物工程包括未单独发包的与其配套的线路、管道、设备安装工程及室内外装饰装修工程
文明施工费			0.65	
安全施工费			1.48	
临时设施费			0.84	

注:本表根据《四川省建设工程安全文明施工费计价管理办法》进行了调整。

(二)其他总价措施项目费

夜间施工增加费、二次搬运费、冬雨季施工增加费、已完工程及设备保护费、工程定位复测费等其他总价措施项目费应根据拟建工程特点确定。

其他总价措施项目计取标准

序号	项目名称	取费基础	一般计税	简易计税
			费率(%)	
1	夜间施工增加费	税前建安工程造价(不含总价措施项目费)	0.09	0.09
2	二次搬运费		0.04	0.04
3	冬雨季施工增加费		0.07	0.07
4	工程定位复测费		0.02	0.02

说明:①编制招标控制价(最高投标限价、标底)时,招标人应根据工程实际情况选择列项,按以上标准计取。

②编制投标报价时,投标人应按照招标人在总价措施项目清单中列出的项目和计算基础自主确定相应费率并计算措施项目费。

③编制竣工结算时,其他总价措施项目费应根据合同约定的金额(或费率)计算,发、承包双方依据合同约定对其他总价措施项目费进行了调整的,应按调整后的金额计算。

注:表中取费基础和费率按川建标函〔2024〕3159号进行了调整。

二、其他项目费

（一）暂列金额

暂列金额应根据拟建工程特点确定。

1. 编制招标控制价（最高投标限价、标底）时，暂列金额可按分部分项工程费和措施项目费的 10%～15% 计取。

2. 编制投标报价时，暂列金额应按招标人在其他项目清单中列出的金额填写。

（三）计日工

1. 在编制招标控制价（最高投标限价、标底）时，计日工项目和数量应按其他项目清单列出的项目和数量，计日工中人工、机械综合单价应包括综合费，综合费包括：管理费、利润、安全文明施工费等，其综合费计取时不区分一般计税和简易计税。计日工中的人工单价（含规费）应按工程造价管理机构公布的单价计算，计日工中人工单价综合费按定额人工单价的 28.38% 计算。计日工中的施工机械台班单价按本定额"附录一　施工机械台班费用定额"为基础计算。计日工中机械单价综合费按定额机械台班单价的 23.83% 计算。若海拔高度>2 km 时，定额人工单价及定额机械台班单价计算按总说明的规定乘以海拔降效系数为基础计取综合费。

计日工中的材料单价应按工程造价管理机构发布的工程造价信息中的材料单价计算，工程造价信息未发布材料单价的材料，其价格应按市场调查确定的单价计算。

2. 编制投标报价时，计日工按招标人在其他项目清单中列出的项目和数量，投标人自主确定综合单价并计算计日工费用。

四、税金

税金应按规定标准计算，不得作为竞争性费用，税金包括增值税和附加税。

（一）增值税一般计税法

1. 销项税额=税前不含税工程造价×销项增值税率 9%

2. 附加税按以下规定计算

编制招标控制价（最高投标限价、标底）和投标报价时，按以下综合附加税税率表计算。

综合附加税税率表

项目名称	计算基础	综合附加税税率
附加税（城市维护建设税、教育费附加、地方教育附加）	税前不含税工程造价	1. 工程在市区时为 0.313%； 2. 工程在县城镇时为 0.261%； 3. 工程不在县城镇时为 0.157%

【编制依据 4】与建设工程有关的技术标准规范。

案例涉及的有关技术标准规范主要是装配式预制柱施工技术规程，对预制柱吊装、套管注浆、工具式支撑等有明确规定。

【编制依据 5】价格信息。

编制期，工程所在地工程造价管理部门发布的材料价格信息和某施工企业掌握的材料价格信息见表 1.4。

表 1.4　材料价格表(20××年×月)

序号	材料(工程设备)名称、规格、型号	单位	工程造价管理部门发布的不含税单价(元)	某施工企业掌握的不含税单价(元)
1	装配式钢筋混凝土预制柱	m³	2 400	2 350
2	无收缩水泥砂浆	t	920	910
3	注浆料	kg	8.00	8.10
4	预埋铁件	kg	4.82	4.70
5	加工铁件	kg	4.82	4.70
6	镀锌六角螺栓带螺母 2 平垫 1 弹垫 M20×100 以内	套	1.8	2.0
7	垫铁	kg	4.15	4.10
8	板枋材	m³	1 800	1 750
9	竖向构件支撑体系	套	160	165
10	水	m³	3.50	
11	柴油(机械)	L	7.88	

编制期,工程所在地人工费调整系数为 45.9%,装配式房屋建筑计日工人工单价:普工 147 元/工日,技工 215 元/工日,高级技工 267 元/工日。

【编制依据 6】投标人的工程实施方案。

预制柱采取塔吊吊装,人工辅助定位,套管注浆,工具式支撑。

1.4.2　模拟招标人委托的造价咨询单位编制招标工程量清单

1)收集编制依据

工程量清单主要根据设计文件、招标文件、计价标准、计量标准、与建设工程有关的技术标准等编制。模拟招标人委托的造价咨询单位编制招标工程量清单时,设计文件见题干,其他需要收集的编制依据见【编制依据 1】【编制依据 2】【编制依据 4】。

2)列项并计算工程量

列项就是把单位工程项目按照标准进行分解。清单计价方式就是按照计量标准的项目划分标准进行分解。装配式预制混凝土柱的安装工艺流程一般有很多步骤,但是在造价计算时,清单项目可能把很多工艺合并在一个项目中,因此既要熟悉施工工艺流程,也要清楚计量标准各项目包含的工作内容,结合项目特征描述,才能正确划分列项。

本案例项目特征描述中包含套管注浆和支撑措施,只需列"装配式预制混凝土柱安装"一个清单项目,再按照计量标准中工程量计算规则计算,具体见表 1.5。

表 1.5　工程量计算表

工程名称:某学院综合楼[建筑与装饰工程]　　　　　　标段:　　　　　　第 1 页　共 1 页

序号	项目编码	项目名称	单位	工程量	工程量计算
1	010504001001	装配式预制混凝土柱安装	m³	9.00	0.5×0.5×4.5×8＝9.00

3)编制工程量清单

(1)分部分项工程项目清单(见表 1.6)

表 1.6　分部分项工程项目清单计价表

工程名称:某学院综合楼[建筑与装饰工程]　　　　　　标段:　　　　　　第 1 页　共 1 页

序号	项目编码	项目名称	项目特征描述	计量单位	工程量	金额(元)	
						综合单价	合价
1	0105040 01001	装配式预制混凝土柱	1.构件规格:500 mm×500 mm; 2.混凝土强度等级:C30; 3.连接方式:套管注浆,钢筋直径为 20 mm; 4.灌浆料材质:注浆料; 5.支撑:满足施工规范要求,由施工单位自行考虑	m³	9.00		
			小计				

(2)措施项目清单(见表 1.7)

表 1.7　措施项目清单计价表

工程名称:某学院综合楼[建筑与装饰工程]　　　　　　标段:　　　　　　第 1 页　共 1 页

序号	项目编码	项目名称	工程内容	价格(元)	备注
1	011601006001	临时设施	为进行建设工程施工所需的生活和生产用的临时建(构)筑物和其他临时设施。包括临时设施的搭设、移拆、维修、清理、拆除后恢复等,以及因修建临时设施应由承包人所负责的有关内容		
2	011601007001	文明施工	施工现场文明施工、绿色施工所需的各项措施		
3	011601008001	环境保护	施工现场为达到环保要求所需的各项措施		
4	011601009001	安全生产	施工现场安全施工所需的各项措施		
5	01B001	工程定位复测费	施工前的放线,施工过程中的检测,施工后的复测所发生的费用		

续表

序号	项目编码	项目名称	工程内容	价格(元)	备注
		本页小计			—
		合计			—

说明:根据清单的项目特征描述,安装支撑措施包括在"装配式预制混凝土柱安装"项目中,案例暂不考虑脚手架等措施项目,只考虑安全生产措施费和工程定位复测费(为工程所在地造价主管部门明确规定需要计取的措施项目费)。

(3)其他项目清单(见表1.8)

表1.8 其他项目清单计价表

工程名称:某学院综合楼[建筑与装饰工程]　　　　　标段:　　　　　　　　第1页 共1页

序号	项目名称	暂估(暂定)金额(元)	结算(确定)金额(元)	调整金额±(元)	备注
1	暂列金额	2 581.00			详暂列金额明细表(见表1.9)
2	专业工程暂估价				
3	计日工				详计日工表(见表1.10)
4	总承包服务费				
5	合同中约定的其他项目				
	合计				

说明:清单是载明项目名称、内容和数量的明细清单,但也会涉及金额,如暂列金额、专业工程暂估价,案例只考虑了暂列金额,根据最高投标限价的"暂列金额"结果填列。

表1.9 暂列金额明细表

工程名称:某学院综合楼[建筑与装饰工程]　　　　　标段:　　　　　　　　第1页 共1页

序号	项目名称	计算基础	费率(%)	暂定金额(元)	确定金额(元)	调整金额±(元)	备注
1	合同价款调整暂列金额			2 581.00			
	合计			2 581.00			

注:1.本表由招标人填写"暂列金额"总额,采用费率计价方式计算暂定金额的,应分别填写"计算基础""费率",并计算填写"暂定金额";采取总价计价方式计算暂定金额的,可直接填写"暂定金额"。

　　2.投标人应将上述暂定金额填写并计入投标总价。

　　3.结算时应按合同约定计算并填写"确定金额"。

表 1.10　计日工表

工程名称:某教学楼[建筑与装饰工程]　　　　　　　　标段:　　　　　　　　第1页 共1页

编号	计日工名称	单位	暂定数量	实际数量	综合单价（元）	合价(元)		调整金额±(元)
						暂定	实际	
						A_1	A_2	$B = A_2 - A_1$
一	人工							
1	装配式房屋建筑工程　普工	工日	3					
2	装配式房屋建筑工程　技工	工日	2					
3	高级技工	工日	1					
	人工小计							
二	材料							
	材料小计							
三	施工机具							
	施工机具小计							
	总计							

说明:每个工程都应该在清单中考虑计日工(合同以外可能发生的工作),把单价纳入有效竞争,至少考虑可能需要的人工,根据工程类别合理设置。

(4)税金项目清单(见表1.11)

表 1.11　税金项目计价表

工程名称:某学院综合楼[建筑与装饰工程]　　　　　　　标段:　　　　　　　　第1页 共1页

序号	项目名称	计算基础说明	计算基础	税率(%)	金额(元)
1	销项增值税	税前不含税工程造价			
2	地方附加税	税前不含税工程造价			
	合计				

说明:根据工程所在地的计价规定,管理费中没有包括城市维护建设税、教育费附加、地方教育附加,案例将地方附加税编制在税金项目清单中。

1.4.3　模拟招标人委托的造价咨询单位编制最高投标限价

1)收集编制依据

最高投标限价主要根据设计文件、招标文件、招标工程量清单、计价标准、计量标准、省级建设主管部门颁发的计量与计价相关规定,合理施工工期及常规施工工艺、顺序,工程价格信息等编制。模拟招标人委托的造价咨询单位编制最高投标限价,设计文件见题干,工程量清单见1.4.2节,其他编制依据见【编制依据1】【编制依据2】【编制依据3】【编制依据4】【编制依据5】。

2)计算定额工程量

最高投标限价反映社会平均水平,应根据近期类似工程合同单价等工程造价信息或咨询编制,若没有掌握近期签订类似工程合同价格,可根据地区计价定额来确定综合单价,这是因为地区计价定额是按社会平均水平编制的。本教材参照202×版《四川省建设工程工程量清单计价定额》介绍计价原理和方法,规费设定已经包含在人工费和管理费中,不再单独计算。

确定清单综合单价时,要先确定清单包括的计价工程量,即分析清单项目包括的计价项目,每个项目的定额工程量,才能套用定额,分析每个项目消耗的人工费、材料费、施工机具使用费、管理费和利润,从而计算出综合单价。

本案例根据四川省建设主管部门颁发的计量与计价相关规定,即202×版《四川省建设工程工程量清单计价定额》及配套文件,计价项目及定额工程量见表1.12。

表1.12 工程量计算表

工程名称:某学院综合楼[建筑与装饰工程]　　　　　标段:　　　　　第1页 共1页

序号	项目编码	清单项目	单位	清单工程量	定额项目	单位	定额工程量	计算式
1	0105040 01001	装配式预制混凝土柱	m³	9.00	装配式预制混凝土柱安装	m³	9.00	$0.5×0.5×4.5×8=9.00$
					装配式构件套筒注浆(φ18以上)	个	48	$6×8=48$
					装配式预制构件工具式支撑柱	m³	9.00	$0.5×0.5×4.5×8=9.00$

说明:根据项目特征描述,结合定额,"装配式预制混凝土柱"清单项目包括3个计价项目,分别计算定额工程量。

3)确定清单综合单价

清单综合单价是指综合考虑技术标准规范、施工工期、施工顺序、施工条件、地理气候等影响因素以及约定范围与幅度内的风险,完成一定单位数量工程量清单所需的费用,包括人工费、材料费、施工机具使用费、管理费、利润以及一定范围内的风险费用。

清单项目可能包括一项或多项计价项目,确定清单综合单价的前提是分析项目特征描述确定计价项目。根据工程所在地建设工程定额,案例包括3个计价项目(定额项目),即装配式预制混凝土柱安装、装配式构件套筒注浆(φ18以上)、装配式预制构件工具式支撑柱。

最高投标限价的综合单价反映的是社会平均水平,没有类似工程数据的情况下,消耗量可套用工程所在地建设工程定额,人工费按照工程造价管理部门发布的人工费调整文件进行调整;材料单价依据工程造价管理部门发布的工程价格确定并调整材料费,企业管理费和利润执行定额规定。最高投标限价的综合单价具体计算见表1.13。

表1.13 分部分项工程项目清单综合单价分析表

工程名称:某学院综合楼[建筑与装饰工程]　　　　　　标段:　　　　　　第1页 共1页

项目编码	010504001001		项目名称	装配式预制混凝土柱	计量单位	m³
项目特征	1. 构件规格:500 mm×500 mm; 2. 混凝土强度等级:C30; 3. 连接方式:套管注浆,钢筋直径为20 mm; 4. 灌浆料材质:注浆料; 5. 支撑:满足施工规范要求,由施工单位自行考虑					
序号	费用项目	单位	数量	单价(元)	合价(元)	
1	人工费				252.38	
2	材料费				2 531.17	
2.1	装配式钢筋混凝土预制柱	m³	1.000	2 400.00	2 400.00	
2.2	无收缩水泥砂浆	t	0.051	920.00	46.92	
2.3	板枋材	m³	0.008	1 800.00	14.40	
2.4	预埋铁件	kg	0.002	4.82	0.01	
2.5	垫铁	kg	0.886	4.15	3.68	
2.6	镀锌六角螺栓带螺母2平垫1弹垫 M20×100 以内	套	5.046	1.80	9.08	
2.7	注浆料	kg	5.050	8.00	40.40	
2.8	水	m³	0.507	3.50	1.77	
2.9	其他材料费				1.28	
2.10	竖向构件支撑体系	套	0.034	160.00	5.44	
2.11	加工铁件	kg	1.700	4.82	8.19	
3	施工机具使用费				18.13	
4	1+2+3 小计				2 801.68	
5	管理费				20.06	
6	利润				45.86	
	综合单价				2 867.60	

说明:①以上数据套用装配式预制混凝土柱安装(MA0001)、装配式构件套筒注浆(φ18以上)(MA0017)、装配式预制构件工具式支撑柱(MD0019)3个定额子目。

②清单含量=定额工程量/清单工程量,预制混凝土柱安装的含量=9/9=1(m³/m³),套筒注浆的含量=48/9=5.333(个/m³),支撑的含量=9/9=1(m³/m³)。

③人工费=清单含量×定额人工费×人工费调整系数=[1×124.74(MA0001)+5.333×3.39(MA0017)+1×30.16(MD0019)]×1.459=252.38(元)。

④材料费,应逐一分析材料耗量,材料耗量=清单含量×定额消耗量,再乘以材料单价,如注浆料的数量=5.333×0.947=5.050,其他材料用量计算方法相同,具体数量见表1.13。

⑤施工机具使用费=清单含量×定额机械费+清单含量×柴油耗量×(柴油市场价-柴油定额价)=[0(MA0001)+0(MA0017)+14.93+1.702×(7.88-6.00)(MD0019)]=18.13(元)。

⑥管理费=清单含量×定额管理费[1×15.89(MA0001)+5.333×0.43(MA0017)+1×1.88(MD0019)]=20.06(元)。

⑦利润=清单含量×定额利润[1×36.32(MA0001)+5.333×0.99(MA0017)+1×4.26(MD0019)]=45.86(元)

4)造价计算

造价计算时,把单价或费率等填入清单计价表格,不得改变清单的项目编码、项目名称、项目特征描述、计量单位和工程量。

(1)计算分部分项工程费(见表1.14)

表1.14 分部分项工程项目清单计价表

工程名称:某学院综合楼[建筑与装饰工程]　　　　　标段:　　　　　第1页 共1页

序号	项目编码	项目名称	项目特征描述	计量单位	工程量	金额(元)	
						综合单价	合价
1	0105040 01001	装配式预制混凝土柱	1.构件规格:500 mm×500 mm; 2.混凝土强度等级:C30; 3.连接方式:套管注浆,钢筋直径为20 mm; 4.灌浆料材质:注浆料; 5.支撑:满足施工规范要求,由施工单位自行考虑	m³	9.00	2 867.60	25 808.40
			小计				

(2)计算措施项目费

根据工程所在地四川省的计价规定,临时设施等安全生产措施费以税前不含税工程造价(不含总价措施项目费)为计算基础,按照一定费率计算,最高投标限价足额计取(见表1.15)。

表1.15 措施项目清单计价表

工程名称:某学院综合楼[建筑与装饰工程]　　　　　标段:　　　　　第1页 共1页

序号	项目编码	项目名称	工程内容	价格(元)	备注
1	011601006001	临时设施	为进行建设工程施工所需的生活和生产用的临时建(构)筑物和其他临时设施。包括临时设施的搭设、移拆、维修、清理、拆除后恢复等,以及因修建临时设施应由承包人所负责的有关内容	499.24	
2	011601007001	文明施工	施工现场文明施工、绿色施工所需的各项措施	386.31	

续表

序号	项目编码	项目名称	工程内容	价格(元)	备注
3	011601008001	环境保护	施工现场为达到环保要求所需的各项措施	65.38	
4	011601009001	安全生产	施工现场安全施工所需的各项措施	879.61	
5	01B001	工程定位复测费	施工前的放线,施工过程中的检测,施工后的复测所发生的费用	5.94	
本页小计				1 836.48	—
合计				1 836.48	—

说明:①税前不含税工程造价=分部分项工程费+其他项目费=25 808.40+3 908.00=29 716.40(元)。

②费率根据工程所在地费用计算规定,最高投标限价的安全文明施工费足额计取,即基本费率×2,详见【编制依据4】,其中:

临时设施=29 716.40×0.84%×2=499.24(元)

文明施工=29 716.40×0.65%×2=386.31(元)

环境保护=29 716.40×0.11%×2=65.38(元)

安全生产=29 716.40×1.48%×2=879.61(元)

工程定位复测费=29 716.40×0.02%=5.94(元)

(3)计算其他项目费(见表 1.16)

表 1.16　其他项目清单计价表

工程名称:某学院综合楼[建筑与装饰工程]　　　　标段:　　　　　　　第 1 页　共 1 页

序号	项目名称	暂估(暂定)金额(元)	结算(确定)金额(元)	调整金额±(元)	备注
1	暂列金额	2 581.00			详暂列金额明细表(见表1.17)
2	专业工程暂估价				
3	计日工	1 327.00			详计日工表(见表1.18)
4	总承包服务费				
5	合同中约定的其他项目				
合计		3 908.00			

说明:汇总表根据明细表填列,案例只考虑了暂列金额项目。

表1.17　暂列金额明细表

工程名称:某学院综合楼[建筑与装饰工程]　　　　　　　　标段:　　　　　　　　第1页 共1页

序号	项目名称	计算基础	费率（%）	暂定金额（元）	确定金额（元）	调整金额±（元）	备注
1	合同价款调整暂列金额			2 581.00			按照分部分项工程费的10%计算
合计				2 581.00			

说明:案例的条件设定明确了暂列金额,与招标人沟通后,按照分部分项工程费的10%计算,保留整数。

表1.18　计日工表

工程名称:某教学楼[建筑与装饰工程]　　　　　　　　标段:　　　　　　　　第1页 共1页

编号	计日工名称	单位	暂定数量	实际数量	综合单价（元）	合价（元） 暂定	合价（元） 实际	调整金额±（元）
						A_1	A_2	$B=A_2-A_1$
一	人工							
1	装配式房屋建筑工程　普工	工日	3		173.00	519.00		
2	装配式房屋建筑工程　技工	工日	2		549.00	498.00		
3	高级技工	工日	1		310.00	310.00		
	人工小计							
二	材料							
	材料小计							
三	施工机具							
	施工机具小计							
	总计					1 327.00		

说明:①计日工的人工综合单价=计日工人工单价+(定额人工单价×综合费率)。

　　②定额的普工人工单价基价为90元/工日,技工(包括机上人工)人工单价基价为120元/工日,高级技工人工单价基价为150元/工日,计日工中人工综合单价的综合费按定额人工单价的28.38%计算。

　　③工程造价管理部门公布本计价期的装配式房屋建筑计日工人工单价:普工147元/工日,技工215元/工日,高级技工267元/工日。

　　④计日工的人工综合单价计算示例:

　　　普工:人工综合单价=147+90×28.38%=172.54(元/工日)=173.00(元/工日)(一般保留整数)。

（4）计算税金（见表 1.19）

表 1.19　税金项目计价表

工程名称:某学院综合楼[建筑与装饰工程]　　　　标段:　　　　第 1 页 共 1 页

序号	项目名称	计算基础说明	计算基础	税率(%)	金额(元)
1	销项增值税	税前不含税工程造价	31552.88	9	2839.76
2	附加税	税前不含税工程造价	31552.88	0.313	98.76
	合计				2 938.52

说明:税前不含税工程造价=分部分项工程费+措施项目费+其他项目费 = 25 808.40+ 1 836.48+3 908.00 = 31 552.88（元）。

（5）费用汇总（见表 1.20）

表 1.20　工程项目清单计价汇总表（最高投标限价）

工程名称:某学院综合楼[建筑与装饰工程]　　　　标段:　　　　第 1 页 共 1 页

序号	项目内容	金额（元）
1	分部分项工程项目	25 808.40
2	措施项目	1 836.48
2.1	其中:安全生产措施项目	1 830.54
3	其他项目	3 908.00
3.1	其中:暂列金额	2 581.00
3.2	其中:专业工程暂估价	
3.3	其中:计日工	1 327.00
3.4	其中:总承包服务费	
3.5	其中:合同中预定的其他项目	
4	税金	2 938.52
	合计	34 491.40

1.4.4　模拟投标人编制投标报价

1）收集编制依据

　　投标报价主要根据设计文件、招标文件、招标工程量清单、计价标准、计量标准、企业定额、计价办法、拟定的施工方案、市场价格信息等编制。本案例中,假设施工企业没有企业定额,采用的是工程所在地建设工程定额,拟定的施工方案也同常规施工方案,设计文件见题干,招标工程量清单见 1.4.2 节,其他编制依据见【编制依据 1】【编制依据 2】【编制依据 3】【编制依据 4】【编制依据 5】【编制依据 6】。

2）确定投标策略

投标策略假设：

①没有企业定额，参考本省计价定额。

②没有掌握市场价格的材料，参考工程造价信息价格。

③人工费调整执行文件规定。

④可以竞争的企业管理费、利润和工程定位复测费在定额基础上乘以0.8。

3）计算定额工程量

复核清单工程量，分析清单工程量项目特征描述，确定计价项目，计算计价工程量，见表1.21。

表1.21　工程量计算表

工程名称：某学院综合楼［建筑与装饰工程］　　　　　标段：　　　　　　　　第1页 共1页

序号	项目编码	清单项目	单位	清单工程量	定额项目	单位	定额工程量	计算式
1	0105040 01001	装配式预制混凝土柱	m^3	9.00	装配式预制混凝土柱安装	m^3	9.00	$0.5×0.5×4.5×8=9.00$
					装配式构件套筒注浆(ϕ18以上)	个	48	$6×8=48$
					装配式预制构件工具式支撑柱	m^3	9.00	$0.5×0.5×4.5×8=9.00$

说明：根据项目特征描述，结合定额，"装配式预制混凝土柱安装"清单项目包括3个计价项目，分别计算定额工程量。

4）确定清单定额单价

投标报价的清单综合单价构成和计算方法同最高投标限价，但反映的是企业个别水平，计算依据不同于最高投标限价。消耗量应采用企业定额或企业数据，没有企业定额或企业数据的，可以参考工程所在地建设工程定额；参照市场价格自主确定人工费；参照市场价格信息自主确定材料价格，但招标工程量清单中的暂估价材料应按给定材料单价计算；自主确定企业管理费和利润。投标报价的综合单价计算见表1.22。

表1.22　分部分项工程项目清单综合单价分析表

工程名称：某院综合楼［建筑与装饰工程］　　　　　标段：　　　　　　　　第1页 共1页

项目编码	010504001001		项目名称	装配式预制混凝土柱	计量单位	m^3
项目特征	1. 构件规格：500 mm×500 mm； 2. 混凝土强度等级：C30； 3. 连接方式：套管注浆，钢筋直径为20 mm； 4. 灌浆料材质：注浆料； 5. 支撑：满足施工规范要求，由施工单位自行考虑					

续表

项目编码	010504001001	项目名称	装配式预制混凝土柱	计量单位	m³
序号	费用项目	单位	数量	单价（元）	合价（元）
1	人工费				252.38
2	材料费				2 481.70
2.1	装配式钢筋混凝土预制柱	m³	1.000	2 350.00	2 350.00
2.2	无收缩水泥砂浆	t	0.051	910.00	46.41
2.3	板枋材	m³	0.008	1 750.00	14.00
2.4	预埋铁件	kg	0.002	4.70	0.01
2.5	垫铁	kg	0.886	4.10	3.63
2.6	镀锌六角螺栓带螺母 2 平垫 1 弹垫 M20×100 以内	套	5.046	2.00	10.09
2.7	注浆料	kg	5.050	8.10	40.91
2.8	水	m³	0.507	3.50	1.77
2.9	其他材料费				1.28
2.10	竖向构件支撑体系	套	0.034	165.00	5.61
2.11	加工铁件	kg	1.700	4.70	7.99
3	施工机具使用费				18.13
4	1+2+3 小计				2 752.21
5	管理费				16.05
6	利润				36.69
	综合单价				2 804.95

说明:①没有企业定额,套用工程所在地建设工程定额。

②人工费执行同期人工费调整系数。

③材料单价采用企业掌握的市场价格。

④根据投标策略,企业管理费和利润在定额基础上乘以 0.8。

⑤填列方法同最高投标限价的综合单价分析表。

5) 造价计算

造价计算时,把单价或费率等填入清单计价表格,不得改变清单的项目编码、项目名称、项目特征描述、计量单位和工程量。

（1）计算分部分项工程费（见表1.23）

表1.23　分部分项工程项目清单计价表

工程名称：某学院综合楼［建筑与装饰工程］　　　　　　标段：　　　　　　　第1页　共1页

序号	项目编码	项目名称	项目特征描述	计量单位	工程量	金额（元）	
						综合单价	合价
1	0105040 01001	装配式预制混凝土柱	1. 构件规格：500 mm×500 mm； 2. 混凝土强度等级：C30； 3. 连接方式：套管注浆，钢筋直径为20 mm； 4. 灌浆料材质：注浆料； 5. 支撑：满足施工规范要求，由施工单位自行考虑	m³	9.00	2 804.95	25 244.55
小计							

（2）计算措施项目费（见表1.24）

表1.24　措施项目清单计价表

工程名称：某学院综合楼［建筑与装饰工程］　　　　　　标段：　　　　　　　第1页　共1页

序号	项目编码	项目名称	工程内容	价格（元）	备注
1	011601006001	临时设施	为进行建设工程施工所需的生活和生产用的临时建（构）筑物和其他临时设施。包括临时设施的搭设、移拆、维修、清理、拆除后恢复等，以及因修建临时设施应由承包人所负责的有关内容	499.24	
2	011601007001	文明施工	施工现场文明施工、绿色施工所需的各项措施	386.31	
3	011601008001	环境保护	施工现场为达到环保要求所需的各项措施	65.38	
4	011601009001	安全生产	施工现场安全施工所需的各项措施	879.61	
5	01B001	工程定位复测费	施工前的放线，施工过程中的检测，施工后的复测所发生的费用	2.91	
合计				1 833.45	—

说明：①根据工程所在地的计价规定，投标报价的安全生产措施费，按照招标人在招标文件中公布的金额填列，即根据【编制依据1】填列。

②可以竞争的工程定位复测费根据投标策略，计算基础为税前建安工程造价（不含总价措施项目费）＝分部分项工程费＋其他项目费＝25 244.55＋3 916.00＝29 160.55（元）；费率在定额基础上乘以0.8，即0.02%×0.80＝0.016%；工程定位复测费＝29180.55×0.01%＝2.91（元）。

（3）计算其他项目费（见表1.25）

表1.25 **其他项目清单计价表**

工程名称:某学院综合楼[建筑与装饰工程] 标段: 第1页 共1页

序号	项目名称	暂估（暂定）金额（元）	结算（确定）金额（元）	调整金额±（元）	备注
1	暂列金额	2 581.00			详暂列金额明细表（见表1.26）
2	专业工程暂估价				
3	计日工	1 335.00			详计日工表（见表1.27）
4	总承包服务费				
5	合同中约定的其他项目				
	合计	3 916.00			

说明:暂列金额按照招标工程量列出金额填写,不得修改。

表1.26 **暂列金额明细表**

工程名称:某学院综合楼[建筑与装饰工程] 标段: 第1页 共1页

序号	项目名称	计算基础	费率（%）	暂定金额（元）	确定金额（元）	调整金额±（元）	备注
1	合同价款调整暂列金额			2 581.00			
	合计			2 581.00			

说明:暂列金额按照招标工程量列出金额填写,不得修改。

表1.27 **计日工表**

工程名称:某学院综合楼[建筑与装饰工程] 标段: 第1页 共1页

编号	计日工名称	单位	暂定数量	实际数量	综合单价（元）	合价（元） 暂定 A_1	合价（元） 实际 A_2	调整金额±（元） $B=A_2-A_1$
一	人工							
1	装配式房屋建筑工程 普工	工日	3		175.00	525.00		
2	装配式房屋建筑工程 技工	工日	2		250.00	500.00		
3	高级技工	工日	1		310.00	310.00		
	人工小计							
二	材料							

续表

编号	计日工名称	单位	暂定数量	实际数量	综合单价（元）	合价（元）		调整金额 ±（元）
						暂定	实际	
						A_1	A_2	$B=A_2-A_1$
	材料小计							
三	施工机具							
	施工机具小计							
	总计					1 335.00		

说明:①投标人自主确定计日工的人工综合单价并计算计日工费用。

②本案例,投标人根据实际人工市场,确定计日工的人工综合单价:普工综合单价为175元/工日,技工综合单价为250元/工日,高级技工综合单价为310元/工日。

（4）计算税金（见表1.28）

表1.28　税金项目计价表

工程名称:某学院综合楼(建筑与装饰工程)　　　　　　　　　　　　第1页 共1页

序号	项目名称	计算基础说明	计算基础	税率（%）	金额（元）
1	销项增值税	税前不含税工程造价	30 994.00	9	2 789.46
2	附加税	税前不含税工程造价	30 994.00	0.313	97.01
	合计				2 886.47

说明:税前不含税工程造价=分部分项工程费+措施项目费+其他项目费=25 244.55+1 833.45+ 3 916.00 = 30 994.00（元）。

（5）费用汇总（见表1.29）

表1.29　工程项目清单计价汇总表（投标报价）

工程名称:某学院综合楼(建筑与装饰工程)　　　　　　　　　　　　第1页 共1页

序号	项目内容	金额（元）
1	分部分项工程项目	25 244.55
2	措施项目	1 833.45
2.1	其中:安全生产措施项目	1 830.54
3	其他项目	3 916.00
3.1	其中:暂列金额	2 581.00

续表

序号	项目内容	金额(元)
3.2	其中:专业工程暂估价	
3.3	其中:计日工	1 335.00
3.4	其中:总承包服务费	
3.5	其中:合同中预定的其他项目	
4	税金	2 886.47
	合计	33 880.47

　　本案例直观反映了招标工程量清单、最高投标限价、投标报价编制的主要依据、内容、方法和步骤,工程造价确定过程十分严谨,编制者必须认真仔细,才能正确计算工程量、合理确定单价、规范填写各种表格,使得造价成果内容完整、格式规范、数据正确,满足工作质量要求。

　　【想一想】通过本案例,对装配式建筑工程计量与计价有哪些初步认识?

装配式预制混凝土柱案例启示

学习小结

　　装配式建筑在工业与民用建筑项目中的应用越来越广泛,我国的装配式建筑施工技术实力强,已经建成很多超大工程,在国民经济中发挥着重要作用。要合理确定装配式建筑造价,必须熟悉装配式建筑的构造、施工工艺和施工机械等,读者应复习或学习相关技术知识,不仅为学习装配式建筑工程计量与计价打好基础,也要学习和发扬装配式建筑设计、生产、运输、安装过程中“一丝不苟”“精益求精”“统筹协作”的工匠精神。

　　工程项目建设全过程都需要确定工程造价,造价管理贯穿建设全过程,造价人员必须建立造价控制意识,合理确定投资估算,合理计算设计概算,施工图预算不超过设计概算,竣工决算不超过施工图预算,为建设项目取得良好的经济效益和社会效益提供有效的造价管理。

　　站在不同角度,工程造价构成也不同,建筑安装工程费用是工程造价中最活跃的组成部分,是确定工程造价的重点和难点,本教材重点介绍建筑安装工程费用的确定。

　　合同价格形式有单价合同、总价合同、成本加酬金合同,实行工程量清单计价的工程,一般应采用单价合同形式,在工程总承包中,可以采取总价加单价的复合计价模式。

　　本模块通过两个案例,不仅直观反映了工程造价的构成,还直观反映了施工图预算、工程量清单、最高投标限价、投标报价的编制程序和方法。工程造价技术性强、涉及内容多,编制者必须养成严谨的工作作风,才能正确计算工程量,合理确定工程造价。

模块 2 收集计量与计价依据

【学习目标】

(1) 能收集各种编制依据；

(2) 能正确应用各种编制依据；

(3) 树立尊重依据的求实精神、合理决策的科学精神。

在建设工程发承包阶段，编制招标工程量清单、确定最高投标限价和投标报价，首先要收集这些计价文件的编制依据，主要包括招标文件、设计文件、计价标准、计量标准、国家或省级行业建设主管部门颁发的工程计量与计价相关规定、工程相关的技术标准规范、工程造价信息等。

2.1 收集招标文件及项目的施工条件

1) 收集招标文件

招标文件是指由招标人或招标代理机构编制并向潜在投标人发售的明确资格条件、合同条款、评标方法和投标文件相应格式的文件。

招标文件是招标人对发包工程和投标人具体条件和要求的意思表达，既是编制招标工程量清单的依据，也是确定最高投标限价的依据，更是确定投标报价的重要依据，认真研读招标文件、按照招标文件的要求开展相关计量与计价工作，是合理确定工程造价的前提。因此，收集招标文件是发承包阶段工程造价的业务来源和工作基础。有了招标文件，才能为收集计量计价标准、定额提供指引，也为后续收集施工方案、价格信息提供指引。

国家主管部门颁布了建设工程招标文件系列示范文本，地方主管部门一般会在此基础上进一步细化，形成本地区的招标文件示范文本，其中的工程施工招标文件是招标中的重要文件，是编制招标工程量清单、最高投标限价、投标报价的重要依据。

施工招标项目的招标文件至少包括：①招标公告或投标邀请书；②投标人须知；③合同主

要条款;④投标文件格式;⑤采用工程量清单招标的,应提供工程量清单;⑥技术条款;⑦设计图纸;⑧评标标准和办法;⑨投标辅助材料等。

【看一看】招标文件是工程计量与计价的重要依据。扫一扫,看一看某装配式建筑工程招标文件的主要内容。

某装配式实训楼招标文件

2)收集设计图纸

这里的设计图纸是指施工图设计文件,包括施工图和相关图集的做法。

施工图是开展造价工作最基础的依据,包含在招标文件中,可通过招标文件一并获得。

施工图设计文件是表示工程项目总体布局,建筑物、构筑物的外部形状、内部布置、结构构造、内外装修做法、材料以及设备、施工等要求的图样,应满足:①能据以进行工程量清单列项、算量和计价;②能据以安排材料、设备订货或非标注设备的制作;③能据以进行施工和安装;④能据以进行工程验收。

单项工程的施工图纸一般包括建筑施工图、结构施工图、给排水、采暖通风施工图及电气施工图等专业图纸,也可将给排水、采暖通风和电气施工图合在一起统称设备施工图。

施工图包括设计说明和设计图,设计说明包括设计依据、工程概况、材料、构造及做法等;设计图又分为平面图、立面图、剖面图、节点大样图等。

正确识读图纸是工程造价人员最基本的要求。施工图识读方法包括总揽全局、按部就班、前后对照、重点细读等。

总揽全局(了解总体)。首先看目录、总平面图和施工总说明,大致了解工程概况,如工程设计单位、建设单位、新建项目所在位置、周围环境、施工技术要求等。对照目录检查图纸是否齐全,采用了哪些标准图集(对照收集图集)。然后看建筑平、立、剖面图,大体上想象建筑物的立体形象及内部布置。

按部就班(顺序看图)。在总体了解建筑物后,根据施工的先后顺序,从基础到墙体(或柱),再从构造到结构进行仔细阅读。

前后对照。平面图与立面图、剖面图对照看,建筑施工图与结构施工图对照看,土建施工图与设备施工图对照看,把握整体工程施工情况及技术要求。

重点细读。整体了解后,对专业重点细读,并将遇到的问题记录下来及时向设计单位反映,必要时可形成文件发给设计单位。

施工图设计常常会引用标准图集,造价人员需要自行收集并正确应用:①按施工图中注明的标准图集的名称、编号和编制单位,查找相应图集;②识读图集时应先看总说明,了解该图集的设计依据、使用范围、施工要求及注意事项等内容;③按施工图中的详图索引编号查阅详图,核对有关尺寸和要求。

【说一说】造价人员发现图纸有问题,能直接修改吗? 扫一扫,正确处理图纸存在的问题,清楚岗位职责边界。

造价人员能改图纸吗

3)收集项目的施工条件

施工条件包括场地情况、出入场道路情况、施工用电引入情况、施工用水引入情况、周围废弃土场情况、地质水文情况等。通常应进行现场踏勘并形成踏勘记录。

2.2　收集规范和标准及其配套文件

2.2.1　规范和标准的一般认识

这里的规范和标准是指与本建设项目有关的规范和标准,包括计价标准和计量标准,还包括与设计、施工、验收等相关的规范和标准等。

2012年12月25日,建设部(现住房城乡建设部)发布第1567、1568、1571、1569、1576、1575、1570、1572、1573、1574号公告,批准《建设工程工程量清单计价规范》(GB 50500—2013)(简称"13规范")以及《房屋建筑与装饰工程工程量计算规范》(GB 50854—2013)等9本计量规范,自2013年7月1日施行。

在住房城乡建设部规范的基础上,各地也相应发布了配套执行文件。如四川省住房和城乡建设厅于2013年7月12日发布了《四川省住房和城乡建设厅关于贯彻实施〈建设工程工程量清单计价规范〉(GB 50500—2013)及〈房屋建筑与装饰工程工程量计算规范〉(GB 50854—2013)等9本工程量计算规范有关事项的通知》(川建造价发〔2013〕370号)。文件明确了在四川省执行"13规范"时,应将"挖一般土方、沟槽、基坑、管沟土方中因工作面和放坡增加的工程量并入相应土方工程量内","现浇、预制混凝土模板在措施项目中单列,预制混凝土模板编码执行对应实体项目"等事项。

2022年12月26日,中国建设工程造价管理协会发布了《建设项目工程总承包计价规范》(T/CCEAS 001—2022),自2023年3月1日起实施。

在协会规范的基础上,各地也相应发布了配套执行文件。如四川省住房和城乡建设厅于2022年10月11日发布了《四川省住房和城乡建设厅关于四川省房屋建筑和市政基础设施项目工程总承包合同计价的指导意见》(川建行规〔2022〕12号)。文件明确了"工程总承包项目原则上采用总价合同或者总价与单价组合式合同","总价合同或者总价与单价组合式合同中的总价部分,可参照现行建设工程计价、计量规范(标准)编制;总价与单价组合式合同中的单价部分,依据现行建设工程计价、计量规范(标准)及其相关配套政策文件编制"等事项。

住房城乡建设部于2024年12月陆续发布了《建设工程工程量清单计价标准》(GB/T 50500—2024)和《房屋建筑与装饰工程工程量计算标准》(GB/T 50854—2024),并于2025年9月1日起施行。

其他各类设计规范、施工验收规范、技术标准等,如2022年10月24日,住房城乡建设部发布《建筑与市政工程防水通用规范》(GB 55030—2022),自2023年4月1日起实施。该规范为强制性工程建设规范,全部条文必须严格执行,明确了防水混凝土强度等级不应低于C25等规定。

【扫一扫】工程造价与法律法规、标准规范等息息相关,要关注法律法规和标准规范的变化,扫一扫,全面了解《建设工程工程量清单计价标准》(GB/T 50500—2024)、《房屋建筑与装饰工程工程量计算标准》(GB/T 50854—2024)。

计价标准　计量标准

2.2.2　建设工程工程量清单计价标准

1)计价标准的基本认识

住房城乡建设部为规范建设工程计价规则和方法,完善工程造价市场形成机制,推动工程造价管理高质量发展,根据《中华人民共和国民法典》《中华人民共和国建筑法》《中华人民共和国招标投标法》《中华人民共和国价格法》等法律法规,制定了《建设工程工程量清单计价标准》(GB/T 50500—2024)(以下简称"计价标准"),该标准适用于建设工程施工发承包及实施阶段的计价活动,包括工程量清单编制、最高投标限价编制、投标报价编制、合同工程计量、合同价款调整、合同价款期中支付、工程结算与支付等,其他的计价活动可参照应用。

2)计价标准的构成

计价标准包括:总则、术语、基本规定、工程量清单编制、最高投标限价编制、投标报价编制、合同工程计量、合同价款调整、合同价款期中支付、工程结算与支付、合同价款争议的解决、工程计价成果与档案管理和附录。

3)计价标准的应用

使用财政资金或国有资金投资的建设工程,应按国家及行业工程量计算标准编制工程量清单,采用工程量清单计价;非使用财政资金或国有资金投资的建设工程,宜按国家及行业工程量计算标准编制工程量清单,采用工程量清单计价。采用工程量清单计价方式应执行《建设工程工程量清单计价标准》(GB/T 50500—2024)。

需要注意的是,计价标准是推荐性国家标准,发承包双方对建设工程的计价标准或计价方法有约定的,按照约定结算工程价款,施工合同约定不明或者没有约定时,根据《中华人民共和国民法典》第五百一十一条的规定,可以参考《建设工程工程量清单计价标准》(GB/T 50500—2024)的规定,来填补双方约定的漏洞。

因此,《建设工程工程量清单计价标准》(GB/T 50500—2024)是编制工程量清单、最高投标限价、投标报价的重要依据。

2.2.3　建设工程工程量计量标准

1)计量标准的一般认识

建设工程工程量计量标准(以下简称"计量标准")共 9 个专业,包括房屋建筑与装饰工程、仿古建筑工程、通用安装工程、市政工程、园林绿化工程、矿山工程、构筑物工程、城市轨道交通工程、爆破工程。计量标准是对计量活动进行的规范,是编制工程量清单的重要依据。

2)计量标准的构成

9 本计量标准都由总则、术语、工程计量、工程量清单编制、附录组成。附录按照分部分项工程对清单项目的设置做了具体规定,包括项目编码、项目名称、项目特征、计量单位、工程量计算规则、工作内容及注解等。

3)计量标准的应用

工程量清单应根据计量标准附录规定的项目编码、项目名称、项目特征、计量单位和工程量计算规则进行编制。

装配式建筑工程的工程量清单编制主要依据《房屋建筑与装饰工程工程量计算标准》(GB/T 50854—2024)和《通用安装工程工程量计算标准》(GB/T 50856—2024)。

2.3　收集省级计量与计价相关文件

省级计量与计价相关文件,包括省级建设主管部门颁发的建设工程定额、建筑安装工程费用计算办法及配套文件。

在造价数据、市场价格积累不够充分的情况下,建设主管部门颁发的建设工程定额仍是编制工程量清单、计算工程造价的重要依据,也是学校讲授造价原理和方法的重要工具。

建设工程定额是指在正常的施工条件和合理劳动组织、合理使用材料及机械的条件下,完成单位合格产品所必须消耗资源的人工、材料、机械设备以及其价值的数量标准,是建筑施工企业管理的重要工具,是编制施工计划、材料供应计划,确定产品价值的重要依据,具有科学性、系统性、统一性、指导性、群众性、稳定性和时效性等特点。

建设工程定额种类很多,根据不同标准有多种划分,按照生产要素内容划分为人工定额(也称"劳动定额")、材料消耗定额、施工机械台班使用定额;按照编制程序和用途划分为施工定额、预算定额、概算定额、概算指标、投资估算指标;按照编制单位和适用范围划分为全国统一定额、行业定额、地区定额、企业定额;按照投资的费用性质划分为建筑工程定额、设备安装工程定额、建筑安装工程费用定额、工器具定额以及工程建设其他费用定额等。

本教材以202×版《四川省建设工程工程量清单计价定额》为例介绍地区预算定额的应用。

【看一看】建设工程定额广泛用于建筑企业管理和项目管理,各类定额作用不同,扫一扫,增强管理常识。

定额分类及作用

2.3.1　《四川省建设工程工程量清单计价定额》的识读

建设工程预算定额具有地区性,各省、自治区、直辖市建设行政主管部门根据住房城乡建设部相关规定,结合本省、自治区、直辖市的建筑业发展、施工技术水平和施工机械装备程度制定发布,并定期修编。

【看一看】四川省住房和城乡建设厅组织编制了 202×版《四川省建设工程工程量清单计价定额》，该套定额由多册组成，可以购买纸质定额，也可以有偿下载文献，还可以在线查询，建立知识产权意识。

【议一议】《住房和城乡建设部办公厅关于印发工程造价改革工作方案的通知》(建办标〔2020〕38 号) 提出：加快转变政府职能，优化概算定额、估算指标编制发布和动态管理，取消最高投标限价按定额计价的规定，逐步停止发布预算定额……有人说，地区预算定额没有用了，是这样吗? 扫一扫，正确认识地区预算定额的作用，尊重循序渐进的发展规律。

正确认识预算
定额的作用

1) 定额构成及适用范围

定额由文字说明、定额项目表、附录等内容组成。文字说明包括编制总说明、册说明、分部工程说明、工程量计算规则等内容;定额项目表包括项目名称、工程内容、编码、基价、消耗量标准等内容。

202×版《四川省建设工程工程量清单计价定额》根据专业工程，有房屋建筑与装饰工程、仿古建筑工程、通用安装工程、市政工程、构筑物工程、城市轨道交通工程、既有及小区改造房屋建筑维修与加固工程、爆破工程、装配式建筑工程、绿色建筑工程、城市地下综合管廊养护维修工程、排水管网非开挖修复工程、城市道路桥梁养护维修工程等多个专业册和安装工程费用及附录等。

本定额适用于四川省行政区域内的工程建设项目计价，凡是使用国有资金投资的建设工程应按照有关规定执行该定额。

建设项目可能需要使用多本定额，如装配式建筑工程，就会应用到装配式建筑工程、房屋建筑与装饰工程、通用安装工程等定额分册。

2) 定额作用

202×版《四川省建设工程工程量清单计价定额》是编审建设工程设计概算、施工图预算、最高投标限价(招标控制价、标底)、调解处理工程造价纠纷、鉴定及控制工程造价的依据;是招标人组合综合单价，衡量投标报价合理性的基础;是投标人组合综合单价，确定投标报价的参考;是编制建设工程投资估算等指标的基础。

因此，现阶段四川省行政区域内国有资金投资项目编制最高投标限价需要使用该定额，由于很多企业没有企业定额或者消耗量数据库，也会参考该定额进行投标报价。

3) 消耗量标准

202×版《四川省建设工程工程量清单计价定额》是根据国家现行计价标准、施工质量验收规范和安全技术操作规程，以正常的施工条件、合理的施工组织设计、施工工期、施工工艺为基础，结合四川省的施工技术水平和施工机械装备程度进行编制的，反映了社会的平均水平。因此，除定额允许调整外，定额中的材料消耗量不得变动，如遇到特殊情况，需报经工程所在地工程造价管理部门同意，并报省建设工程造价总站备查后方可调整。

2.3.2 《四川省建设工程工程量清单计价定额》的应用

1)应用条件

(1)套用定额的工程量必须按照定额中的计算规则计算

定额消耗量与工程量计算规则是一一对应的关系,不能套用按照计量标准或者其他地区定额计算规则计算的工程量。

(2)定额基价要调整使用

定额基价由完成一个规定计量单位的分部分项工程项目或措施项目的工程内容所需的人工费、材料费、施工机具使用费、企业管理费、利润组成。定额基价反映的是定额编制期的价格水平,肯定早于建设项目计价期,不能直接用于实际计价,需要按照规定予以调整。

①人工费调整。人工费调整一般采用系数调整法,调整公式如下:

$$调整后的人工费 = 定额人工费 \times 调整系数$$

编制设计概算、施工图预算、最高投标限价(招标控制价、标底)时,人工费按照工程造价管理部门发布的人工费调整文件进行调整;编制投标报价时,投标人参照市场价自主确定人工费。调整的人工费进入综合单价,但不作为计取其他费用的基础。

【看一看】人工费调整系数定期发布,造价人员要及时关注,收集工程建设期的人工费调整文件,正确调整人工费。扫一扫,对人工费调整文件建立基础认识。

人工费调整文件

②材料费调整。材料费调整一般采用逐项价差调整法,调整公式如下:

调整后的材料费 $= \sum$ [某材料消耗量×(信息材料单价或者市场材料单价-定额材料单价)]+ 其他材料费

编制设计概算、施工图预算、最高投标限价(招标控制价、标底)时,依据工程造价管理部门发布的工程造价信息确定材料价格并调整材料费,工程造价信息没有发布的材料,参照市场价格确定材料价格并调整材料费。编制投标报价时,投标人参照市场价格信息或工程造价管理部门发布的工程造价信息确定材料价格并调整材料费。

【看一看】各省各地区造价管理部门还可能定期发布工程造价信息,提供当地某时期的平均市场价格。扫一扫,看看某市的工程造价信息。

某市工程造价信息

③施工机具使用费调整。定额注明了机械油料消耗量的项目,按照"材料费调整"的规定进行调整,即油价变化时,机械费中的燃料动力费采取价差调整法调整;除燃料动力费外的费用调整,由省建设造价总站根据住房城乡建设部的规定以及四川省实际进行统一调整。调整的机械费进入综合单价,但不作为计取其他费用的基础。

燃料动力费调整公式如下:

调整后的燃料动力费 = 某燃料动力耗量×(信息材料单价或者市场材料单价-定额材料单价)

④企业管理费和利润调整。定额中的企业管理费、利润由省建设工程造价总站根据实际情况进行统一调整。即编制设计概算、施工图预算、最高投标限价(招标控制价、标底)时,定额中的企业管理费、利润是否调整,由省建设工程造价总站根据实际情况统一确定;编制投标报价时,企业管理费和利润属于可以竞争的费用,由企业自主确定。

2)定额项目的应用方法

（1）直接套用

当施工图的设计要求与预算定额的项目内容一致时,可直接套用预算定额。大多数项目可以直接套用预算定额,套用时应注意:

①根据施工图、设计说明、标准图做法说明,选择定额项目。

②从工程内容、技术特征和施工方法上仔细核对,才能准确确定与施工图相对应的预算定额项目。

③分项工程的名称、内容和计量单位与预算定额项目相互一致。

【例2.1】某工程建筑设计说明:本工程外墙墙体为240 mm厚KP1型多孔砖,采用预拌砂浆砌筑;砌体材料见表2.3,对分项工程"多孔砖外墙(240 mm厚,KP1型)"进行定额套用。

表2.3　砌体材料一览表

砌体材料类别	位置	砌体强度等级	砂浆强度等级	备注
页岩实心砖砌体	地坪以下埋在土中的砌体	MU15	M5	地坪以下墙体采用水泥砂浆,其余墙体采用预拌混合砂浆
页岩多孔砖砌体	外墙、楼梯间、卫生间、电梯井、女儿墙	MU7.5	M5	
页岩空心砖	其他部位	MU5	M5	

查阅《四川省建设工程工程量清单计价定额——房屋建筑与装饰工程(一)》"D砌筑工程"的说明,其中相关说明如下:

烧结多孔砖:

KP1型:240 mm×115 mm×90 mm

KP2型:240 mm×115 mm×53 mm

KP3型:240 mm×115 mm×115 mm

　　　　200 mm×115 mm×115 mm

　　　　200 mm×115 mm×90 mm

　　　　200 mm×95 mm×115 mm

定额中实心砖、砌块、方整石、条石、烧结多孔砖等砌体设计要求规格与砌体定额规格不同时,定额材料用量允许换算。

硅酸盐砌块、烧结多孔砖(个别项目除外)、烧结空心砖,需要镶嵌的标准砖已综合考虑在定额内,不另计算。

相关定额项目见表D.1.4。

D.1.4　多孔砖墙(编码:010401004)

工作内容:1.调、运、铺砂浆。2.安放木砖、铁件、砌砖、外墙单面原浆勾缝。　　单位:10 m³

定额编号			AD0023	AD0024
项目			烧结多孔砖	
			KP1 型	
			干混砂浆	湿拌砂浆
综合基价(元)			4 018.00	3 845.19
其中	人工费(元)		1 548.27	1 507.23
	材料费(元)		1 985.12	1 869.21
	机械费(元)		2.36	—
	管理费(元)		147.31	143.19
	利润(元)		334.94	325.56
	名称	单位	单价(元)	数量
材料	干混砌筑砂浆	t	270.00	2.944	—
	湿拌砌筑砂浆	m³	400.00	—	1.701
	烧结多孔砖(KP1 型)240 mm×115 mm×90 mm	千匹	350.00	3.380	3.380
	水	m³	2.80	1.283	0.773
	其他材料费	元		3.650	3.650

　　通过查询以上定额相关说明,分项工程"多孔砖外墙(240 mm 厚,KP1 型)"与定额项目内容一致,应直接套用。套用干混砂浆还是湿拌砂浆,与该工程采用的施工方案有关,假设该工程采用干混砂浆,则直接套用 AD0023,数据解读如下:

　　完成 10 m³ 的多孔砖墙,包括"调、运、铺砂浆;安放木砖、铁件、砌砖、外墙单面原浆勾缝"工作内容。(定额的"工作内容"指主要施工工序,除另有规定和说明外,其他工序虽未详列,但定额均已考虑)

　　定额综合基价为 4 018.00 元,其中人工费为 1 548.27 元,材料费为 1 985.12 元,机械费为 2.36 元,管理费为 147.31 元,利润为 334.94 元。

　　干混砌筑砂浆:270.00×2.944＝794.88(元)

　　烧结多孔砖(KP1 型)240 mm×115 mm×90 mm:350.00×3.380＝1 183.00(元)

　　水:2.80×1.283＝3.59(元)

　　其他材料费:3.650 元

　　材料费:794.88+1 183.00+3.59+3.65＝1 985.12(元)

　　(定额中仅列出主要材料的用量,次要和零星材料均包括在其他材料费内,以"元"为单位表示,编制设计概算、施工图预算、最高投标限价时不得调整)

　　【练一练】若分项工程采用的是湿拌砂浆,请套用定额并进行数据分析。扫一扫,看看分析是否正确。

多孔砖墙定额套用分析

（2）定额换算

定额项目中列出的是常用项目，当施工图的分项工程项目与定额项目不符时，不能直接套用预算定额，定额说明允许换算时就产生了定额换算。

定额换算基本常识：定额换算必须按照定额说明进行，保持定额水平的一致性；定额换算分为一般砂浆换算、混凝土换算、系数换算及其他换算。定额换算一般公式如下：

换算后的定额基价＝原定额基价＋换入的费用－换出的费用

202×版《四川省建设工程工程量清单计价定额——房屋建筑与装饰工程（一）》册说明相关内容如下：

本定额的混凝土和砂浆强度等级，如设计要求与定额不同时，允许按《四川省建设工程工程量清单计价定额——构筑物工程、爆破工程、建筑安装工程费用、附录》换算，但定额中各配合比的材料用量不得调整。

本定额的现场搅拌混凝土是按特细砂编制、现场搅拌砂浆按（特）细砂编制，计算时按实际使用砂的种类分别套用相应定额项目。与定额不同时，允许按《四川省建设工程工程量清单计价定额——构筑物工程、爆破工程、建筑安装工程费用、附录》换算。

本定额现浇混凝土构件是按现场搅拌非泵送编制的，商品混凝土以成品基价（含泵送费）的形式表现。若现浇混凝土构件使用商品混凝土，按工程所在地工程造价管理部门规定，对商品混凝土价差进行单项价差调整。

①砂浆换算。在普遍使用预拌砂浆的情况下，砂浆换算比较少，若采用现场搅拌砂浆，就可能出现砂浆换算。

【例2.2】某工程设计说明：本工程女儿墙采用页岩实心砖、M7.5水泥砂浆砌筑。

查询202×版《四川省建设工程工程量清单计价定额——房屋建筑与装饰工程（一）》，相关定额项目摘录见表D.1.3。

D.1.3 实心砖墙（编码：010401003）

工作内容：1.调、运、铺砂浆。2.安放木砖、铁件、砌砖。 单位：10 m³

定额编号		AD0011	AD0012	AD0013	AD0014
项目		砖墙			
		混合砂浆（细砂）	水泥砂浆（细砂）	混合砂浆（特细砂）	水泥砂浆（特细砂）
		M5			
综合基价（元）		4 981.81	4 986.43	4 967.47	4 978.57
其中	人工费（元）	1 754.16	1 754.16	1 754.16	1 754.16
	材料费（元）	2 671.50	2 676.12	2 657.16	2 668.26
	机械费（元）	8.09	8.09	8.09	8.09
	管理费（元）	167.41	167.41	167.41	167.41
	利润（元）	380.65	380.65	380.65	380.65

续表

定额编号			AD0011	AD0012	AD0013	AD0014
名称	单位	单价(元)	数量			
材料	水泥混合砂浆(细砂) M5	m³	270.60	2.313	—	—	—
	水泥砂浆(细砂) M5	m³	229.60	—	2.313	—	—
	水泥混合砂浆(特细砂) M5	m³	221.40	—	—	2.313	—
	水泥砂浆(特细砂) M5	m³	226.20	—	—	—	2.313
	标准砖	千匹	400.00	5.340	5.340	5.340	5.340
	水泥 32.5	kg		(414.027)	(522.738)	(432.531)	(557.433)
	石灰膏	m³		(0.324)	—	(0.324)	—
	细砂	m³		(2.683)	(2.683)	—	—
	特细砂	m³		—	—	(2.729)	(2.729)
	水	m³	2.80	1.236	1.236	1.236	1.236
	其他材料费	元		5.600	5.600	5.600	5.600

根据当地的砂石常用规格,选择细砂。定额中只列出 M5 水泥砂浆的定额基价。定额规定,实际使用砂的种类与定额不同时,可以根据定额附录进行换算,但各种配合比的材料不得调整。

查询 202×版《四川省建设工程工程量清单计价定额——构筑物工程、爆破工程、建筑安装工程费用、附录》,相关定额项目摘录见表 Y.C.2。

Y.C.2 细砂水泥砂浆

单位:m³

定额编号			YC0007	YC0008	YC0009	YC00010
项目			水泥砂浆			
			细砂			
			M2.5	M5	M7.5	M10
基价(元)			223.20	229.60	240.00	248.40
其中	人工费(元)			—	—	—	—
	材料费(元)			223.20	229.60	240.00	248.40
	机械费(元)			—	—	—	—
名称	单位	单价(元)	数量			
材料	水泥 32.5	kg	0.40	210.000	226.000	252.000	273.000
	细砂	m³	120.00	1.160	1.160	1.160	1.160
	水	m³		(0.300)	(0.300)	(0.300)	(0.300)

实心砖墙(M7.5 水泥砂浆,细砂)的定额基价(AD0012 换)

= 原定额基价+换入的费用−换出的费用

= 4 986.43+2.313×240.00−2.313×229.60

= 5 010.49(元/10 m^3)

基价中变化的是材料费:

材料费 = 2 676.12+2.313×(240.00−229.60)= 2 700.18(元/10 m^3)

材料消耗量中变化的是水泥32.5的用量:

水泥32.5的消耗量=252.000×2.313=582.876(kg/10 m^3)

【练一练】若某工程的实心砖墙采用 M10 水泥砂浆砌筑,根据当地砂石规格,采用细砂,该如何套用定额? 扫一扫,检查自己套用是否正确。

实心砖墙

②混凝土换算。在普遍使用预拌混凝土的情况下,混凝土换算比较少,若采用现场搅拌混凝土,就可能出现混凝土换算。

【例 2.3】某工程设计说明:本工程独立基础采用 C30 混凝土。

设计未明确必须采用预拌混凝土,施工单位经建设单位允许,拟采用现场搅拌混凝土,根据当地砂石情况,采取砾石和细砂拌和。

查询 202×版《四川省建设工程工程量清单计价定额——房屋建筑与装饰工程(一)》,相关定额摘录项目见表 E.1.3。

E.1.3 独立基础(编码:010501003)

工程内容:冲洗石子、混凝土搅拌、运输、浇捣、养护等全部操作过程。　　　　　　单位:10 m^3

	定额编号	AE0010	AE0011	AE0012	AE0013
	项目	独立基础(特细砂)		独立基础	
		混凝土	毛石混凝土	毛石商品混凝土	商品混凝土
		C30			
	综合基价(元)	4 286.11	4 276.58	4 008.93	4 156.95
其中	人工费(元)	804.63	939.99	384.27	310.92
	材料费(元)	3 044.83	2 868.32	3 480.75	3 728.51
	机械费(元)	94.20	79.75	2.11	2.50
	管理费(元)	104.26	118.29	43.27	35.10
	利润(元)	238.19	270.23	98.53	79.92

续表

定额编号				AE0010	AE0011	AE0012	AE0013
名称		单位	单价(元)	数量			
材料	混凝土(塑·特细砂、砾石 粒径≤40 mm)C30	m³	298.30	10.100	8.630	—	—
	水泥42.5	kg		(3 555.200)	(3 037.760)	—	—
	特细砂	m³		(3.939)	(3.366)	—	—
	砾石5～40 mm	m³		(9.797)	(8.371)	—	—
	商品混凝土 C30	m³	370.00	—	—	8.673	10.050
	砾石>80 mm	m³	95.00	—	2.780	2.752	—
	水	m³	2.80	10.288	9.640	2.540	2.540
	其他材料费	元		3.190	2.900	3.190	2.900
机械	柴油	L		(5.600)	(4.738)	—	—

根据当地的砂石常用规格,选择砾石、细砂。定额中只列出C30砾石、特细砂拌和的定额基价,按照定额规定,可以根据定额附录进行换算,将特细砂换成细砂。

查询202×版《四川省建设工程工程量清单计价定额——构筑物工程、爆破工程、建筑安装工程费用、附录》,相关定额项目摘录见表Y.A,找到与工程砂石种类、规格相同的项目(砾石最大粒径40 mm、细砂),项目子目是YA0082。

Y.A 普通混凝土(摘录)

单位:m³

定额编号		YA0082	YA0083	YA0138	YA0139	YA0166	YA0167
项目		塑性混凝土(细砂)		塑性混凝土(特细砂)			
		砾石最大粒径:40 mm				碎石最大粒径:40 mm	
		C30	C35	C30	C35	C30	C35
	基价(元)	296.00	308.40	298.30	310.45	327.10	342.75
其中	人工费(元)	—	—	—	—	—	—
	材料费(元)	296.00	308.40	298.30	310.45	327.10	342.75
	机械费(元)	—	—	—	—	—	—

续表

定额编号			YA0082	YA0083	YA0138	YA0139	YA0166	YA0167
名称	单位	单价(元)	数量					
水泥 32.5	kg		(416.000)	—	(436.000)	—	(441.000)	—
水泥 42.5	kg	0.45	336.000	372.000	352.000	389.000	342.000	389.000
细砂	m³	120.00	0.440	0.400	—	—	—	—
特细砂	m³	110.00	—	—	0.390	0.340	0.440	0.390
砾石 5～40 mm	m³	100.00	0.920	0.930	0.970	0.980	—	—
碎石 5～40 mm	m³	120.00	—	—	—	—	1.040	1.040
水	m³		(0.190)	(0.190)	(0.190)	(0.190)	(0.200)	(0.200)

材料（"材料"竖排于表格左侧第一列）

$$独立基础(C30,砾石、细砂)= AE0010\ 换$$
$$=原定额基价+换入的费用-换出的费用$$
$$=4\ 286.11+10.100×(296.00-298.30)$$
$$=4\ 262.88(元/10m^3)$$

基价中变化的是材料费：

$$材料费=3\ 044.83+10.100×(296.00-298.30)=3\ 021.60(元/10\ m^3)$$

材料消耗量变化如下：

$$水泥\ 42.5=10.100×336.000=3\ 393.600(kg/10\ m^3)$$
$$细砂=10.100×0.440=4.444(m^3/10\ m^3)$$
$$砾石(5～40\ mm)=10.100×0.920=9.292(m^3/10\ m^3)$$

混凝土换算

【练一练】若该 C30 独立基础现场搅拌,根据当地砂石情况,采用特细砂、碎石拌和,该如何换算? 若该独立基础是 C35,采用砾石、特细砂拌和,该如何换算? 扫一扫,看看换算是否正确。

③系数换算。不能直接套用定额项目,但是按照定额说明,可以用定额的一部分或全部乘以规定系数进行换算后再套用。

【例 2.4】某工程施工图:筏板基础埋深为-7.500 m,室外地坪为-0.300 m。根据施工图、常规施工方案,该工程土方采取机械大开挖。

202×版《四川省建设工程工程量清单计价定额——房屋建筑与装饰工程(一)》"A 土石方工程"的说明:土方大开挖深度超过 6 m 时,按相应定额项目乘以系数 1.3。

查询 202×版《四川省建设工程工程量清单计价定额——房屋建筑与装饰工程(一)》,相关定额项目摘录见表 A.1.2。

A.1.2　挖一般土方(编码:010101002)

工作内容:1.人工挖土包括挖土、修理边坡。2.机械挖土方包括挖土,弃土于5 m以内,清理机下余土;人工清底修边。3.机械挖装土方包括挖土,装土,清理机下余土;人工清底修边。

单位:100 m³

定额编号			AA0003	AA0004
项目			机械挖土方(大开挖)	机械挖装土方(大开挖)
综合基价(元)			720.58	905.47
其中	人工费(元)		338.28	382.44
	材料费(元)		—	—
	机械费(元)		283.98	339.49
	管理费(元)		30.49	38.31
	利润(元)		67.83	85.23
名称	单位	单价(元)	数量	
机械 柴油	L		(24.718)	(37.164)

不管是机械挖土方(大开挖),还是机械挖装土方(大开挖),挖土深度为7.2 m,超过了6 m,根据定额规定,相应定额乘以系数1.3。假设该工程的土方施工方案是边挖边装,并运至指定地点堆放,则应该套用AA0004机械挖装土方(大开挖),需要进行系数换算。

机械挖装土方(大开挖,7.2 m)= AA0004 换

= 原定额基价×系数

= 905.47×1.3 = 1 177.11(元/100 m³)

基价中变化的费用:

人工费 = 382.44×1.3 = 497.17(元/100 m³)

机械费 = 399.49×1.3 = 519.34(元/100 m³)

管理费 = 38.31×1.3 = 49.80(元/100 m³)

利润 = 85.23×1.3 = 110.80(元/100 m³)

机械费中的柴油消耗量 = 37.164×1.3 = 48.313(L/100m³)

④其他换算。不属于砂浆换算、混凝土换算、系数换算的其他换算。

【练一练】若该工程的施工方案是土方就在坑边5 m内堆放,该如何换算? 扫一扫,看看换算是否正确。

机械大开挖
定额换算

(3)定额补充

施工图的分项工程在定额中缺项时,建设单位和施工单位可以根据定额编制规定自愿编制一次性补充定额,报工程所在地市、州工程造价管理部门审核后,作为工程一次性使用的计价依据,并报省建设工程造价总站存档备查。各地市、州工程造价管理部门可根据一次性补充定额的专业情况及难易程度,组织专家论证,相关费用由定额使用双方协商解决。

3) 应用注意事项

（1）认真识读工程内容才能正确应用定额

各定额项目的消耗量标准是针对相应的工程内容而言的，若建设项目的工程内容有所不同，则要根据实际情况和定额说明才能正确套用。

（2）要关注定额补充和定额解释

定额应用过程中，工程造价管理部门会根据使用中出现的问题发布定额补充或定额解释，需要主动收集，以便正确地应用定额。

2.3.3 《四川省建设工程工程量清单计价定额》现行的配套文件

①《四川省住房和城乡建设厅关于印发〈四川省建设工程安全文明施工费计价管理办法〉的通知》川建行规〔2024〕15 号。

②《四川省住房和城乡建设厅关于四川省房屋建筑和市政基础设施项目工程总承包合同计价的指导意见》川建行规〔2022〕12 号。

③《四川省住房和城乡建设厅关于调整四川省房屋建筑和市政基础设施工程总承包项目安全文明施工费计取标准的通知》川建标发〔2022〕226 号。

④《四川省建设工程造价总站关于对各市（州）2020 年〈四川省建设工程工程量清单计价定额〉人工费调整的批复》川建价发〔2025〕14 号 。

⑤202×年《四川省建设工程工程量清单计价定额》勘误（一）～（九）等。

【看一看】配套文件是动态的，要主动关注和收集，并正确应用。扫一扫，看看自 2025 年 1 月 1 日起施行的安全文明施工费计算有哪些变化。

四川省建设工程安全文明施工费计价管理办法

2.3.4 企业定额的编制和应用

企业定额是施工企业根据本企业的施工技术和管理水平而编制的人工、材料和机械台班等的消耗标准。企业定额反映企业个别水平，供企业内部进行经营管理、成本核算和投标报价使用。

企业定额要体现企业在某方面的技术优势，以及本企业的局部管理或全面管理方面的优势，应该比社会平均水平高，体现企业定额的先进合理性，至少要基本持平，否则就失去了企业定额的实际意义。

企业定额按其构成及表现形式又分为企业劳动定额、企业材料消耗定额、企业机械台班使用定额、企业施工定额等，其编制过程是一个系统而复杂的过程，一般需要经过"①制订企业定额编制计划书；②收集资料、调查、分析、测算和研究；③拟定编制企业定额的工作方案与计划；④企业定额初稿的编制；⑤编审及修改；⑥定稿、刊发及组织实施等"步骤，对企业管理水平要求高。

企业定额的编制一般有理论计算法、观察法、实验法、统计法等。下面以砌体和块料为例介绍利用理论计算法计算材料消耗量。

每 1 m³ 砖砌体的砖块消耗量计算公式如下：

每 1 m³ 砖砌体砖净用量(块)= 2×墙厚砖数/[墙厚×(砖长+灰缝)×(砖厚+灰缝)]

每 1 m³ 砖砌体砖消耗量(块)= 砖净用量×(1+损耗率)

每 1 m³ 砖砌体砂浆净用量(m³)= 1-砖净用量×单块砌体体积

每 1 m³ 砖砌体砂浆消耗量(m³)= 砂浆净用量×(1+损耗率)

【例 2.5】计算 1 砖半厚墙每 1 m³ 砌体中标准砖和砌筑砂浆的净用量及消耗量。

1 砖半厚墙:365 mm

标准砖:240 mm×115 mm×53 mm

灰缝宽度:10 mm

损耗率:砖为 1%,砌筑砂浆为 1%

每 1 m³ 砖砌体标准砖净用量(块)= 2×墙厚砖数/[墙厚×(砖长+灰缝)×(砖厚+灰缝)]
$$= 2×1.5/[0.365×(0.24+0.01)×(0.053+0.01)]$$
$$= 521.9(块)$$

每 1 m³ 砖砌体标准砖消耗量(块)= 标准砖净用量×(1+损耗率)= 521.9×(1+1%)= 527.1(块)

每 1 m³ 砖砌体砂浆净用量 = 1-521.9×0.24×0.115×0.053 = 0.236 6(m³)

每 1 m³ 砖砌体砂浆消耗量 = 0.236 6×(1+1%)= 0.239 0(m³)

瓷砖、锦砖、缸砖、大理石、花岗石等块料面层消耗量计算公式如下:

每 100 m² 块料面层中块料净用量(块)= 100/[(块料长+灰缝)(块料宽+灰缝)]

每 100 m² 块料面层中块料消耗量(块)= 块料净用量×(1+损耗率)

每 100 m² 块料面层中砂浆净用量(m³)=(100-块料净用量×块料长×块料宽)×灰缝厚度

每 100 m² 块料面层中砂浆损耗量(m³)= 砂浆净用量×(1+损耗率)

【练一练】某工程卫生间墙面贴瓷砖,瓷砖规格为 150 mm×150 mm×8 mm,灰缝宽度为 1 mm,计算 100 m² 墙面的瓷砖消耗量(瓷砖损耗率为 1.5%,砂浆为 5%)。扫一扫,看看自己是否计算正确。

100 m² 块料面层材料消耗量计算

由于专业化水平越来越高,市场划分越来越细,依法分包专业工程或劳务普遍存在,影响企业定额编制的因素越来越多,所以企业要充分利用计算机技术,做好原始数据的收集、整理和分析,才可能编制或整理出反映企业技术和管理水平的企业定额。

没有企业定额的企业,可以参考使用国家或省级、行业建设主管部门颁发的定额,可以直接使用,也可以调整其损耗率后使用。

随着建设市场经济的发展,工程造价改革工作持续深化,工程造价数据积累越来越重要,企业要调整思路、紧跟市场,编制企业定额或积累工程造价数据,提升企业的市场竞争力。

2.4 收集施工工艺和顺序

工程造价与施工工艺和顺序相关,不同的施工工艺和顺序会有不同的工程造价。工程量清单和最高投标限价是根据合理的施工工期,按照常规施工工艺和顺序编制的;投标报价是根据投标人制定的施工方案及投标工期编制的。

施工方案是针对一个施工项目制定的实施方案,包括组织机构方案(各职能机构的构成、各自职责、相互关系等)、人员组成方案(项目负责人、各机构负责人、各专业负责人等)、技术方案(进度安排、关键技术预案、重大施工步骤预案等)、安全方案(安全总体要求、施工危险因素分析、安全措施、重大施工步骤安全预案等)、材料供应方案(材料供应流程,接、保、检流程,临时(急发)材料采购流程)等。

施工方案包括的具体内容参考如下:编制依据;工程概况及特征;组织机构;工程管理目标;施工协调管理;施工方案和施工工艺;质量控制措施;施工布置;工期及进度计划;劳动力安排计划;施工机具配置;安全文明控制措施;工程竣工后保修服务;附件,如拟投入的主要施工机械设备表、劳动力计划表、计划开工日期、计划竣工日期和施工进度横道图、施工总平面图、临时用地表等。如施工机械的选择,不同施工企业,对同一项目考虑的施工机械可能不一样,甲企业可能采用 x 台轮胎式挖掘机、n 台固定基础自升式塔式起重机,乙企业可能采用 y 台履带式挖掘机、z 台轨道式塔式起重机等,但要在各自的施工方案中明确表示。

了解、熟悉并应用施工工艺和顺序、施工方案是工程造价人员重要的职业能力要求,也是合理确定工程造价的前提条件。定额的很多项目都对应不同的施工工艺,不同施工工艺对应不同的综合单价,如土方开挖包括机械开挖和人工开挖,预拌砂浆包括干混砂浆和湿拌砂浆等,这都是基于不同的施工工艺或施工方案予以选择。

【看一看】扫一扫,看看某工程的施工方案,增强对施工方案的认识。

××项目装配式
施工组织设计

2.5　收集项目所在地的人、材、机价格信息

定额中的人工费和材料费需要换算,在计算工程造价之前,首先需要收集价格信息。

价格信息有工程造价管理部门发布的,有专业公司收集发布的,有企业自行收集发布的。在工程计价市场化改革的环境下,工程造价管理部门发布的价格信息仅作为编制设计概算、施工图预算、最高投标限价(招标控制价、标底)等的计价参考,并非"政府定价"或者"政府指导价"。工程计价时应综合考虑项目特点、品牌档次需求等因素,结合市场实际合理确定相应材料设备的合同价、结算价。

编制最高投标限价参考工程造价管理部门发布的工程造价信息编制,当工程造价信息没有发布时,应进行市场价格调查。编制投标报价则根据企业掌握的市场价格信息自主报价。

建立价格信息库是增强企业竞争力的重要工作,企业要重视价格信息的收集、整理和应用。

【看一看】扫一扫,看看某市的工程造价信息,增强对价格信息的认识。

某市工程造价
信息

学习小结

编制工程量清单、确定最高投标限价和投标报价,需要收集编制依据,主要包括招标文件、设计文件、计价标准、计量标准、国家或省级行业建设主管部门颁发的工程计量与计价相关规定、工程相关的技术标准规范、工程造价信息等。

同一建设项目,招标条件不同、技术标准不同、施工工艺和顺序或施工方案不同、工程造价信息不同,都会得出不同的工程造价,编制者要养成主动收集编制依据、认真研读编制依据的职业习惯,培养尊重依据的求实精神、合理决策的科学精神。若相关资料缺失,应主动与招标人、设计人、技术人员等沟通,切忌拍脑袋瞎编乱造。在学习中,可以采取角色扮演法,按照相关规范和常识,合理设定相关条件,才能有理有据地编制工程量清单、最高投标限价和投标报价。

模块 3　计算工程量

【学习目标】

(1)能正确理解和应用工程量计算规则;
(2)能计算常见项目或构件的工程量;
(3)培养实事求是、精益求精的工匠精神。

3.1　工程量计算的基本认识

3.1.1　工程量计算的依据

1)工程量的定义

工程量是以物理计量单位或自然计量单位表示的各分项工程或单价措施项目的实物数量。物理计量单位是指以物理属性为单位的计量单位,如"m""m²""m³""kg"等。自然计量单位是指以自然实体为单位的计量单位,如"块""个""套""组""台""座"等。

各分项工程项目长宽高 3 个维度都可以发生变化,一般采用体积作为计量单位,如建筑工程中的土石方工程、砌筑工程、混凝土及钢筋混凝土工程等。

各分项工程项目厚度有一定的标准,而主要是长宽两个维度则会发生变化,一般采用面积作为计量单位,如装饰工程中的楼地面工程、墙柱面工程、天棚工程等。

各分项工程项目截面积有一定的标准,而主要长度则会发生变化,一般采用长度作为计量单位,如安装工程中的各种管线工程。

各分项工程项目不同长度或面积的质量差异很大,一般采用质量作为计量单位,如钢筋工程和钢结构工程。

各分项工程项目采用半成品模式施工或安装,一般采用自然计量单位,如安装工程中的配电箱、插座等。

各分项工程项目的计量单位应按照计量标准确定。

2）清单工程量和定额工程量

工程量根据其作用分为清单工程量和定额工程量。清单工程量是按照相关工程现行国家计量标准规定计算的工程量，以确定招标工程量清单中分部分项工程项目的数量。定额工程量是指按照计价定额规定计算的工程量，也称为计价工程量。

清单工程量与定额工程量既有相同点又有不同点，清单工程量和定额工程量在计算步骤、思路和方法上是相同的，但是计算依据、计算规则和作用是不同的。编制招标工程量清单时，必须按照相关工程现行国家计量标准规定计算清单工程量；在编制最高投标限价或投标报价时，若根据计价定额确定综合单价时，对清单项目包含的计价项目要根据计价定额计算定额工程量，才能套用计价定额或消耗量标准确定消耗量，从而确定综合单价。

本教材介绍清单工程量的计算，定额工程量可以参照清单工程量计算的步骤、思路和方法，根据定额中的工程量计算规则进行计算。

3）工程量计算的依据

（1）工程量计算的定义

工程量计算是指按照工程设计文件、技术标准、统一的工程量计算标准等，进行工程数量计算的活动，在工程建设中简称工程计量。

（2）工程量计算的主要依据

①现行国家计量标准。

②经审定通过的施工设计图纸及其说明。

③有关的技术标准。

④其他有关技术经济文件。

4）工程量计算的一般规定

①工程量计算应符合现行国家计量标准的规定。

②工程实施过程中的计量除应符合计量标准规定外，还应符合现行国家标准《建设工程工程量清单计价标准》（GB/T 50500—2024）的相关规定。

③工程量计算时每一项目汇总的有效数位应遵守下列规定：

a. 以"t"为单位，应保留小数点后 3 位数字，第 4 位小数四舍五入。

b. 以"m""m^2""m^3""kg"等为单位，应保留小数点后两位数字，第 3 位小数应四舍五入。

c. 以"个""根""座""套""孔""榀"等为单位，取整数。

④除另有规定外，房屋建筑与装饰工程涉及电气、给排水、暖通等安装工程的项目，应按现行国家标准《通用安装工程工程量计算标准》（GB/T 50856—2024）的相应项目执行；涉及仿古建筑工程的项目，应按现行国家标准《仿古建筑工程工程量计算标准》（GB/T 50855—2024）的相应项目执行；涉及市政道路、路灯等市政工程的项目，应按现行国家标准《市政工程工程量计算标准》（GB/T 50857—2024）的相应项目执行；涉及园林绿化工程的项目，应按现行国家标准《园林绿化工程工程量计算标准》（GB/T 50858—2024）的相应项目执行。

3.1.2　工程量计算的步骤和方法

工程量计算是工程计价最关键、最烦琐的环节,可以采取手工计算或者软件计算两种手段。软件计算是工作中的主要手段,但只有掌握手工计算的方法才能更好地掌握软件计算。为了保证工程量计算的正确性,应按照以下步骤和方法进行。

1)收集计算工程量需要的资料

不同项目的工程量计算所需要的资料可能不同,有的项目只需要图纸,如混凝土构件;有的项目需要查询图集,如钢筋工程和装饰工程;有的项目还需要查询有关的技术标准,如土石方工程等。

2)正确识图

正确识读图纸及相关图集是正确计算工程量的前提。识图时必须将设计说明和图纸、建筑施工图和结构施工图、平面图和节点详图等结合起来识读,有错漏的地方应及时向设计单位反映并沟通,及时修正或补充。

3)划分分项工程

划分分项工程简称"列项",是在计算工程量之前,根据计量标准,将拟建项目的单位工程划分到分部工程,再划分到分项工程,计算分项工程的工程量,然后确定其综合单价,层层汇总才能计算完全建筑产品的工程造价。

列项的方法主要有 4 种:按照施工工艺顺序列项;按照计量标准的顺序列项;按照图纸的顺序列项;按照自己熟悉的顺序列项。

列项很难一步到位,一般是初步列项后再在工程量计算过程中不断完善。列项是影响工程造价合理性的第一步,要做到不重项、不漏项,能完成设计的所有工程内容。

4)正确理解计算规则

要正确把握计算规则中关于计算尺寸的规定,是图示尺寸,还是镶贴表面积。图示尺寸就不考虑构造做法,而镶贴表面积就需要考虑构造做法。是净长(高),还是中心线长或者外周长,不同的长度取数是不一样的,有的可以直接在图上取数,如中心线长,有的则需要扣减或增加才能使用。另外,计算规则具有一定的综合性,对埋设物或孔洞是否扣除、凸出构造是否增加等都有规定,必须按照规定执行。

5)按照合理顺序计算

手工计算工程量十分烦琐,合理安排计算顺序有利于提高效率,在实际工作中常用"统筹法"来计算工程量,宜将反复使用的数据先计算,如建筑面积、各房间净面积、梁的净长线等先计算出来,用于楼地面装饰、天棚装饰、梁体积、填充墙长度等。还可以把需要扣除的构件先计算,如先计算地下室、基础等工程量,再计算回填方工程量;先计算门窗工程、过梁、圈梁、构造柱等工程量,再计算砌体工程量等。

软件计算工程量相对简单,根据软件操作提示,逐步进行。完成并检查无误后,可直接打印工程量清单。

初学者宜先学习手工计算工程量,再学习软件计算工程量,这样有利于掌握工程量计算的规则和计算方法。

3.1.3 工程量计算应具备的意识

工程量计算是工程计量与计价的基础工作,直接影响造价,涉及建设各方的经济利益,十分重要。工程量计算必须本着认真负责的态度、精益求精的精神进行,应具备以下意识:

①造价控制意识。根据图纸和设计说明正确列项,除必须熟悉施工图纸外,还必须熟悉计量标准中每个工程项目所包括的内容和范围,不得漏项和重复计算工程量,影响造价的合理性。

②规则意识。必须按工程量计算规则进行计算,不得随意更改工程量计算规则。

③质量意识。根据图纸进行工程量计算时,应严格按照图纸所标注的尺寸进行计算,不得任意加大或缩小、任意增加或减少,并按照规定保留精度,以免影响工程量计算的准确性;同时对工程量计算结果要检查、复核、审核,保证工程量计算的正确性。

④协同意识。计算过程要清晰,部位清楚,方便复查、审核和对量。

⑤学习意识。随着新材料、新工艺、新技术的不断应用,可能遇到不熟悉的结构和构造,计算工程量前要先学习,识懂图纸或标准、规范,清楚规则,才能正确计量。

3.2 计算建筑面积

3.2.1 建筑面积的基本认识

1)建筑面积的概念

建筑面积是指建筑物(包括墙体)所形成的楼地面面积。也就是建筑物的展开面积,包括自然层外墙结构外围水平面积之和,以及附属于建筑物的室外阳台、雨篷、檐廊、室外走廊、室外楼梯等的面积。根据建筑物各组成部分的作用,建筑面积包括使用面积、辅助面积和结构面积3个部分。

(1)建筑使用面积

建筑使用面积是指房屋建筑物各层平面中直接为生产或生活使用的面积之和,如住宅建筑中的各居室、饭厅和客厅等。

(2)建筑辅助面积

建筑辅助面积是指房屋建筑各层平面中为辅助生产和生活所占的净面积之和,如住宅建筑中的楼梯、走道、厕所和厨房等。使用面积和辅助面积的总和称为有效面积。

(3)建筑结构面积

建筑结构面积是指房屋建筑各层平面中的墙、柱等结构所占面积的总和。

2)建筑面积的重要作用

建筑面积在工程建设中具有十分重要的作用,是计算和分析工程建设一系列技术经济指标的重要依据,其作用主要包括以下几个方面:

①建筑面积是基本建设投资、建设项目可行性研究、建设项目勘察设计、建设项目评估、工程施工和竣工验收、建设工程造价管理等一系列工作的重要指标和依据。

②建筑面积是计算土地利用系数、使用面积系数、有效面积系数,开工、竣工面积,全优工程率等指标的重要依据。

③建筑面积是计算工程造价、人工消耗量、主要材料消耗量等指标的依据。

④建筑面积是编制施工计划和进行施工统计工作的重要指标,同时也是计算相关指标的依据。

综上所述,建筑面积是工程建设一系列技术经济指标的计算依据,对全面控制建设工程造价具有重要意义,在整个基本建设工作中起着十分重要的作用。

3.2.2　计算建筑面积

建筑面积是重要的技术经济指标,也是国民经济统计的重要指标,国家住房城乡建设部为了规范建筑面积的计算,颁发了建筑面积计算的国家标准,现行版本是《建筑工程建筑面积计算规范》(GB/T 50353—2013),自 2014 年 7 月 1 日起实施。

归纳总结建筑面积计算规定,建筑面积的计算分为以下 3 种情况:

①有围护结构且高度达到一定标准的部位要全算建筑面积。

②有围护结构但高度没有达到一定标准或者高度达到一定标准且有围护设施的只算一半建筑面积。

③没有围护结构或围护设施的部位,或附属在建筑物上的一些构造不计算建筑面积。

建筑面积
计算规范

【看一看】住房城乡建设部颁发了《建筑工程建筑面积计算规范》(GB/T 50353—2013),对建筑面积的计算做了详细而明确的规定。扫一扫,熟悉规定,正确计算建筑面积。

【例 3.1】某住宅工程由 1 单元和 2 单元组成,两单元之间的变形缝宽度为 0.20 m,两单元同一楼层之间完全互通。1 单元平屋面女儿墙顶面标高为 11.60 m;2 单元为坡屋面,其阳台水平投影面积为 1.8 m×3.60 m(共 18 个),雨篷水平投影面积为 2.60 m×4.00 m,坡屋面阁楼室内净高最高点为 3.65 m,坡屋面坡度为 1∶2。具体如图 3.1 和图 3.2 所示。

解析:

请按以上说明及图纸,依据《建筑工程建筑面积计算规范》(GB/T 50353—2013),计算该住宅工程的建筑面积。

1 单元建筑面积=30.20×(8.20×2+8.20×1/2)=619.10(m²)

1、2 单元间变形缝面积=30.20×(0.20×2+0.20×1/2)=15.10(m²)

2 单元(不含坡屋面阁楼、阳台、雨篷)建筑面积=60.20×12.20×4=2 937.76(m²)

2 单元坡屋面阁楼建筑面积=60.20×(3.65−2.1)×2×2×(2.1−1.2)×2×2×0.5=471.83(m²)

2 单元雨篷建筑面积=2.60×4.00×1/2=5.20(m²)

2 单元阳台建筑面积 $=18×1.80×3.60×1/2=58.32(m^2)$

该住宅工程的建筑面积 $=619.10+15.10+2\,937.76+471.83+5.20+58.32=4\,107.31(m^2)$

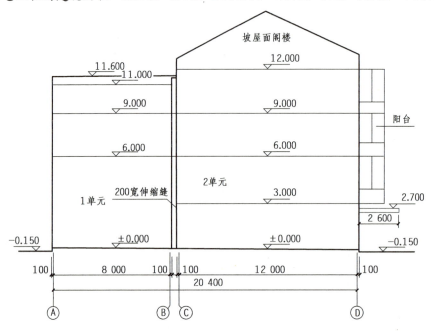

图 3.1 立面图

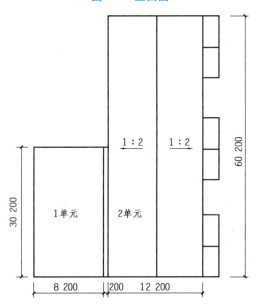

图 3.2 屋面平面图

3.3　工程量计算实务

3.3.1　土石方工程

土石方工程是土方工程与石方工程的总称,包括一切土(石)方的挖、填、弃等项目,是一个面广、量大、劳动繁重的工程项目。项目是土方工程还是石方工程,还是两者兼有,需要根据地勘情况确定。

按照《房屋建筑与装饰工程工程量计算标准》(GB/50854—2024)(以下简称"计量标准")附录 A,土石方工程分为单独土石方、基础土石方、平整场地及其他、其他规定 4 个部分。

土方工程量计算与土方类别、施工工艺或施工方案密切相关,采取人工挖土还是机械挖土,坑内作业还是坑上作业,是否放坡,是否考虑工作面都应该在施工工艺或施工方案中明确。

本教材案例所在地均假设在四川省,除考虑计量标准外,还要结合四川省相关的计量与计价规定进行计算。

【看一看】下载"掌上宏业"App,查询计量标准中关于土壤分类、土方体积折算系数、放坡系数、工作面宽度等的相关规定。

1) 平整场地

这里的平整场地不是指"三通一平"的平整场地,而是指标高≤300 mm 的挖填找平,以便进行测量放线工作的场地平整,如图 3.3 所示。需要注意的是厚度>±300 mm 的竖向布置挖土或山坡切土,不得再计算平整场地的工程量。

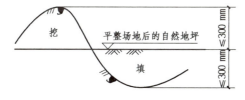

图 3.3　平整场地示意图

(1)平整场地工程量计算规则

按设计图示尺寸以建筑物首层建筑面积计算。建筑物地下室结构外边线突出首层结构外边线时,其突出部分的建筑面积合并计算。

(2)工程量计算示例

【例 3.2】某工程首层平面图如图 3.4 所示,墙厚为 240 mm,层高为 2 800 mm,请计算平整场地工程量。

解析:

$$S_{平整场地}=(6+6.5+0.24)\times(5+5.8+0.24)=140.65(m^2)$$

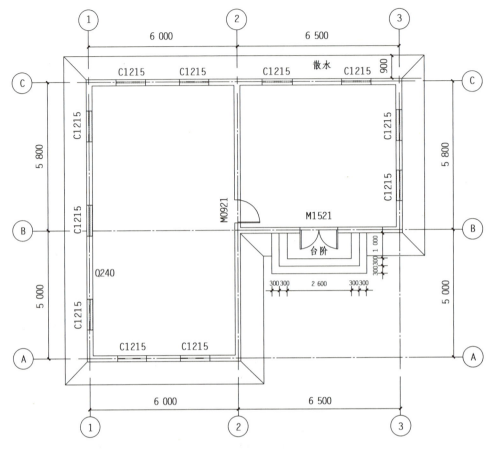

图 3.4　首层平面图

【想一想】是不是每个项目都需要计算平整场地项目的工程量。扫一扫,进一步了解平整场地的适用情况。

【议一议】土方工程量计算需要收集哪些资料? 清单工程量是否应考虑工作面和放坡增加的工程量? 扫一扫,拓宽对土石方工程量计算的认识。

是不是每个项目都有平整场地

土方工程量基本认识

2)挖沟槽土方

挖沟槽土方是指为了在地下修建条形或带状构件(包括条形基础等),其底宽≤3 m 且底长≥3 倍底宽的土方施工,可能是人工或机械方式开挖。

(1)挖沟槽土方工程量计算规则

按设计图示尺寸以基础垫层底面积乘以挖土深度计算。根据四川省的相关计价规定,因工作面和放坡增加的工程量并入相应土方工程量。

(2)工程量计算示例

【例 3.3】某建筑工程,土壤类别为三类土,采用人工挖土,其首层平面图如图 3.4 所示,基础剖面图如图 3.5 所示,计算挖沟槽土方工程量。

解析：

根据工程量计算规则和四川省的相关规定，挖沟槽土方工程量的计算公式为：

$$V_{挖沟槽} = (a+2c) \times (L_{外中} + L_{内槽净}) \times h$$

式中　a——基础或垫层宽度，见图示尺寸；

　　　c——工作面宽度，查设计说明或计量标准或见施工方案；

　　　h——挖土深度，垫层底面标高至交付施工现场标高（或自然地面标高）确定；

　　　$L_{外中}$——外墙中心线长；

　　　$L_{内槽净}$——内墙沟槽净长。

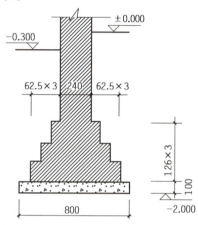

图 3.5　基础剖面图

本工程：

$a = 0.80$ m

$c = 0.60$ m

$h = 2.00 - 0.30 = 1.70$（m）

$L_{外中} = (6 + 6.5 + 5 + 5.8) \times 2 = 46.60$（m）

$L_{内槽净} = 5.8 - 0.8 - 2 \times 0.6 = 4.40$（m）

$V_{挖沟槽} = (0.8 + 2 \times 0.6) \times (46.60 + 4.40) \times 1.70 = 171.36$（m³）

【练一练】若该工程所在地区规定，放坡增加的工程量并入土方工程量中，请计算该项目的挖沟槽土方工程量。扫一扫，复核自己的计算结果是否正确。

挖沟槽土方工程量答案

3）挖基坑土方

挖基坑土方是指底宽>3 m 或底长<3 倍底宽的土方施工，可能采用人工或机械方式开挖。

（1）挖基坑土方工程量计算规则

按设计图示基础（含垫层）底面积另加工作面面积，乘以挖土深度，以体积计算。

（2）工程量计算示例

【例 3.4】某建筑工程基础平面图和基础详图如图 3.6、图 3.7 所示，土壤类别为三类土，采用人工挖土,室内地坪为±0.000,室外地坪为-0.300 m,计算挖基坑土方工程量。

解析:

根据工程量计算规则,挖基坑土方工程量的计算公式为:

$$V_{基坑} = (a+2c)(b+2c)h$$

式中　a——基础或垫层长度,见图示尺寸;

　　　b——基础或垫层宽度,见图示尺寸;

　　　c——工作面宽度,见设计说明或查计量标准或见施工方案;

　　　h——挖土深度,由垫层底面标高至交付施工现场标高(或自然地面标高)确定。

本工程:

$$a = 1.35 \times 2 + 0.1 \times 2 = 2.90(m)$$
$$b = 1.35 \times 2 + 0.1 \times 2 = 2.90(m)$$

挖土深度需要根据施工现场标高(或自然地面标高)和垫层底标高计算:

$$h = (2.00+0.10)_{垫层底标高} - 0.300_{自然地面标高} = 1.800(m)$$

查设计说明,$c=0.60$ m。

$$V = (2.90+2 \times 0.6) \times (2.90+2 \times 0.6) \times 1.80 \times 8 = 242.06(m^3)$$

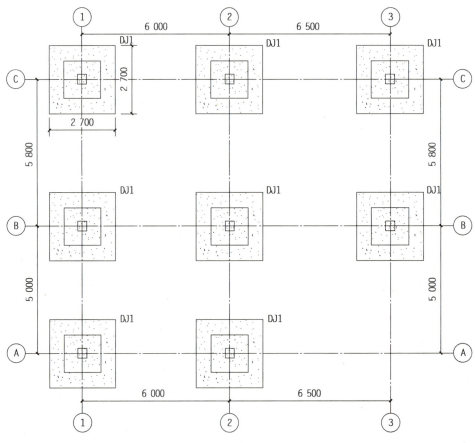

图 3.6　基础平面图

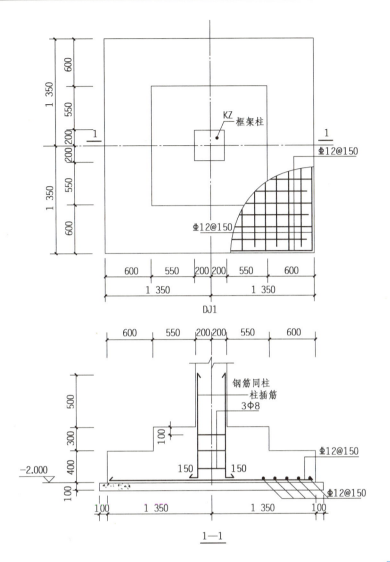

图 3.7　基础详图

大开挖列项及
工程量计算

【想一想】大开挖该如何进行列项和工程量计算。扫一扫,看看自己的理解是否正确。

4) 回填方

回填方是指工程施工中,完成基础等地面以下工程后,再返还填实的土,包括基础回填和房心回填,如图 3.8 所示。

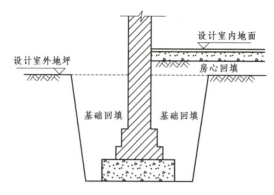

图 3.8　回填方示意图

（1）回填方工程量计算规则

按设计图示尺寸以体积计算，其中：

①基础回填：按设计图示基础（含垫层）底面积另加工作面面积，乘以回填深度，减去回填范围内建筑物（构筑物）、基础（含垫层）、管道，以体积计算。

基础回填又称室外回填，其计算公式如下：

$$V_{基础回填} = V_{挖土方(沟槽、基坑)} - V_{埋设的构件}$$

②房心回填：按回填区的净体积计算。

房心回填又称室内回填，工程量按主墙间面积乘回填厚度计算，不扣除间隔墙，其计算公式如下：

$$V_{室内回填} = S_{主墙间净面积} × 回填厚度$$

在计算工程量时，要注意以下几点：

①间隔墙是指厚度≤120 mm 的墙。

②回填厚度是指室内外高差减去室内地面结构层和装饰层的厚度，即：

回填厚度=室外地坪标高−室内地坪标高−室内地面结构层和装饰层的厚度

③主墙门洞开口部分不增加。

（2）工程量计算示例

【例 3.5】计算【例 3.3】中的基础回填土工程量和房心回填土工程量，地面垫层为 60 mm 厚，构造做法为 60 mm 厚。

解析：

（1）基础回填土

根据【例 3.3】，挖沟槽工程量为 171.36 m³。

外墙中线长：$L_{中} = (6+6.5+5+5.8)×2 = 46.60（m）$

内墙净长：$L_{内} = 5.80-0.12×2 = 5.56（m）$

$V_{基础垫层} = [(6+6.5+5+5.8)×2+(5.8-0.4×2)]×0.8×0.1 = 4.13（m³）$

$V_{埋设的基础} = [(0.24×(2-0.1-0.3)+0.007\ 875×3×(3+1)]×(46.6+5.56) = 24.96（m³）$

$V_{基础回填土} = 171.36-4.13-24.96 = 142.27（m³）$

（2）房心回填土

$$V_{房心回填土}=S_{主墙间净面积}\times回填厚度$$
$$=[(6-0.24)\times(5+5.8-0.24)+(6.5-0.24)\times(5.8-0.24)]\times(0.3-0.12)$$
$$=17.21(\mathrm{m}^3)$$

回填方工程量$=V_{基础回填土}+V_{房心回填土}$
$$=135.49+17.21=152.70(\mathrm{m}^3)$$

基础回填土工
程量参考答案

【练一练】计算【例3.4】的基础回填土工程量，扫一扫，复核自己的计算结果是否正确。

5）余方弃置

余方弃置是指将现场挖出，经过利用后剩余的土壤运到工地外指定地点，属于土方运输的一部分。

（1）余方弃置工程量计算规则

按挖方清单项目工程量减回填清单项目工程量（可利用），以体积计算。

挖沟槽、基坑等挖出来的土方，如果用来回填，会出现以下3种情况：

①挖方土方量＞回填土方量，即挖方土方量－回填土方量＞0，此时项目为余方弃置，其工程量计算公式如下：

$$余方弃置工程量=挖方土方量-回填土方量$$

②挖方土方量＜回填土方量，即挖方土方量－回填土方量＜0，此时项目为买土回填，不单独列项，清单计价时，作为定额副项列在土方回填项目内。

③挖方土方量＝回填土方量，即挖方土方量－回填土方量＝0，此时不列土方运输项目。

（2）工程量计算示例

【例3.6】假设【例3.3】的挖土用于回填，回填后的土方弃置到允许弃置点，计算余方弃置工程量。

解析：

根据【例3.3】，挖方土方量＝171.36（m³）

根据【例3.5】，回填土方量＝152.70（m³）

余方弃置工程量＝挖方土方量－回填土方量
$$=171.36-152.70=18.66(\mathrm{m}^3)$$

3.3.2　地基处理与边坡支护工程

1）地基处理

地基处理是指对建筑物和设备基础下的受力层进行的，提高其强度和稳定性的强化处理，有换填法、预压法、强夯法等方法，按照地基处理方法，计量标准的地基处理项目有换填垫层、预压地基、强夯地基、水泥粉煤灰碎石桩复合地基等项目。下面以强夯地基为例，介绍地基工程量计算。

（1）强夯地基工程量计算规则

按设计图示处理范围以面积计算。

（2）工程量计算示例

【例3.7】某工程地基强夯示意图如图3.9所示,设计要求间隔夯击,先夯奇数点,再夯偶数点,间隔夯击点不大于8 m,设计击数为10击,分两遍夯击,第一遍5击,第二遍5击,第二遍要求低锤满拍,设计夯击能量为400 t·m,设计地耐力要求大于100 kN/m²,计算地基强夯工程量。

解析:

$$S_{强夯地基工程量}=40\times18=720(\text{m}^2)$$

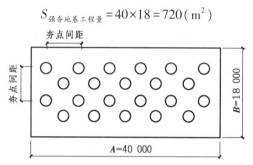

图3.9 地基强夯示意图

2）基坑与边坡支护

边坡支护是指为保证边坡及其环境的安全,对边坡采取的支挡、加固与防护措施。按照支护方式,计量标准的边坡支护项目有地下连续墙,咬合灌注桩,土钉,锚杆(锚索),喷射混凝土、水泥砂浆,钢筋混凝土支撑,钢支撑等项目。以某边坡为例,介绍边坡支护工程量计算。

（1）基坑与边坡支护工程量计算规则

①土钉工程量计算规则:按设计图示尺寸以土钉置入深度计算。

②喷射混凝土、水泥砂浆工程量计算规则:按设计图示尺寸以面积计算。

（2）工程量计算示例

【例3.8】某工程边坡支护如图3.10、图3.11所示,采用土钉支护,地层为带块石的碎石土,土钉成孔直径为90 mm,采用1根直径为25 mm的HRB400钢筋作为杆体,成孔深度均为10 m,土钉入射倾角为15°,钢筋送入钻孔后,灌注M30水泥砂浆。混凝土边坡素喷C25混凝土,厚度为100 mm。计算土钉,喷射混凝土边坡工程量。

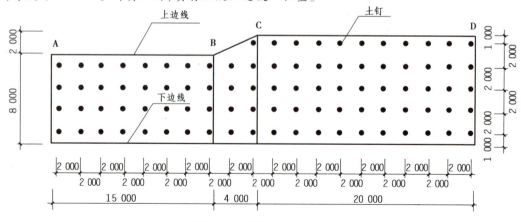

图3.10 边坡立面示意图

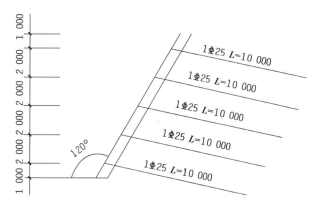

图 3.11　土钉边坡支护示意图

解析：

根据工程量计算规则，土钉以"m"为计量单位。

（1）土钉工程量

$$L = 91 \times 10 = 910(\text{m})$$

计价项目：

（2）喷射混凝土边坡工程量

$$S_{AB} = \frac{8}{\sin 60^\circ} \times 15 = 138.56(\text{m}^2)$$

$$S_{BC} = \frac{10+8}{2\sin 60^\circ} \times 4 = 41.57(\text{m}^2)$$

$$S_{CD} = \frac{10}{\sin 60^\circ} \times 20 = 230.94(\text{m}^2)$$

$$S = 138.56 + 41.57 + 230.94 = 411.07(\text{m}^2)$$

$$(\text{高}/\text{斜边} = \sin x, x = 60^\circ, \text{则}\ \sin 60^\circ = \sqrt{3}/2)$$

3.3.3　桩基工程

桩基础一般由桩基和连接于桩顶的承台共同组成。若桩身全部埋于土中，承台底面与土体接触，则称为低承台桩基；若桩身上部露出地面而承台底面位于地面以上，则称为高承台桩基。建筑桩基通常为低承台桩基础。

桩基础按照基础的受力原理可分为摩擦桩和端承桩，按照施工方式可分为预制桩和灌注桩。预制桩是用专用机具将预制钢筋混凝土桩、钢管桩等打入、压入、振入或旋入地基土中。灌注桩是一种就位成孔，灌注混凝土或钢筋混凝土而制成的桩。灌注桩按其成孔方法不同，可分为钻孔灌注桩、沉管灌注桩、人工挖孔灌注桩、爆扩灌注桩等。

这里以预制桩为例介绍桩基础的工程量计算。

1）预制桩

在工程计量与计价过程中，预制桩一般是以成品编制，包括成品桩购置费，若采用现场预制，则包括现场预制桩的所有费用，列项一般包括打桩和截桩头两项。

（1）打桩

预制桩按照截面形式分为方桩和管桩。

方桩常见的截面有 250 mm×500 mm、300 mm×300 mm、350 mm×350 mm、400 mm×400 mm、450 mm×450 mm、500 mm×500 mm 等，具体由设计确定，常用节长为 2 ~ 8 m。

管桩按外径分为 300 mm、350 mm、400 mm、450 mm、500 mm、550 mm、600 mm、800 mm 和 1 000 mm 等规格，具体由设计确定，常用节长为 8 ~ 12 m。

打桩的主要施工过程：桩机就位→引孔→提升、下吊预制桩→喂桩并初步就位→测校桩锤、桩帽、桩身三者垂直度→打（沉）桩入土至地坪 0.5 ~ 1.0 m→起吊上节桩→接桩并防腐处理→打（沉）桩→安置送桩器把最后一节桩打（沉）至设计深度→截桩。

打预制桩的工程量计算规则：按设计图示尺寸以桩长计算。

（2）截桩头

预制桩需要将超过设计标高的部分桩头截去，把桩顶标高以上的钢筋露出来，经桩基检测合格后，再进行承台施工。

截（凿）桩头工程量计算规则：按设计图示以数量计算。

2）工程量计算示例

【例 3.9】某工程地基处理采用 C25 预制钢筋混凝土方桩与承台，如图 3.12 所示，共 30 个承台，采用打桩机打桩，二类土，室外地坪为-0.450 m，桩截面尺寸为 300 mm×300 mm，桩长为 6 m，每个桩位打 3 根桩，桩顶设计标高为-1.300 m。电焊接桩，包钢板。C20 现浇混凝土垫层及 C30 现浇钢筋混凝土承台，混凝土均采用商品普通混凝土，计算打预制钢筋混凝土方桩和截桩头的工程量。

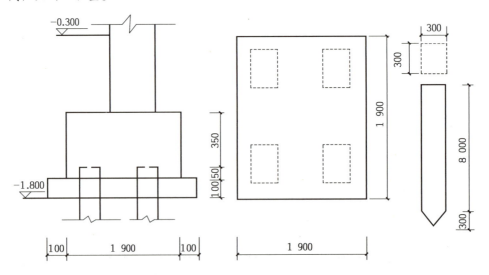

图 3.12　预制钢筋混凝土方桩图

解析：

（1）打预制钢筋混凝土方桩工程量

根据工程量计算规则，按设计图示尺寸以桩长计算。

$$L=3×6×4×30=2\ 160（m）$$

（2）截桩

根据工程量计算规则，按设计图示以数量计算。

$$N = 4 \times 30 = 120（根）$$

练一练参考答案

【练一练】根据当地计价定额的工程量计算规则，分析【例3.9】中打预制钢筋混凝土方桩包括的定额项目并计算定额工程量。

3.3.4　砌筑工程

砌筑工程又称砌体工程，是指在建筑工程中使用普通黏土砖、承重黏土空心砖、蒸压灰砂砖、粉煤灰砖、各种中小型砌块和石材等材料进行砌筑的工程。砌筑工程包括砖砌体、砌块砌体、石砌体和轻质墙板4个部分，这里重点介绍砖砌体，其他砌筑工程的计算方法类似。

1）砖砌体

砖砌体是用砖和砂浆砌筑成的整体材料，常用于砌筑的砖有标准砖、多孔砖、空心砖等。

（1）砖基础

砖基础主要是指由烧结普通砖砌筑而成的基础，属于刚性基础，抗压性能好，但整体性及抗拉、抗弯、抗剪性能较差，材料易得，施工操作简便，造价较低，多用于多层建筑、管道、围墙等工程中，但在以框架结构、框剪结构为主的建筑以及装配式建筑中很少应用。

砖基础工程量计算

砖基础工程量计算规则：按设计图示尺寸以体积计算，即基础剖面面积乘以基础长度。扣除地梁（圈梁）、构造柱所占体积，不扣除基础大放脚T形接头处的重叠部分及嵌入基础内的钢筋、铁件、管道、基础砂浆防潮层和单个面积≤0.3 m² 的孔洞所占体积。附墙垛基础宽出部分体积并入计算，靠墙暖气沟的挑檐不增加体积。

墙基础长度：外墙基础按外墙中心线，内墙基础按内墙净长计算。

【看一看】扫一扫，了解砖基础的计算公式和计算示例。

（2）砖墙

砖墙是指用砖块和水泥砂浆砌筑的墙，具有较好的承重、保温、隔热、隔声、防火、耐久等性能，为低层和多层房屋所广泛采用。砖墙可作承重墙、外围护墙和内分隔墙。常见的有实心砖墙、多孔砖墙、空心砖墙等。

砖墙工程量计算规则：按设计图示尺寸以体积计算，扣除门窗洞口，嵌入墙内的柱、梁、板及凹进墙内的壁龛、管槽、暖气槽、消火栓箱所占体积，不扣除单个面积≤0.3 m² 的孔洞及墙内檩头、垫木、木楞头、沿缘木、木砖、门窗走头、加固钢筋、木筋、铁件、管道所占的体积。凸出墙面的墙垛并入计算。腰线、挑檐、压顶、窗台线、虎头砖、门窗套凸出墙面部分的体积不并入计算。同材质围墙柱及围墙压顶并入围墙体积内计算。

墙长度：外墙按中心线、内墙按净长计算，框架间墙不区分内外墙均按净长计算。

2）工程量计算示例

【例3.10】某框架结构工程底层平面图如图3.13所示，地梁顶标高为-0.060 m，室外地坪为-0.450 m，二层框架梁顶标高为4.75 m，梁高均为550 mm，窗顶标高均为4.200 m，C1为

1 000 mm×3 300 mm,MC1 为 2 400 mm×2 700 mm。门窗洞口宽度超过 1.50 m,在两洞侧设置构造柱,构造柱截面为 200 mm×墙厚。200 mm 厚框架间墙体采用烧结多孔砖 KP3 型(200 mm×115 mm×115 mm)砌筑,过梁高度见表 3.1,过梁两端各伸入支座 250 mm,若门窗洞口侧有框架柱或构造柱,或过梁伸入支座长度小于 250 mm,过梁应现浇,过梁长度按净跨计算。计算该层砌体工程量。

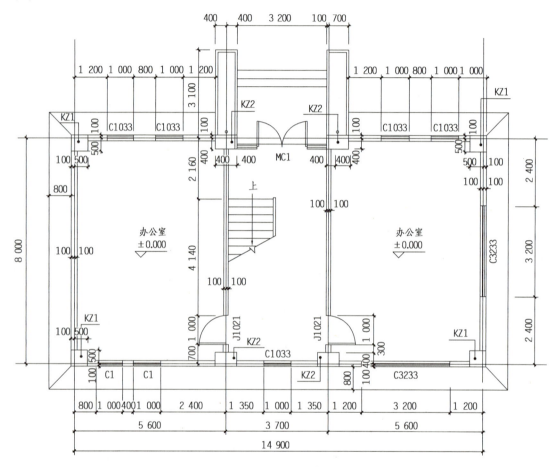

图 3.13　底层平面图

表 3.1　过梁设置表

过梁净跨(mm)	H(mm)	侧支座长度(mm)
$L_n \leqslant 1\ 000$	90	250
$1\ 000 < L_n \leqslant 1\ 500$	120	250
$1\ 500 < L_n \leqslant 2\ 100$	180	250
$2\ 100 < L_n \leqslant 2\ 400$	200	250
$2\ 400 < L_n \leqslant 3\ 000$	240	250
$3\ 000 < L_n \leqslant 4\ 000$	300	370

解析：

计算前应分析本框架间墙中是否有构造柱、圈梁、过梁：

①根据设计说明，门窗洞口宽度超过 1.50 m，在两洞侧设置构造柱。该工程 MC1（1 套）的宽度为 2.40 m，C3233（两扇）的宽度为 3.20 m，需要在两洞侧设置构造柱。

②门窗洞口上方应设置过梁，若门窗洞口上方与框架梁相连，则不用另设过梁；若门窗洞口上方与框架梁距离很短，可能会设计框架梁下挂板。因此，门窗洞口上方的过梁设置要结合说明和框架梁的标高来综合判断。本工程窗户顶标高为 4.200 m，框架梁底标高为 4.200 m，即窗口直接在框架梁底安装，故窗洞处不用设置过梁；门洞顶标高为 2.700 m、2.100 m，需要设置过梁。

墙体净长线：$L=(14.9-0.5\times2-0.8\times2)\times2+(8-0.5\times2)\times2+(8-0.4\times2)\times2=53.00(\mathrm{m})$

墙体高度：$H=4.75-0.55+0.06=4.26(\mathrm{m})$

构造柱体积：$V_{构造柱}=(0.20\times0.20+0.03\times0.20\times2)\times4.26\times6-0.03\times0.20\times(3.3\times4+2.7\times2)$
$$=1.22(\mathrm{m}^3)$$

过梁体积：$V_{过梁}=(1+0.25\times2)\times0.20\times0.09\times2+2.4\times0.20\times0.2\times1=0.15(\mathrm{m}^3)$

门窗面积：$S_{门窗}=1\times3.3\times7+3.2\times3.3\times2+2.4\times2.7+1\times2.1\times2=54.90(\mathrm{m}^2)$

砌体体积：$V=(S_{墙}-S_{门窗})\times墙厚-V_{构造柱}-V_{过梁}$
$$=(53.00\times4.26-54.90)\times0.20-1.22-0.15=32.81(\mathrm{m}^3)$$

【想一想】工程量计算不仅要统筹顺序，还要应用相关图集。思考【例 3.10】带来的启示，扫一扫，看看自己的思考是否全面。

砌体工程量计算

3.3.5　混凝土及钢筋混凝土工程

混凝土简称"砼"，它是由胶凝材料、颗粒状骨料、水，以及必要时加入的外加剂和掺合料按一定比例配制，经均匀搅拌、成型、养护而成的建筑材料。它具有原材料丰富、价格低廉、生产工艺简单、抗压强度高、耐久性好、强度等级范围宽等特点。钢筋混凝土结构是指用配有钢筋增强的混凝土制成的结构，钢筋承受拉力，混凝土承受压力，具有坚固、耐久、防火性能好和成本低等优点。混凝土及钢筋混凝土工程广泛应用于土木工程。

混凝土及钢筋混凝土构件的工程量计算规则大多是按设计图示尺寸以体积计算，这里重点介绍基础、梁、板、柱等构件的工程量计算，其他构件可借鉴类似思路，按照工程量计算规则计算。

1）现浇混凝土基础

（1）基本认识

常见的混凝土基础包括条形基础、独立基础和筏形基础。

①条形基础又称带形基础，当建筑物上部结构以墙体承重时，为方便传递连续的条形荷载，基础沿墙身设置，做成连续带形。

②独立基础是整个或局部结构物下的无筋或有筋的整体基础形式，一般设在柱下，常用断面形式有阶梯形、锥形和杯形，如图 3.14 所示。

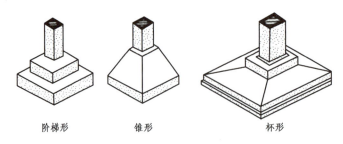

阶梯形　　　　　锥形　　　　　　　杯形

图 3.14　常见独立基础示意图

③筏形基础又称满堂基础,由底板、梁等整体组成。常用于荷载较大,地基承载力较弱的建筑,承受建筑物荷载,形成筏基,其整体性好,能很好地抵抗地基不均匀沉降。一般有无梁式(也叫板式)满堂基础、有梁式(也叫片筏式)满堂基础,如图 3.15 所示。

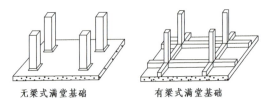

无梁式满堂基础　　　　　有梁式满堂基础

图 3.15　筏形基础示意图

(2)现浇混凝土基础工程量计算规则

现浇混凝土基础工程量计算规则:按设计图示尺寸以体积计算,不扣除伸入桩承台的桩头所占体积。与筏形基础一起浇筑的,凸出筏形基础上下表面的其他混凝土构件的体积,并入相应筏形基础体积内。在计算现浇混凝土基础工程量时,需要注意以下几点:

①现浇混凝土基础与柱或墙的分界线在基础平台上表面,以上为柱或者墙,以下为基础。

②箱式满堂基础的底板应按"筏形基础"项目编码列项,其余构件应按柱、梁、墙、板相应项目分别编码列项。框架式设备基础应按基础、柱、梁、墙、板相应项目分别编码列项。

③不扣除构件内钢筋、螺栓、预埋铁件、张拉孔道所占体积,但应扣除劲性骨架的型钢所占体积。

(3)工程量计算示例

【例 3.11】以【例 3.4】中某建筑工程基础为例,采用现浇 C10 基础垫层和现浇 C30 独立基础,请计算混凝土基础垫层和独立基础工程量。

解析:

(1)基础垫层

现浇 C10 基础垫层工程量:V_1 = 基础垫层长×基础垫层宽×基础垫层高×基础垫层数量
$$= (2.7+0.1×2)×(2.7+0.1×2)×0.1×8 = 6.73(\mathrm{m}^3)$$

(2)独立基础

独立基础与柱的分界线在基础平台的上表面。

现浇 C30 独立基础工程量:$V_2 = \sum$（n 层基础长×n 层基础宽×n 层基础高)×基础数量
$$= (2.7×2.7×0.4+1.5×1.5×0.3)×8 = 28.73(\mathrm{m}^3)$$

【**练一练**】查阅模板工程量计算规则,计算【例 3.11】中独立基础模板工程量。扫一扫,看看自己的计算是否正确。

独立基础模板
工程量参考
答案

2)现浇混凝土柱

现浇混凝土柱是用钢筋混凝土材料制成的柱,是房屋、桥梁、水工等各种工程结构中最基本的承重构件。

(1)混凝土柱工程量计算规则

混凝土柱工程量计算规则:按设计断面面积乘以柱高以体积计算。扣除劲性钢骨架所占体积,附着在柱上的牛腿并入柱体积内。若是钢管混凝土柱,其计算规则是:按需浇筑混凝土的钢管内截面面积乘以钢管高度以体积计算。

在计算混凝土柱工程量时,需要分析是普通混凝土柱还是钢管混凝土柱,再根据相应的计算规则计算工程量。

混凝土柱工程量计算公式如下:

$$V_{柱}=柱截面面积\times柱高$$

其中柱高,根据以下规定确定:柱基上表面至柱顶之间的高度,其楼层分界线为各层楼板上表面,其与柱帽的分界线为柱帽下表面。

(2)构造柱工程量计算规则

构造柱工程量计算规则:按设计断面面积乘以柱高以体积计算,与砌体嵌接部分(马牙槎)并入柱体积内。

其中柱高,根据以下规定确定:

①非通长构造柱高度,自其生根构件(基础、基础圈梁、下部梁、下部板等)的上表面算至其锚固构件(上部梁、上部板等)的下表面。

②通长构造柱高度自其生根构件的上表面算至柱顶。

构造柱工程量计算公式如下:

$$V_{构造柱}=V_{柱芯}+V_{槎}$$
$$=柱截面\times柱高+0.03\times墙厚\times柱高\times n$$

式中　n——马牙槎边数;

　　0.03——构造柱折算宽度。

根据施工规范,马牙槎宽度为 60 mm,折算宽度为 30 mm。

(3)工程量计算示例

【例 3.12】某框架结构如图 3.16 所示,板厚均为 120 mm,柱均为 KZ1,其截面尺寸为 600 mm×600 mm,基层顶标高为-1.450 m,柱顶标高为 2.950 m,计算混凝土柱工程量。

解析:

柱高(-1.450～2.950):$L=4.40(\text{m})$

柱截面积:$S=0.6\times0.6=0.36(\text{m}^2)$

柱体积:$V=L\times S\times n=4.40\times0.36\times4=6.34(\text{m}^3)$

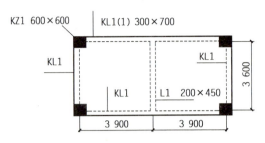

图 3.16 框架柱示意图

【例 3.13】某框架结构,砌体厚度均为 240 mm,第 3 层有 8 个 L 形构造柱,5 个 T 形构造柱,5 个十字形构造柱,该层梁顶标高为 8.85 m,上层梁底标高为 11.85 m,构造柱节点如图 3.17 所示,计算该层的构造柱工程量。

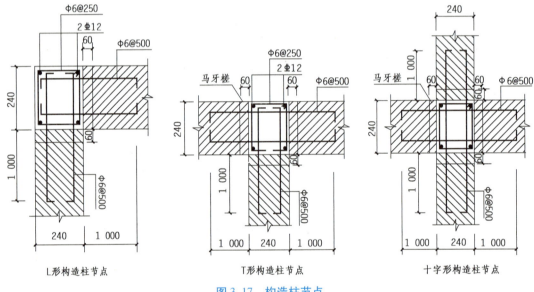

图 3.17 构造柱节点

解析:

构造柱的高度:$h = 11.85 - 8.85 = 3.00(\text{m})$

L 形构造柱,2 个边与墙接触,有 4 边马牙槎;T 形构造柱,3 个边与墙接触,有 6 边马牙槎;十字形构造柱,4 个边与墙接触,有 8 边马牙槎。

$$V = V_{柱芯} + V_{槎}$$

$$V_{L形} = (0.24 \times 0.24 \times 3.0 + 0.03 \times 0.24 \times 3.0 \times 4) \times 8 = 2.074(\text{m}^3)$$

$$V_{T形} = (0.24 \times 0.24 \times 3.0 + 0.03 \times 0.24 \times 3.0 \times 6) \times 5 = 1.512(\text{m}^3)$$

$$V_{十字形} = (0.24 \times 0.24 \times 3.0 + 0.03 \times 0.24 \times 3.0 \times 8) \times 5 = 1.728(\text{m}^3)$$

$$V = 2.074 + 1.512 + 1.728 = 5.31(\text{m}^3)$$

【练一练】查阅模板工程量计算规则,计算【例3.12】和【例3.13】中的柱模板工程量。扫一扫,看看自己的计算是否正确。

柱模板工程量
参考答案

3)现浇混凝土梁

现浇混凝土梁是用钢筋混凝土材料制成的梁,既可能是独立梁,也可与钢筋混凝土板组成整体的梁板式楼盖,或与钢筋混凝土柱组成整体的单层或多层框架。混凝土梁包括基础梁、矩形梁、异形梁、圈梁和过梁等,应用范围极广。

(1)现浇混凝土梁工程量计算规则

现浇混凝土梁工程量计算规则:按设计图示尺寸以体积计算。扣除劲性钢骨架所占体积,伸入砌体墙内的梁头、梁垫并入梁体积内。

其中,梁长根据以下规定确定:梁与柱相交时,梁长算至柱侧面;主梁与次梁相交时,次梁长算至主梁侧面。

梁高,按以下规定确定:梁顶部与板相交时,梁高算至板顶;梁中部、底部与板相交时,梁高不扣除板厚。

(2)工程量计算示例

【例3.14】某建筑工程,基础梁采用C30现浇混凝土浇筑,平面图如图3.18所示,轴线均居柱中心,请计算现浇混凝土基础梁工程量。

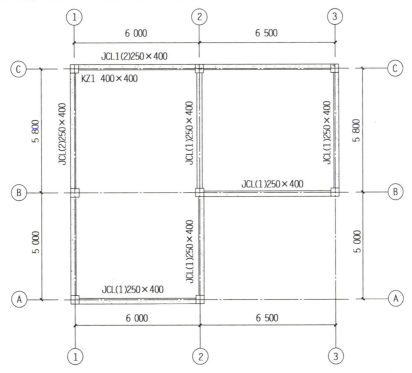

图3.18　基础梁平面图

解析：

基础梁截面面积：$S = 0.25 \times 0.4 = 0.10 (m^2)$

基础梁长度：$L = (6+6.5-0.4 \times 2) \times 2 + (5+5.8-0.4 \times 2) \times 2 + (5.8-0.4) = 48.80 (m)$

现浇混凝土基础梁工程量：V = 基础梁截面×基础梁长

$$= 0.10 \times 48.80 = 4.88 (m^3)$$

矩形梁和异形梁的工程量计算方法同基础梁。

【练一练】查阅模板工程量计算规则，计算【例3.14】中的基础梁模版工程量。扫一扫，看看自己的计算是否正确。

基础梁模板工程量参考答案

4)现浇混凝土墙

现浇混凝土墙是用混凝土浇筑的墙，其强度高，坚固耐用，可以承受较大的荷载，防火、防水性能好，同时吸音性能好，并能够有效隔热，常用作地下室或是高层的受力墙体。

（1）现浇混凝土墙工程量计算规则

现浇混凝土墙工程量计算规则：按设计图示尺寸以体积计算，扣除门窗洞口及单个面积>0.3 m^2的孔洞所占体积，墙柱、墙梁及凸出墙面部分并入墙体体积内。

计算公式如下：

$$现浇混凝土墙工程量 = 墙厚 \times 墙长 \times 墙高$$

在计算时，需要注意：墙基上表面至墙顶之间的高度，与板相交时，内、外墙高度均算至板顶。

（2）工程量计算示例

【例3.15】某剪力墙结构住宅楼，共34层，剪力墙厚度为200 mm，其中一段墙体平面图如图3.19所示，结构层楼面标高及结构层高如图3.20所示。图▨区域，表示剪力墙约束边缘构件的非阴影区L_{c2}范围。计算混凝土墙1(Q1)第2层到第15层的工程量。

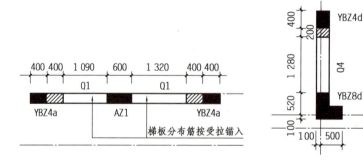

图3.19 剪力墙平面图

层号	标高 H_g(m)	层高 (m)	墙、柱 混凝土 强度等级	梁、板 混凝土 强度等级
15	40.505	2.900	C40	C25
14	37.605	2.900	C40	C25
13	34.705	2.900	C40	C25
12	31.805	2.900	C45	C25
11	28.905	2.900	C45	C25
10	26.005	2.900	C50	C25
9	23.105	2.900	C50	C25
8	20.205	2.900	C50	C25
7	17.305	2.900	C50	C25
6	14.405	2.900	C50	C25
5	11.505	2.900	C55	C25
4	8.705	2.900	C55	C25
3	5.705	2.900	C55	C25
2	2.805	2.900	C55	C25
1	−0.095	按实际	C55	C30
−1	基础项	详地下室	C55	C30

约束边缘构件　底部加强区

结构层楼面标高
结　构　层　高
上部结构嵌固部位　基础顶面

图 3.20　结构层楼面标高及结构层高

解析:

识读 Q1 平面图,该段剪力墙包括暗柱和约束边缘柱,暗柱、暗梁、约束边缘柱都是剪力墙增强结构,也是剪力墙的一部分,由于混凝土强度有变化,要按照混凝土强度分别计算工程量。

墙厚:0.20 m

墙长:0.40×4+1.09+0.60+1.32=4.61(m)

墙高:

C55(2~5 层):2.90×4=11.60(m)

C50(6~10 层):2.90×5=14.50(m)

C45(11~12 层):2.90×2=5.80(m)

C40(13~15 层):2.90×3=8.70(m)

现浇混凝土直形墙工程量(C55):$V=0.20×4.61×11.60=10.70(m^3)$

现浇混凝土直形墙工程量(C50):$V=0.20×4.61×14.50=13.37(m^3)$

现浇混凝土直形墙工程量(C45):$V=0.20×4.61×5.80=5.35(m^3)$

现浇混凝土直形墙工程量(C40):$V=0.20×4.61×8.70=8.02(m^3)$

【练一练】计算【例 3.15】中剪力墙 Q4 的混凝土工程量。扫一扫,看看自己的计算是否正确。

剪力墙Q4工程量参考答案

5)现浇混凝土板

现浇混凝土板是用混凝土浇筑的板,其主要作用是直接承受楼面荷载,主要包括实心楼板和空心楼板、坡屋面板、其他板。屋面板坡度<20%时,应按"实心楼板"项目列项;坡度≥20%时,应按"坡屋面板"项目列项。

(1)现浇混凝土板工程量计算规则

实心楼板工程量计算规则:按设计图示尺寸以体积计算。不扣除单个面积≤0.3 m²的孔洞所占体积,伸入砌体墙内的板头以及板下柱帽并入板体积内。板与现浇墙、梁相交时,板尺寸算至墙、梁侧面。

空心楼板工程量计算规则:按设计图示尺寸以体积计算。扣除内置筒芯、箱体部分的体积,板下柱帽并入板体积内。板与现浇墙、梁相交时,板尺寸算至墙、梁侧面。

坡屋面板工程量计算规则:按设计图示尺寸以体积计算。不扣除单个面积≤0.3 m²的孔洞所占体积,伸入砌体墙内的板头以及屋脊八字相交处的加厚混凝土并入板体积内。坡屋面板与屋面梁相交时,板尺寸算至梁侧面。

其他板工程量计算规则:按设计图示尺寸以构件净体积计算。依附其上的混凝土上翻、线条、外凸造型等并入板体积内。其他板与楼板、屋面板水平连接时,以外墙外边线为界;与梁水平连接时,以梁外边线为界;与梁、楼板竖向连接时,以梁、楼板上下表面为界。

(2)工程量计算示例

【例3.16】某建筑工程的屋面平面图如图3.21所示,轴线均居柱中心,计算现浇钢筋混凝土梁、实心楼板和挑檐板工程量。

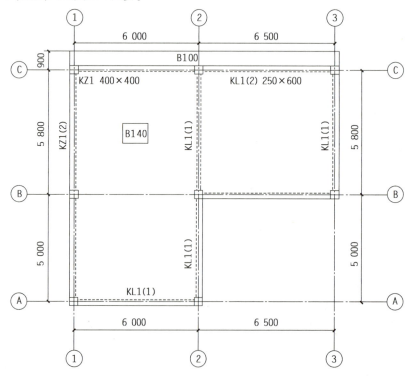

图3.21 屋面平面图

解析：

（1）现浇钢筋混凝土梁工程量

$V_{梁}$ = 梁宽×梁高×梁长

$\quad$ = 0.25×0.6×[(6+6.5-0.4×2)×2+(5+5.8-0.4×2)×2+(5.8-0.4)]

$\quad$ = 7.32（m³）

（2）现浇钢筋混凝土实心楼板工程量

按设计图示尺寸以体积计算，不扣除单个面积≤0.3 m²的孔洞所占体积。

$V_{板}$ = [(6.0-0.05×2)×(5.0+5.8-0.05×2)+(6.6-0.05×2)×

$\quad$ (5.8-0.05×2)]×0.14 = 14.025（m³）

注意：24计量标准中没有"有梁板"项目，而是将梁、板分开列项，分别计算工程量。

（3）现浇钢筋混凝土挑檐板工程量

挑檐板在列项时属于其他板，根据规则，现浇挑檐与屋面板连接时，以外墙外边线为分界线。

$V_{挑檐板}$ = 板长×板宽×板厚

$\quad$ = (6+6.5+0.4)×(0.9-0.2)×0.1 = 0.90（m³）

【练一练】查询模板工程量计算规则，计算【例3.16】中梁、板模板工程量。扫一扫，看看自己的计算是否正确。

梁、板模板工程量参考答案

6）现浇混凝土楼梯

现浇混凝土楼梯是指用混凝土浇筑的楼梯，是建筑物中楼层间垂直交通用的构件，用于楼层之间和高差较大时的交通联系。尽管高层建筑采用电梯作为主要垂直交通工具，但仍然要保留楼梯供火灾时逃生之用。

（1）现浇混凝土楼梯工程量计算规则

现浇混凝土楼梯工程量计算规则：按设计图示尺寸以体积计算，嵌入砌体墙内的部分并入楼梯体积内。

楼梯包括楼梯梯段、楼梯梁、楼梯休息平台、平台梁。当楼梯与楼板无楼梯梁连接时，以楼梯的最上一级踏步边缘加300 mm为界。

（2）工程量计算示例

【例3.17】某房屋建筑（不上人屋面）共6层，楼梯折算厚度按200 mm计算，根据楼梯平面图（图3.22）计算现浇楼梯工程量。

解析：

现浇楼梯工程量：S = 楼梯水平投影面积×（楼层层数-1）×折算厚度

$\quad$ = (0.2+0.56+2.52+1.785-0.125)×(3.6-0.125×2)×(6-1)×0.2

$\quad$ = 16.55（m³）

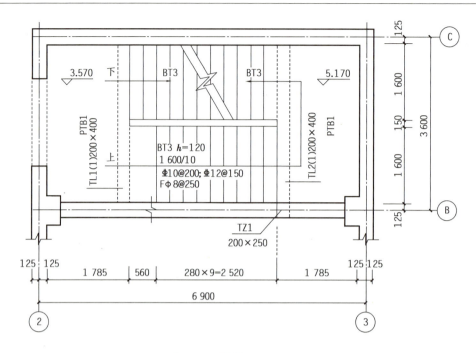

图 3.22　楼梯平面图

7)钢筋工程

（1）钢筋工程量计算规则

钢筋是指钢筋混凝土用和预应力钢筋混凝土用钢材。

钢筋工程量计算规则：按设计图示钢筋中心线长度乘以单位理论质量计算。设计（包括规范规定）标明的搭接和锚固长度应并入计算。需要注意的是：

①伸出各现浇构件的锚固钢筋，按设计要求确定长度，并入该构件的钢筋工程量内。

②各钢筋项目除设计（包括规范规定）标明的搭接外，其他施工搭接（如定尺搭接）不计算工程量。

③各钢筋项目均不计算非设计要求的马凳筋、斜撑筋、抗浮筋、垫铁等措施钢筋的工程量。

④非设计要求的植筋，均不单独列项计量。

在混凝土结构施工图平面表示方法下，收集和识读平法图集是钢筋工程量计算的重要环节。

钢筋工程量计算公式如下：

$$G = 单位质量 \times 长度 = (0.006\ 165 \times d^2) \times L$$

式中　d——钢筋直径，mm；

　　　L——钢筋中心线长度，m。

钢筋工程量计算的重点和难点是钢筋长度。钢筋长度与钢筋混凝土构件尺寸、保护层厚度、锚固长度、弯折长度、根数等有关。

①钢筋混凝土构件尺寸：见结构施工图。

②保护层厚度:与构件所处环境、构件类型、混凝土强度等级有关,具体见施工图或平法图集相关规定。

③锚固长度:与构件类型、混凝土强度等级、抗震级别等有关,具体见施工图或平法图集相关规定。

④弯折长度:见施工图或平法图集。常见的弯折形式及长度如图3.23所示。

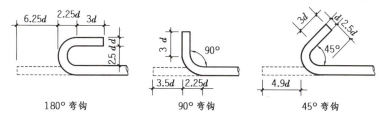

图 3.23 常见的弯折形式及长度示意图

⑤根数:受力筋、架立筋一般都会在图上标明,分布筋、箍筋等可能在图上标明,也可能在文字说明中明确,需要自行计算,要注意加密区箍筋数量的计算。分布筋和箍筋根数计算不是采取四舍五入取整,而是采取向上取整。

如果是普通钢筋,钢筋长度计算公式如下:

$$钢筋长度=构件长-保护层厚度×2+弯钩长度×2+弯起钢筋增加值×2$$

箍筋数量多,计算比较烦琐,长度计算公式如下:

$$箍筋长度=(梁宽-保护层×2+梁高-保护层×2)×2+1.9d×2+\max(10d,75\ mm)×2$$

(2)工程量计算示例

【例3.18】根据国家建筑标准设计图集22G101系列,计算如图3.24所示框架梁的钢筋工程量。图中尺寸线为框架柱中心线,梁柱混凝土强度等级为C30,抗震等级为二级,所处环境为室内潮湿环境(二a),钢筋混凝土保护层厚度为25 mm,受拉钢筋抗震锚固长度为l_{aE} $=40d$。

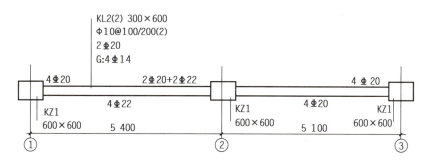

图 3.24 框架梁平法施工图

解析:

钢筋工程量计算见表3.2。

表 3.2　钢筋工程量计算表

构件代号	直径（mm）	钢筋示意图	计算式	单根长（m）	根数（根）	总长（m）	总重（kg）
框架梁							
上部通长筋	20	300ǀ 11 050 ǀ300	$L=5.4+5.1-0.3×2+(0.6-0.025+15×0.02)×2$ 注:$600-25<l_{aE}$	11.65	2	23.30	57.458
左支座负筋	20	300ǀ 2 175	$L=(5.4-0.6)/3+0.6-0.025+15×0.02$	2.48	2	4.95	12.207
中间支座负筋	22	3 800	$L=(5.4-0.6)/3×2+0.6$	3.80	2	7.60	22.677
右支座负筋	20	300ǀ 2 075	$L=(5.1-0.6)/3+0.6-0.025+15×0.02$	2.38	2	4.75	11.714
下部通长筋（第一跨）	22	330ǀ 6 255	$L=5.4-0.6+0.6-0.025+15×0.022+40×0.022$ 注:$600-25<l_{aE}$	6.59	4	26.34	78.595
下部通长筋（第二跨）	20	300ǀ 5 875	$L=5.1-0.6+0.6-0.025+15×0.02+40×0.02$ 注:$600-25<l_{aE}$	6.18	4	24.70	60.910
构造钢筋	14	10 320	$L=5.4+5.1-0.3×2+40×0.014×2$	11.02	4	44.08	53.264
箍筋	10	550　250	$L=[(0.6-0.025×2)+(0.3-0.025×2)]×2+11.87×0.01×2$	1.84	67	123.11	75.895
拉筋	6	250	$L=0.3-0.025×2+(0.75+1.87×0.006)×2$	0.42	50	21.12	4.688
小计							377.407

【想一想】钢筋工程量计算的关键是长度计算,钢筋总长度与钢筋的根数、弯折、锚固等因素相关。扫一扫,加强框架梁钢筋平法图的识读,进一步了解梁钢筋工程量的计算过程。

梁钢筋模型识读

【例 3.19】如图 3.25、图 3.26 所示,该工程为框架结构,抗震等级为三级,基础采用独立基础形式,已知:框架柱 KZ1 为边柱,图中梁截面尺寸均为 300 mm×600 mm,屋面板厚度为 100 mm,混凝土强度等级为 C30,基础底钢筋的混凝土保护层厚度为 40 mm,柱、梁钢筋的混凝土保护层厚度为 25 mm,$l_{aE}=37d$,$l_{abE}=37d$,柱插筋同柱纵筋,框架柱配筋见表 3.3。计算 KZ1 钢筋工程量。

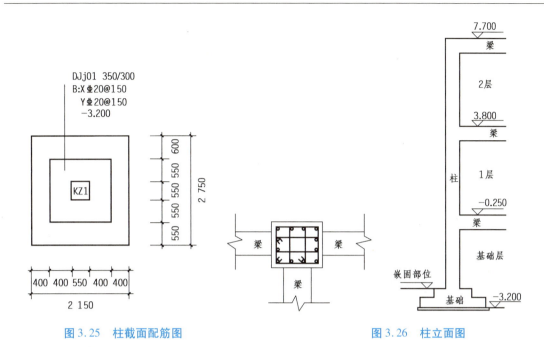

图 3.25　柱截面配筋图　　　　　　　　　图 3.26　柱立面图

表 3.3　框架柱配筋表

柱号	标高	b×h	全部纵筋	角筋	b 边一侧中部筋	h 边一侧中部筋	箍筋类型号	箍筋
KZ1	基础顶面 ~ -0.250	600×600	12 ⊈20				1(4×4)	Φ10@100/200
	-0.250 ~ 7.700	600×600		4 ⊈20	2 ⊈18	2 ⊈18	1(4×4)	Φ10@100/200

解析：

KZ1 钢筋工程量计算见表 3.4。

表 3.4　KZ1 钢筋工程量计算表

构件代号	直径（mm）	钢筋示意图	计算式	单根长（m）	根数（根）	总长（m）	总重（kg）
基础层							
角筋	20	300∟ 4 060	$L=2.3+3.45/3+0.65-0.04+15\times0.02$ 注：$650-40-20-20<l_{aE}$	4.36	2	8.72	21.504
角筋	20	300∟ 4 760	$L=2.3+3.45/3+0.65-0.04+15\times0.02+35\times0.02$ 注：$(650-40-20-20<l_{aE})$	5.06	2	10.12	24.956

续表

构件代号	直径（mm）	钢筋示意图	计算式	单根长（m）	根数（根）	总长（m）	总重（kg）
b 侧中部筋	20	300 ⌐ 4 060	$L=2.3+3.45/3+0.65-0.04+15\times0.02$ 注: $650-40-20-20<l_{aE}$	4.36	2	8.72	21.504
b 侧中部筋	20	300 ⌐ 4 760	$L=2.3+3.45/3+0.65-0.04+15\times0.02+35\times0.02$ 注: $650-40-20-20<l_{aE}$	5.06	2	10.12	24.956
h 侧中部筋	20	300 ⌐ 4 060	$L=2.3+3.45/3+0.65-0.04+15\times0.02$ 注: $650-40-20-20<l_{aE}$	4.36	2	8.72	21.504
h 侧中部筋	20	300 ⌐ 4 760	$L=2.3+3.45/3+0.65-0.04+15\times0.02+35\times0.02$ 注: $650-40-20-20<l_{aE}$	5.06	2	10.12	24.956
一层							
角筋	20	3 500	$L=4.05-1.15+0.6$	3.50	2	7.00	17.262
角筋	20	3 500	$L=4.05-1.85+0.6+35\times0.02$	3.50	2	7.00	17.262
b 侧中部筋	18	3 430	$L=4.05-1.85+0.6+35\times0.018$	3.43	2	6.86	13.703
b 侧中部筋	18	3 500	$L=4.05-1.15+0.6$	3.50	2	7.00	13.982
h 侧中部筋	18	3 500	$L=4.05-1.15+0.6$	3.50	2	7.00	13.982
h 侧中部筋	18	3 430	$L=4.05-1.85+0.6+35\times0.018$	3.43	2	6.86	13.703
屋面层							
外侧角筋	20	240 ⌐ 3 275	$L=3.9-0.6-0.6+0.6-0.025+0.6-0.025+15\times0.02$ 注: $H_b-0.025+H_c-0.025+15\times d$	4.15	2	8.30	20.468
内侧角筋	20	240 ⌐ 2575	$L=3.9-1.3-0.6+0.6-0.025+12\times0.02$	2.82	2	5.63	13.884
b 侧中部筋	18	216 ⌐ 2 645	$L=3.9-1.23-0.6+0.6-0.025+12\times0.018$	2.86	2	5.72	11.429
b 侧中部筋	18	216 ⌐ 3 275	$L=3.9-0.6-0.6+0.6-0.025+12\times0.018$	3.49	2	6.98	13.946

续表

构件代号	直径（mm）	钢筋示意图	计算式	单根长（m）	根数（根）	总长（m）	总重（kg）
h 侧中部筋	18	216⌐————3 275	$L=3.9-0.6-0.06+0.6-0.025+1.5\times37\times0.018$	4.81	2	9.63	19.232
h 侧中部筋	18	216⌐————2 645	$L=3.9-1.23-0.6+0.6-0.025+12\times0.018$	2.86	2	5.72	11.429
箍筋	10	550 □550	$L=(0.6-0.025\times2)\times4+11.87\times0.01\times2$	2.44	90	219.37	135.239
箍筋	10	210 □550	$L=(0.6-0.025\times2)\times2+[(0.6-0.025\times2-0.018-0.01\times2)/3+0.018+0.01\times2]\times2+11.87\times0.01\times2$	1.75	176	308.83	190.396
小计							645.295

【想一想】思考框架柱钢筋工程量计算思路。扫一扫,加强框架柱钢筋平法图的识读,进一步了解框架柱钢筋的计算过程。

柱钢筋模型识读

【例3.20】根据国家建筑标准设计图集22G101,计算图3.27中楼面板钢筋工程量。图中尺寸线均为框架柱和框架梁的中心线,梁、板、柱混凝土强度等级均为C30,板钢筋混凝土保护层厚度为20 mm,柱、梁钢筋混凝土保护层厚度为25 mm,受拉钢筋锚固长度(l_a)为35d,分布筋为Φ10@200,分布筋与受力主筋搭接长度为15d,温度筋为Φ10@200,温度筋与受力主筋搭接长度(l_l)为48d。图中柱截面均为600 mm×600 mm,梁截面均为300 mm×600 mm。

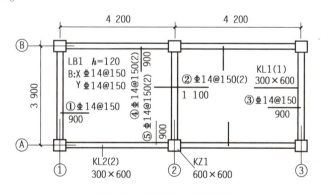

图3.27　楼面板平法施工图

解析:

楼面板钢筋工程量计算见表3.5。

表3.5　楼面板钢筋工程量计算表

构件代号	直径(mm)	钢筋示意图	计算式	单根长(m)	根数(根)	总长(m)	总重(kg)
x 向底筋	14	4 200	$L=3.9+0.15\times2$	4.20	48	201.60	243.601
y 向底筋	14	3 900	$L=3.6+0.15\times2$	3.90	52	202.80	245.051
①、③轴板负筋	14	210| 1 025	$L=0.9-0.15+0.3-0.025+15\times0.014$	1.24	48	59.28	71.630
Ⓐ、Ⓑ轴板负筋	14	210| 1 025	$L=0.9-0.15+0.3-0.025+15\times0.014$	1.24	104	128.44	155.199
②轴板负筋	14	2 200	$L=1.1\times2$	2.20	24	52.80	63.800
①、③轴分布筋	10	2 400	$L=2.1+15\times0.01\times2$	2.40	8	19.20	11.837
Ⓐ、Ⓑ轴分布筋	10	2 500	$L=2.2+15\times0.01\times2$	2.50	16	40.00	24.660
②轴分布筋	10	2 400	$L=2.1+15\times0.01\times2$	2.40	10	24.00	14.796
x 向温度筋	10	2 740	$L=1.9+48\times0.01\times2$	2.86	18	51.48	31.737
y 向温度筋	10	2 640	$L=1.8+48\times0.01\times2$	2.76	20	55.20	34.031
小计							896.344

【想一想】思考该板钢筋工程量计算思路。扫一扫,加强板钢筋平法图的识读,进一步了解板钢筋的计算过程。

板钢筋模型识读

8)螺栓、铁件

(1)螺栓、铁件工程量计算规则

螺栓、预埋铁件和机械连接是为了将构件或材料连接在一起。

螺栓是由头部和螺杆(带有外螺纹的圆柱体)两部分组成的一类紧固件,需与螺母配合使用,用于紧固连接两个带有通孔的零件,是将被连接件锚固到已硬化的混凝土基材上的锚固组件。预埋铁件一部分埋入混凝土中起锚固定位作用,露出来的部分用于连接混凝土的附属结构,如支座、支架、伸缩缝或混凝土的二次联结设施等。机械连接是通过套筒将两根钢筋采用对接的方式连接在一起。

螺栓工程量计算规则:按设计(包括规范规定)要求以数量计算。

预埋铁件工程量计算规则:按设计图示尺寸以质量计算。

（2）工程量计算示例

【例3.21】某装配式建筑有10个预埋铁件，如图3.28所示。请计算预埋铁件的工程量。

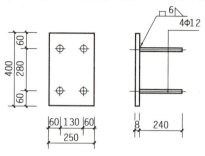

图3.28 预埋铁件示意图

解析：

识读图纸，该预埋铁件由一块扁钢（钢板）和4根圆钢组成。

扁钢质量：$T_1 = $ 扁钢长×扁钢宽×扁钢厚×7 850

$\qquad = 0.25×0.4×0.008 ×7 850 = 6.28（kg）$

圆钢质量：$T_2 = 0.006\ 165×d^2×$圆钢长度×圆钢数量

$\qquad = 0.006\ 165×12^2×0.24×4 = 0.852（kg）$

预埋铁件工程量：$T = （T_1+T_2）×$预埋铁件数量

$\qquad = （6.28+0.852）×10 = 71.32（kg）= 0.071（t）$

3.3.6 装配式结构、构件及部品

1）装配式预制混凝土构件

常用的装配式预制混凝土构件主要有装配式预制混凝土柱、梁、叠合梁（底梁）、叠合楼板（底板）、外墙板、内墙板、叠合外墙板、外墙挂板、女儿墙、楼梯、阳台、空调板等构件。

实心柱、单梁、叠合梁、叠合楼板工程量计算规则：按设计图示构件尺寸以体积计算。接缝灌浆层体积并入构件体积内。不扣除构件内钢筋、预埋部件、预留孔洞、灌浆套筒及后浇键槽所占体积，构件外露钢筋、连接件及吊环体积亦不增加。

实心剪力墙板、夹心保温剪力墙板、叠合剪力墙板工程量计算规则：按设计图示构件尺寸扣除门窗洞口以体积计算。坐浆层体积并入构件体积内。不扣除：①构件内钢筋、预埋部件、预留孔洞所占体积；②灌浆套筒、灌浆孔道及后浇键槽所占体积；③相邻预制墙板锚环连接处灌浆体积，构件外露钢筋、连接件及吊环体积亦不增加。

外挂墙板、女儿墙、楼梯、阳台、凸（飘）窗、空调板、其他构件工程量计算规则：按设计图示构件尺寸以体积计算。不扣除构件内钢筋、预埋部件、预留孔洞、后浇键槽及预制构件拼缝所占体积，构件外露钢筋、连接件及吊环体积亦不增加。

叠合梁、板后浇混凝土，叠合剪力墙后浇混凝土工程量计算规则：按设计图示尺寸以体积计算。不扣除构件内钢筋、预埋部件、预留孔洞所占的体积，预制构件边缘倒角部分及后浇混凝土键槽部分亦不增加。

模块1介绍了装配式预制混凝土柱的工程量计算，这里介绍装配式预制混凝土叠合楼板的工程量计算。叠合楼板是由预制板和现浇钢筋混凝土组成的楼板。预制板是楼板的一部

分,也起到底模的作用,具有良好的整体性和连续性,有利于增强建筑物的抗震性能,同时施工操作简单、实用,可减少现场湿作业,符合绿色节能建筑理念,具有绿色节能效果,广泛用于学校、图书馆、商业楼、医院、酒店、地下停车场等建设工程。

【例3.22】某装配式建筑工程,屋面板采用叠合楼板,屋面板总厚度为130 mm,其中叠合楼板厚度为60 mm,现浇板带厚度为70 mm,混凝土强度等级为C30,叠合楼板与叠合楼板拼缝及叠合楼板与支座构造如图3.29所示,叠合楼板尺寸按与梁、柱、墙重叠10 mm考虑。▨图示为现浇板带。计算该叠合楼板工程量、现浇板带工程量。

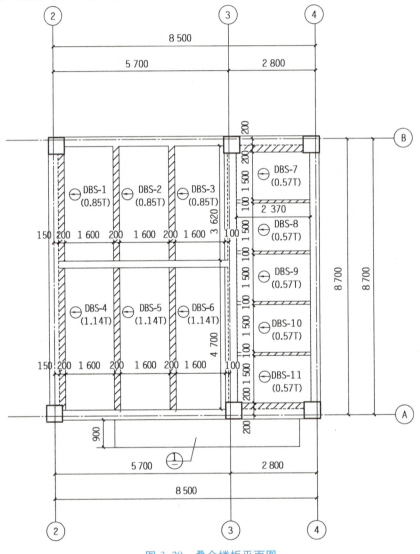

图3.29 叠合楼板平面图

解析:

叠合楼板工程量:V =(板长×板宽×个数)×厚度

$$= (2.37×1.5×5+3.62×1.6×3+4.52×1.6×3)×0.06 = 3.41(m^3)$$

现浇板带工程量:V =(板长×板宽×个数)×厚度

$$= [2.05×0.2×2+2.37×0.1×4+(8.32-0.2)×0.2×2+$$
$$(7.95-0.2)×0.2+0.1×0.15]×0.06=0.39(m^3)$$

注意:板带是否单独计量与计价,要结合当地计价定额进行分析,各地规定可能不同。

2)装配式钢结构构件

装配式钢结构是主要的建筑结构类型之一,主要由型钢和钢板等制成的钢梁、钢柱、钢桁架等构件组成,并采用硅烷化、纯锰磷化、水洗烘干、镀锌等除锈、防锈工艺。各构件或部件之间通常采用焊缝、螺栓或铆钉连接。装配式钢结构构件具有自重较轻、施工简单的优点,广泛应用于大型厂房、场馆、超高层等建设领域。但钢结构工程容易锈蚀,一般要除锈、镀锌或涂料,且要定期维护。

钢结构工程包括钢网架,钢屋架、钢托架、钢桁架,钢柱,钢梁,钢板楼板、墙板、屋面板,钢天窗架、墙架、挡风架,其他钢构件,金属制品等项目。

钢结构工程量计算规则:一般按设计图示尺寸以质量计算。不扣除孔眼的质量,焊条、螺钉、普通螺栓等不另增加质量。部分构件可以按面积或套计量。钢结构工程量计算时,要注意以下几点:

①钢柱中的实腹钢柱类型有十字、T、L、H形等,空腹钢柱类型有箱形、格构式等。

②钢梁中的梁类型有 H、L、T 形和箱形、格构式等。

【例3.23】某钢结构厂房,上柱支撑和构件材料表如图3.30所示,请计算上柱支撑的工程量。

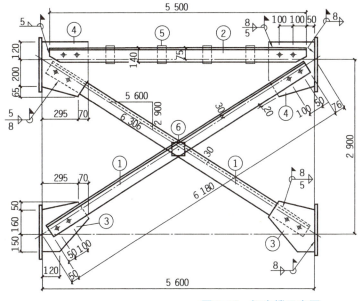

构件材料表			
构件号	断面 (mm)	长度 (mm)	数量
1	L110×7	6 180	2
2	L140×90×8	5 500	2
3	−360×10	365	2
4	−360×10	385	2
5	−60×10	170	5
6	−60×10	60	1

图 3.30　钢支撑示意图

解析:

①②为角钢,属于型钢。③④⑤⑥为扁钢。型钢和扁钢质量的计算方法如下:

型钢质量=每米质量×长度

扁钢质量=扁钢体积×7 850

查五金表可知:角钢L110×7 每米质量为 11.93 kg,角钢L140×90×8 每米质量为14.20 kg。

①角钢质量：$T_1 = 11.93 \times 6.18 \times 2 = 147.45(\text{kg})$

②角钢质量：$T_2 = 14.2 \times 5.5 \times 2 = 156.20(\text{kg})$

③扁钢质量：$T_3 = (0.365 \times 0.360 \times 0.01) \times 7\,850 \times 2 = 20.630(\text{kg})$

④扁钢质量：$T_4 = (0.385 \times 0.360 \times 0.01) \times 7\,850 \times 2 = 21.760(\text{kg})$

⑤扁钢质量：$T_5 = (0.17 \times 0.06 \times 0.01) \times 7\,850 \times 5 = 4.004(\text{kg})$

⑥扁钢质量：$T_6 = (0.06 \times 0.06 \times 0.01) \times 7\,850 = 0.283(\text{kg})$

上柱支撑的工程量：
$$T = 147.45 + 156.20 + 20.630 + 21.760 + 4.004 + 0.283$$
$$= 350.327(\text{kg}) = 0.35(\text{t})$$

3)装配式建筑构件及部品部件

装配式建筑构件及部品部件是指具有相对独立功能的建筑产品，是由建筑材料、单项产品构成的部件及构件的总称，是构成成套技术和建筑体系的基础。部品是直接构成成品的最基本组成部分。与零件不同的是，其不一定是零件，也可以是半成品或成品。常用的装配式构件及部品部件除装配式预制混凝土构件、钢结构外，还包括单元式玻璃幕墙、单元式石材幕墙、非承重墙、预制烟道及通风道、抗震支座、屈曲约束支撑、阻尼器等。工程量计算规则可能是按设计图示构件尺寸以体积计算，也可能是按设计尺寸的外围面积计算，具体项目需查询相应的计算规则。

【例 3.24】某装配式建筑工程，内墙采用轻质隔墙板，如图 3.31 所示，外墙为 200 mm。

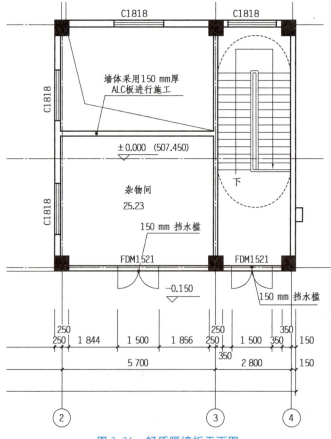

图 3.31　轻质隔墙板平面图

解析：

轻质隔墙板按照如图 3.34 所示设计尺寸以"m²"计算。

$$S = 长 \times 高 = (5.70+0.25-0.2-0.1) \times (3.90-0.60-0.20) = 17.52(\text{m}^2)$$

3.3.7　门窗工程

1)门窗工程量计算规则

门窗按其所处的位置不同分为围护构件或分隔构件，依据不同的设计要求，分别具有保温、隔热、隔声、防水、防火等功能。门和窗是建筑造型的重要组成部分，它们的形状、尺寸、比例、排列、色彩、造型等对建筑的整体造型都有很大影响。

门主要用于室内外交通联系和交通疏散(兼起通风采光的作用)。门工程包括木门,金属门,金属卷帘(闸)门,厂库房大门,特种门和其他门。

窗的主要作用是通风、采光(观景眺望的作用)。窗工程包括木窗,金属窗,门窗套,窗台板,窗帘、窗帘盒、轨。

门窗工程量计算规则：

①以"套"计量，按设计图示数量计算。

②以"m²"计量，按设计图示洞口尺寸以面积计算。注意"金属(塑钢、断桥)飘(凸)窗"若选择以"m²"计量，则按设计图示尺寸以框外围展开面积计算。

2)工程量计算示例

【例 3.25】某单层建筑工程一层平面布置如图 3.4 所示,外墙上有一玻璃双开门 M1521,内墙上有一木质门 M0921,请计算门窗工程量。

解析：

根据工程量计算规则,门窗工程量可以选择"套""m²"为计量单位,为了方便计价,宜选择与工程所在地计价定额中相应项目相同的计量单位。根据工程所在地(四川省)的计价定额,本工程门窗宜以"m²"计量。

(1)门的工程量

计算公式：$S = 门宽 \times 门高 \times 数量$

玻璃双开门工程量：$S_1 = 1.5 \times 2.1 \times 1 = 3.15(\text{m}^2)$

木质门工程量：$S_2 = 0.9 \times 2.1 \times 1 = 1.89(\text{m}^2)$

(2)窗的工程量

计算公式：$S = 窗宽 \times 窗高 \times 数量$

推拉窗的工程量：$S = 1.2 \times 1.5 \times 11 = 19.80(\text{m}^2)$

3.3.8　屋面及防水工程

1)屋面及防水工程工程量计算规则

屋面根据排水坡度不同,分为平屋面和坡屋面。一般平屋面的坡度在 10% 以下,最常用的坡度为 2% ~3%,坡屋面的坡度则在 10% 以上。

屋面工程一般包含混凝土现浇楼面、水泥砂浆找平层、保温隔热层、防水层、水泥砂浆保护层、排水系统、女儿墙及避雷措施等,特殊工程时还有瓦面的施工(挂瓦条)。

屋面采用整体面层或块料面层,整体面层或块料面层的工程量同楼地面相应项目;屋面采用瓦屋面、阳光板屋面、玻璃钢屋面、玻璃采光顶、金属板幕墙顶、膜结构屋面等项目,分别按照计量标准规定的工程量计算规则计算。如瓦屋面的工程量计算规则为:按设计图示尺寸以斜面积计算,不扣除房上烟囱、风帽底座、风道、小气窗、斜沟等所占面积,小气窗的出檐部分、瓦搭接重叠部分不增加面积。

屋面需要做防水施工。屋面防水工程一般包括屋面卷材防水、屋面涂膜防水、屋面柔性隔离层、屋面刚性层等项目,还会涉及屋面排水管,屋面排(透)气管,屋面(廊、阳台)泄水(吐)管,屋面排水板,天沟、檐沟防水等项目,具体工程量计算规则可查询计量标准。

墙面、楼(地)面根据需要也可能进行防水施工。墙面防水、防潮工程包括墙面卷材防水、墙面涂膜防水、墙面砂浆防水、墙面变形缝等项目;楼(地)面防水、防潮工程包括楼(地)面卷材防水、楼(地)面涂膜防水、楼(地)面砂浆防水(防潮)、楼(地)面变形缝等项目,具体工程量计算规则可查询计量标准。

2)工程量计算示例

【例 3.26】某屋面采用沥青瓦屋面,如图 3.32 所示,轴线离屋面边均为 120 mm,请计算沥青瓦屋面工程量。

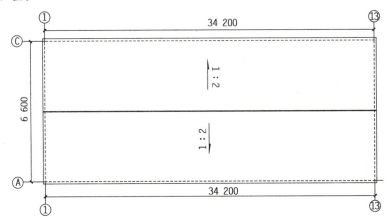

图 3.32 屋顶平面图

解析:

沥青瓦屋面工程量:$S = 2 \times (34.2 + 0.12 \times 2) \times \sqrt{[(6/2 + 0.12)/2]^2 + (6/2 + 0.12)^2}$
$= 240.27 (\text{m}^2)$

3.3.9 保温、隔热、防腐工程

随着绿色建筑的推行,每项建设工程都要采取保温隔热措施,主要从建筑围护结构上采取措施,这里重点介绍保温、隔热工程。

1)保温、隔热工程量计算规则

保温隔热屋面工程量计算规则:按设计图示尺寸以面积计算,不扣除单个面积≤0.3 m²的孔洞所占面积。

保温隔热墙面工程量计算规则:按设计图示尺寸以面积计算,扣除门窗洞口所占面积,不扣除单个面积≤0.3 m²的梁、孔洞所占面积;门窗洞口侧壁以及与墙相连的柱,并入墙面工程量内。

2)工程量计算示例

【例 3.27】某屋面平面图如图 3.33 所示,屋面保温采用 1∶6 水泥焦渣保温,请计算屋面保温层工程量。

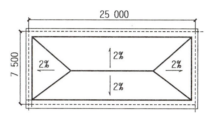

图 3.33　屋面平面图

解析:

屋面保温工程量:$S=(25-0.24)\times(7.5-0.24)=179.76(\text{m}^2)$

3.3.10　装饰工程

1)基本认识

装饰工程是用建筑材料及其制品或用雕塑、绘画等装饰性艺术品,对建筑物室内外进行装潢和修饰的工作总称。其作用是保护建筑物各种构件免受自然的风、雨、潮气的侵蚀,改善隔热、隔声、防潮功能,提高建筑物的耐久性,延长建筑物的使用寿命,同时为人们创造良好的生产、生活及工作环境。

装饰工程包括楼地面装饰工程,墙、柱面装饰工程与隔断、幕墙工程,天棚工程,油漆、涂料、裱糊工程,其他装饰工程等,大部分项目都是以面积计算工程量。这里通过例题对常见装饰工程项目的工程量计算进行介绍,重在掌握思路和计算方法。

2)工程量计算注意事项

①装饰做法可能在设计说明或施工图中明确,也可能引用图集标准做法,要全面收集资料并识读。

②装饰做法一般会按工序予以描述,一个清单项目可以包括若干工序,要根据计量标准正确列项,这是初学者的难点。

【扫一扫】掌握装饰工程列项基本方法。

装饰工程列项

③准确掌握工程量计算规则,清楚尺寸的含义,是图示尺寸还是施工后尺寸,掌握扣除或增加的分界。如计量标准规定,抹灰类墙柱面是按设计图示尺

寸计算面积,而块料墙柱面是按镶贴表面积计算,镶贴表面积就是按照施工后饰面外围尺寸计算。

④计算工程量时,可以找到基础尺寸,进行扣减和增加,提高工程量计算效率,如房间的净面积、墙的净长线、墙的净高度是被反复用到的,可以提前计算,反复应用在不同分项工程量的计算中。

3)工程量计算示例

【例3.28】某办公楼大堂有6根独立柱(600 mm×600 mm),高度为4.50 m,如图3.34所示,做法如下:

①墙体。

②10 mm厚1∶3水泥砂浆打底扫毛,分两次抹。

③7 mm厚1∶2水泥砂浆结合层。

图3.34 柱截面图

④张贴10 mm厚大理石板,板材背面用玻纤网涂环氧树脂张贴做石材封闭处理,然后用专用强力胶点粘板材。

⑤色浆擦缝。

⑥表面擦净,抛光,耐候胶勾缝。

解析:

计量标准关于块料柱面项目工程量计算规则:按设计图示镶贴后表面积计算,以"m²"为单位。

$$S = [0.60+(0.01+0.007+0.01)\times 2](镶贴后的边长)\times 4(4 面)\times 4.50(柱高)\times 6$$
$$= 70.63(m^2)$$

【想一想】若该独立柱采用抹灰或刷乳胶漆等装饰,工程量该如何计算。扫一扫,看看自己的理解和计算是否正确。

独立柱装饰工程量参考答案

【例3.29】某工程设计图如图3.35所示,墙厚均为240 mm,轴线均居中,Z柱直径为600 mm,M1洞口尺寸为1 200 mm×2 200 mm,C1洞口尺寸为1 200 mm×1 500 mm,外窗台高为900 mm,内墙踢脚线高为120 mm,装饰装修做法见表3.6,门洞侧壁均做踢脚线和抹灰刷漆,内外墙门窗洞口侧壁按80 mm计算。请根据计量标准划分以上装饰装修做法的清单项目并计算工程量。

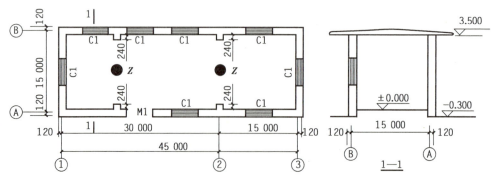

图3.35 平面图和剖面图

表 3.6　装饰装修做法表

部位	做法
室内地面	1. 600 mm×600 mm 地砖面层,水泥浆擦缝 2. 20 mm 厚 1:2 干硬性水泥黏合层,上撒 1~2 mm 厚干水泥并洒清水适量 3. 改性沥青一布四涂防水层 4. 100 mm 厚 C10 混凝土垫层找坡表面赶平 5. 素土夯实基土
内墙踢脚线 (包括柱)	1. 10 mm 厚地砖面层,水泥浆擦缝 2. 4 mm 厚纯水泥浆粘贴层(42.5 级水泥中掺 20% 白乳胶) 3. 25 mm 厚 1:2 水泥砂浆基层
内墙墙面 (包括独立柱)	1. 墙体 2. 9 mm 厚 1:1:6 水泥石灰砂浆打底扫毛 3. 7 mm 厚 1:1:6 水泥石灰砂浆垫层 4. 5 mm 厚 1:0.3:2.5 水泥石灰砂浆罩面压光 5. 刷乳胶漆一底两面
室内天棚	1. 楼板 2. 7 mm 厚 1:0.5:2.5 水泥石灰砂浆打底扫毛 3. 5 mm 厚 1:0.5:2.5 水泥石灰砂浆垫层 4. 3 mm 厚 1:0.3:3 水泥石灰砂浆罩面压光 5. 刷乳胶漆一底两面
外墙墙裙	1. 14 mm 厚 1:3 水泥砂浆打底,两次成活扫毛或划出纹道 2. 8 mm 厚 1:0.15:2 水泥石灰砂浆(内掺建筑胶或专业胶黏剂) 3. 贴 10 mm 厚 100 mm×200 mm 外墙砖,1:1 水泥砂浆勾缝
外墙墙面	1. 刷界面处理剂 2. 13 mm 厚 1:3 水泥砂浆打底,两次成活扫毛或划出纹道 3. 7 mm 厚 1:2.5 水泥砂浆找平,铁抹压光 4. 满刮腻子一遍 5. 刷乳胶漆一底两面(外墙用) 6. 喷甲基硅醇钠憎水剂

解析:
(1)划分分项工程(表 3.7)

表 3.7　划分分项工程项目表

序号	项目编码	项目名称	项目特征描述	计量单位	工程量
1	011102003001	地砖地面	20 mm 厚 1:2 干硬性水泥黏合层,上撒 1~2 mm 厚干水泥并洒清水适量;600 mm×600 mm 地砖面层,水泥浆擦缝	m²	660.95

续表

序号	项目编码	项目名称	项目特征描述	计量单位	工程量
2	011105003001	地砖踢脚线	150 mm 高,25 mm 厚 1∶2 水泥砂浆基层,4 mm 厚纯水泥浆粘贴层(425号水泥中掺 20% 白乳胶);10 mm 厚地砖面层,水泥浆擦缝	m	123.69
3	011201001001	内墙混合砂浆一般抹灰	9 mm 厚 1∶1∶6 水泥石灰砂浆打底扫毛,7 mm 厚 1∶1∶6 水泥石灰砂浆垫层,5 mm 厚 1∶0.3∶2.5 水泥石灰砂浆罩面压光	m²	408.24
4	011201001002	混凝土柱混合砂浆一般抹灰	9 mm 厚 1∶1∶6 水泥石灰砂浆打底扫毛,7 mm 厚 1∶1∶6 水泥石灰砂浆垫层,5 mm 厚 1∶0.3∶2.5 水泥石灰砂浆罩面压光	m²	13.19
5	011201001003	外墙水泥砂浆一般抹灰	13 mm 厚 1∶3 水泥砂浆打底,两次成活扫毛或划出纹道,7 mm 厚 1∶2.5 水泥砂浆找平,铁抹压光	m²	321.65
6	011203003001	外墙砖墙裙	14 mm 厚 1∶3 水泥砂浆打底,两次成活扫毛或划出纹道;8 mm 厚 1∶0.15∶2 水泥石灰砂浆(内掺建筑胶或专业胶黏剂);贴 10 mm 厚 100 mm×200 mm 外墙砖,1∶1 水泥砂浆勾缝	m²	120.30
7	011301001001	混合砂浆天棚抹灰	7 mm 厚 1∶0.5∶2.5 水泥石灰砂浆打底扫毛,5 mm 厚 1∶0.5∶2.5 水泥石灰砂浆垫层,3 mm 厚 1∶0.3∶3 水泥石灰砂浆罩面压光	m²	660.66
8	011403001001	乳胶漆外墙面	满刮腻子一遍,刷乳胶漆一底两面(外墙用),喷甲基硅醇钠憎水剂	m²	325.39
9	011403001002	乳胶漆内墙面及柱面	刷乳胶漆一底两面	m²	410.45
10	011403001003	乳胶漆天棚	刷乳胶漆一底两面	m²	659.86

(2)计算工程量

内墙净长线 $= [(45.0-0.12×2)+(15.0-0.12×2)]×2+0.24×8$(墙垛侧面)

$\quad\quad\quad = [44.76+14.76]×2+1.92 = 120.96$(m)

外墙外边线 $= [(45.0+0.12×2)+(15.0+0.12×2)]×2 = [45.24+15.24]×2 = 120.96$(m)

①地砖地面:

$\quad\quad S = 44.76×14.76+1.2×0.24$(门洞)$= 660.95$(m²)

②地砖踢脚线:

$$L=(120.96-1.2(门洞)+0.08×2(门侧))×0.12+3.14×0.3×2×2=123.69(m^2)$$

③内墙混合砂浆一般抹灰:

$$S=120.96×3.50-1.20×1.50×8(窗)-1.20×2.20×1(门)+0.24×8=408.24(m^2)$$

④混凝土柱混合砂浆一般抹灰:

$$S=2×3.14×0.3×3.50×2=13.19(m^2)$$

⑤外墙水泥砂浆一般抹灰:

$$S=120.96×(3.50+0.3-1.0)-1.20×1.50×8(窗)-1.20×2.20×1(门)$$
$$=321.65(m^2)$$

⑥外墙砖墙裙:

$$S=[(45.24+0.032×2)+(15.24+0.032×2)]×2×1.0-(1.2-0.032×2)×$$
$$1.0(门洞部分)+(0.08+0.032)×2(门侧壁)×1.0$$
$$=121.216-1.136+0.224=120.30(m^2)$$

⑦混合砂浆天棚抹灰:

$$S=44.76×14.76=660.66(m^2)$$

⑧乳胶漆外墙面:

$$S=S_{抹灰}+S_{门窗洞口侧壁}$$
$$=321.65+(1.20+1.50)×2×0.08×8+[1.2+(2.20-1.00)×2]×0.08$$
$$=321.65+3.456+0.288=325.39(m^2)$$

⑨乳胶漆内墙面及柱面:

$$S=S_{抹灰}-S_{踢脚线}+S_{门窗洞口侧壁}$$
$$=(408.24+13.19)-123.96×0.12+(1.20+1.50)×2×0.08×8+$$
$$[1.2+(2.20-0.12)×2]×0.08$$
$$=421.43-14.87+3.456+0.429=410.45(m^2)$$

⑩乳胶漆天棚:

$$S=44.76×14.76-0.24×0.24×4(墙垛)-3.14×0.32×2$$
$$=659.86(m^2)$$

【议一议】讨论本例题涉及项目的工程量计算规则,哪些按设计图示尺寸计算,哪些按镶贴表面积计算,哪些按实际面积计算,哪些扣减项目进行了综合。扫一扫,看看自己的理解是否正确。

装饰工程工程量
计算规则应用

3.3.11　安装工程

1)基本认识

安装工程是建筑物的重要组成部分,涉及的内容广泛,含多个不同种类的专业。建筑行业中常见的安装工程有电气设备安装工程,给排水、采暖、燃气工程,消防工程,通风空调工程,工业管道工程等。这些安装工程按建设项目的划分原则,均属于单位工程,它们具有单独的施工设计文件,并有独立的施工条件,是工程造价的计算对象。

2)安装工程工程量计算方法

(1)安装工程工程量计量单位

根据《通用安装工程工程量计算标准》(GB/T 50856—2024),安装工程工程量计量单位主要分为两大类。

①以安装成品表现在自然状态下的简单点数所表示的"台""个""件""套""根""组""系统"等自然计量单位,如电气工程中的灯具、开关、插座、按钮,按设计图示数量以"套"计量,配电箱按设计图示数量以"台"计量;给排水工程中的洗脸盆、洗涤盆、大便器、小便器按设计图示数量以"组"计量,地漏分公称直径按设计图示数量以"个"计量。

②以度量表示的长度、面积、体积和重量的单位,如"m""m²""m³""t"等物理计量单位。电气工程中的电气配管配线、给排水工程的管道等项目,则按设计图示管道中心线长度以"m"计量。

(2)安装工程工程量计算顺序

安装工程专业繁多,但安装工程各专业工程量计算方法基本相似。为避免漏算或重算、提高计算的准确度,工程量的计算应按照一定的顺序进行。具体的计算顺序根据具体专业和个人习惯来确定,一般有以下几种顺序:

①单位工程计算顺序。

一个单位工程,其工程量计算顺序一般有以下几种:

a.按图纸顺序计算。根据图纸排列的先后顺序,在熟悉建筑施工图和结构施工图基础上,安装工程各个专业图纸由前向后,按先系统图→再平面图→再大样图,先基本图→再详图的顺序计算。

b.按工程量计算标准顺序计算。按工程量计算标准附录的先后顺序,由前向后,逐项对照计算。

c.按计价定额的分部分项顺序计算。按定额的章、节、子目次序,由前向后,逐项对照,定额项与图纸设计内容能对上号时就计算。

d.按施工顺序计算。按施工顺序计算工程量,可按"先施工的先算,后施工的后算"的方法进行。如电气工程从电缆进线开始算起,直到灯具安装等全部施工内容结束。

e.统筹计算。统筹计算是在熟悉工程量计算标准、计价定额、施工顺序的基础上,结合前面4种方法,先计算按自然计量单位计算的相应分部分项工程量,再计算按物理计量单位计算的相应分部分项工程量。如给排水工程先计算给水阀门、卫生器具等按自然计量单位计算的分项工程,再计算给、排水管道等按物理计量单位计算的分项工程;电气工程先计算配电箱、灯具、开关等按自然计量单位计算的分项工程,再计算桥架、电缆、配管、配线等按物理计量单位计算的分项工程。

②单个分部分项工程计算顺序。

a.按照顺时针方向计算法。即先从平面图的左上角开始，自左至右，然后再由上而下，最后转回到左上角为止，这样按顺时针方向转圈依次进行计算。例如，计算管道长度等分部分项工程，可以按照此顺序进行计算。

b.按先横后竖、先上后下、先左后右计算法。即在平面图上从左上角开始，按"先横后竖、从上而下、自左到右"的顺序计算工程量。例如，避雷带长度等分部分项工程，可按这种顺序计算工程量。

c.按分系统、按介质流动方向计算。如给、排水管道和通风空调管道工程量，可以根据各自独立的系统，顺着介质的流向进行相应管道工程量计算；电气工程配管及配线分部分项工程量，可以顺着配电方向，按配电系统图及各自独立回路进行计算。

按一定顺序计算工程量的目的是防止漏项少算或重复多算，只要能实现这一目的，采用哪种方法计算都是可以的。

3) 给排水工程工程量计算示例

【例 3.30】某办公楼卫生间给、排水平面图和系统图如图 3.36 至图 3.39 所示。给水管道采用 PPR 管(热熔连接)；排水管道采用 UPVC 排水塑料管(承插粘接)；阀门采用截止阀(螺纹连接)，洗脸盆、大便器材质均选用陶瓷(成品安装)，洗涤盆材质选用不锈钢(成品安装)，地漏采用塑料。给水管道在运行前必须进行水冲洗和压力试验，排水管道在运行前必须进行灌水试验。图中管道标注均以管道中心线为准。根据《通用安装工程工程量计算标准》(GB/T 50856—2024)，对该卫生间内给排水系统列项并计算工程量(室内给水系统从阀门处开始计算，排水系统从接入立干管位置处开始计算)。

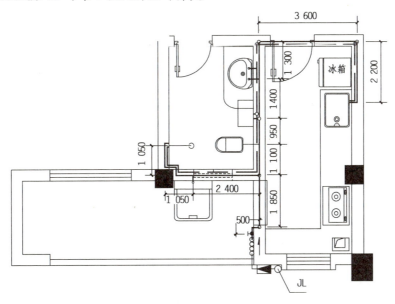

图 3.36　给水平面详图

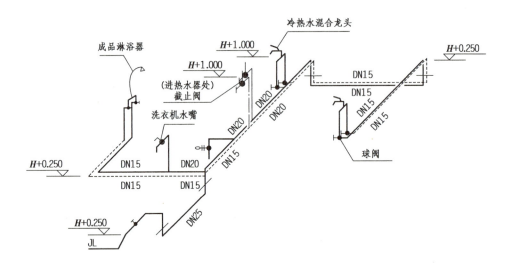

图 3.37　给水热水支管系统图

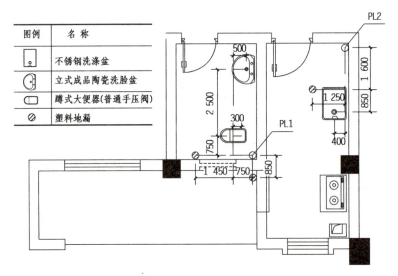

图 3.38　排水平面详图

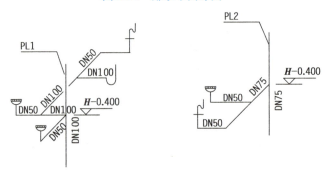

图 3.39　排水支管系统图

解析：

（1）划分分项工程

根据《通用安装工程工程量计算标准》（GB/T 50856—2024）及图示内容，给水系统有独立安装的阀门和给水管道相应的清单项目；排水系统有卫生器具和排水管道相应的清单项目。

（2）计算工程量

根据《通用安装工程工程量计算标准》（GB/T 50856—2024）附录 K 中的工程量计算规则，阀门应区别类型，材质，规格、压力等级，连接形式，按设计图示数量以"个"计算；水嘴执行给排水附件项目，应区别材质、型号、规格，按设计图示数量以"个"计算"；淋浴器应区别材质、规格、组装形式，按设计图示数量以"套"计算"；给、排水管道应区别安装部位、介质、材质、规格、连接形式，按设计图示管道中心线长度以"m"计算。

需要注意的是，在给排水工程量的计算中，与卫生器具成套或成线安装的阀门、附件、管道等已包含在卫生器具安装范围内，不能将此部分内容再单独列项计算清单工程量。

本例采用统筹法分系统计算，先计算自然计量单位的分项工程，再计算物理计量单位的分项工程。给、排水管道的计算，按照分系统并按介质流动方向计算，即先计算给水系统，再计算排水系统管道工程量。计算过程见表 3.8。

表 3.8　工程量计算表

序号	项目名称	计量单位	工程量	工程量计算式
1	DN25 截止阀（螺纹连接）	个	1	
2	DN20 截止阀（螺纹连接）	个	2	
3	DN15 洗衣机水嘴（螺纹连接）	个	1	
4	成品沐浴器	套	1	
5	DN25PPR 冷水管（热熔连接）	m	3.95	$0.50+0.25\uparrow+1.85+0.25\uparrow+1.10=3.95$
6	DN20PPR 冷水管（热熔连接）	m	5.50	$0.95+1.40+2.40+(1.00-0.25)\uparrow$（热水器处）$=5.50$
7	DN15PPR 冷水管（热熔连接）	m	11.20	$1.30+0.25\uparrow+3.60+0.25\uparrow+2.20+1.05\times2+$（$1.00-0.25$）$\times2\uparrow$（洗衣机和淋浴器处）$=11.20$
8	DN20PPR 热水管（热熔连接）	m	2.15	（$1.00-0.25$）$\uparrow$（热水器处）$+1.40=2.15$
9	DN15PPR 热水管（热熔连接）	m	14.90	$1.30+0.25\uparrow+3.60+0.25\uparrow+2.20+0.95+$ $1.10+2.40+1.05\times2+(1.00-0.25)\times$ $1\uparrow$（淋浴器处）$=14.90$

注：计算式中"↑"指竖向高度，未标注的为水平长度。

4)电气工程工程量计算示例

【例3.31】某住宅室内电气照明平面图和插座平面布置如图3.40、图3.41所示,该工程层高为3.00 m。室内电气配线照明支路 N1 配管配线方式为 BV-3×2.5 mm² PC16 WC/CC;插座支路 N2、N3 配管配线方式为 BV-3×4.0 mm² PC20 WC/FC。根据《通用安装工程工程量计算标准》(GB/T 50856—2024),对该室内电气照明工程列项并计算工程量。(图中线段上所标注数字为该段线路水平长度)

解析:

(1)项目划分

根据《通用安装工程工程量计算标准》(GB/T 50856—2024)和图示内容,除配电箱外,照明回路有灯具及灯具盒、开关及开关盒、配管、配线等相应清单项目;插座回路有插座及插座盒、配管、配线等相应清单项目。

图例	型号、规格等
■	暗装配电箱P1(600×800) 安装高度1.60 m
○	吸顶灯1×28 W
◐	壁灯1×11 W 安装高度2.50 m
↖	单控单联暗开关 安装高度1.30 m
↖	单控双联暗开关 安装高度1.30 m
↖	单控三联暗开关 安装高度1.30 m
▶	二、三眼组合插座 安装高度0.30 m

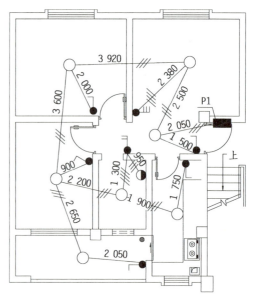

图 3.40 照明平面图

(2)计算工程量

根据《通用安装工程工程量计算标准》(GB/T 50856—2024)附录 D 中的工程量计算规则,普通灯具应区别名称、型号、规格、类型,按设计图示数量以"套"计算;插座应区别名称、材质、规格、安装方式,按设计图示数量以"个"计算;配管应区别名称,材质,规格,配置形式,接地要求,钢索材质、规格,引线材质,按设计图示尺寸以"m"计算,配管安装不扣除管路中间的接线箱(盒)、灯头盒、开关盒所占长度;配线应区别名称,配线形式,型号,规格,材质,配线线制,钢索材质、规格,导线连接方式,按设计图示尺寸加预留长度以单线长度"m"计算,配线进入箱、柜、板的预留长度见《通用安装工程工程量计算标准》(GB/T 50856—2024)。

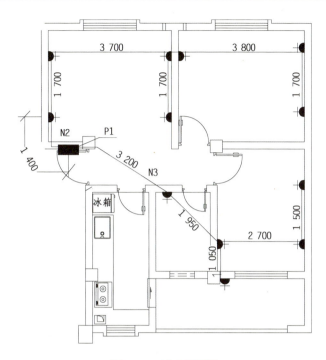

图 3.41 插座平面图

需要注意的是,在电气工程量计算中,接线盒的材质,按照"塑料管配塑料盒、金属管配金属盒"原则进行确定;因为硬导线按单线延长米计算工程量,所以需要确定线的根数和每一段线的长度。线的根数,有图示按图示根数确定,没图示应根据电路原理确定。线的长度为"图示长度+预留长度",图示长度包括水平长度和竖直高度两部分,预留长度应根据计量标准规定的预留长度进行确定。

本案例采用统筹法,分回路并顺着配电方向,先计算自然计量单位分项工程量,再计算物理计量单位的分项工程量,先计算照明回路工程量再计算插座回路工程量,计算过程见表3.9。

表 3.9 工程量计算表

序号	项目名称	计量单位	工程量	工程量计算式
1	暗装配电箱 P1(600×800)	台	1	
2	吸顶灯 1×28 W	套	7	
3	壁灯 1×11 W	套	1	
4	单控单联暗开关	个	5	
5	单控双联暗开关	个	1	
6	单控三联暗开关	个	1	
7	塑料灯头盒	个	8	

续表

序号	项目名称	计量单位	工程量	工程量计算式
8	塑料开关盒	个	7	
9	配管 PC16(暗配)	m	46.35	N1 回路水平长度: 2.05+1.50+2.50+2.38+3.92+2.00+3.60+0.90+2.65+2.05+2.20+1.30+0.95+1.90+1.75=31.65(m) N1 回路竖直高度: (3.00-1.60-0.80)(配电箱处)+(3.00-1.30)×5(单联开关处)+(3.00-1.30)×2(双联开关处)+(3.00-1.30)×1(三联开关处)+(3.00-2.50)×1(壁灯处)=14.70(m) 小计:31.65+14.70=46.35(m)
10	配线(管内穿线)BV-3×2.5 mm²	m	135.68	N1 回路水平长度: $2.05\times3_{根}+1.50\times2_{根}+2.50\times3_{根}+2.38\times4_{根}+3.92\times3_{根}+2.00\times2_{根}+3.60\times3_{根}+0.90\times2_{根}+2.65\times3_{根}+2.05\times3_{根}+2.20\times3_{根}+1.30\times4_{根}+0.95\times3_{根}+1.90\times3_{根}+1.75\times2_{根}=92.48$(m) N1 回路竖直高度: $[(3.00-1.60-0.80)+(0.60+0.80)(预留)]3_{根}$(配电箱处)$+(3.00-1.30)\times5\times2_{根}$(单联开关处)$+[(3.00-1.30)\times1\times4_{根}+(3.00-1.30)\times1\times3_{根}]$(双联开关处)$+(3.00-1.30)\times1\times4_{根}$(三联开关处)$+(3.00-2.50)\times1\times3_{根}$(壁灯处)$=43.20$(m) 小计:92.48+43.20=135.68(m)

【练一练】计算【例 3.31】中插座回路工程量。扫一扫,看看自己的计算是否正确。

插座回路工程量参考答案

【议一议】工程量计算量很大,特别是规模大、构件多的项目,为了方便检查和结算时对量,工程量计算过程应分步进行,如分层分构件分型号进行,必要时还应该备注,再层层汇总。

提倡使用表格法,以便检查和核对,工程量计算表格没有统一格式,编制者可以合理设计。扫一扫,评价一下工程量计算范例和计算过程是否清晰。

工程量计算完成后需要根据分部分项工程顺序进行整理并复核,单独装订成册,作为重要的工作底稿妥善保管。

工程量计算表参考格式

学习小结

　　工程量是工程量清单的核心内容,是确定工程造价的基础。工程量计算是工程造价的基础工作,有手工计算和软件计算两种方式,编制者既要具备手算能力,也要具备软件应用能力。本模块介绍工程量的手工计算,选择典型图例介绍工程量计算的步骤和方法,软件计算工程量的步骤和方法在模块 8 中介绍。

　　工程量计算要注意分步骤计算,特别是规模大、构件多的项目,应分层分构件分型号进行,必要时还应该备注,再层层汇总,以便检查和结算时对量。

　　工程量计算内容多,过程烦琐,编制者要本着"客观"原则,按照实事求是的精神,在读懂图纸、理解计算规则的基础上正确计算,还要发扬精益求精的工匠精神,对于数据不清楚的、有矛盾的、有遗漏的,应向设计单位咨询或现场查看,力求工程量计算的科学性和合理性。

模块 4　编制工程量清单

【学习目标】

(1)能收集工程量清单的编制依据；

(2)能根据计量标准合理划分清单项目并计算清单工程量；

(3)能编制工程量清单总说明；

(4)能正确填写工程量清单的各项表格；

(5)能复核、审查并能正确装订工程量清单；

(6)培养严谨的工作态度,增强质量意识和责任意识。

工程量清单计价是招标人根据国家统一的计价标准以及计量标准的工程量计算规则提供招标工程量清单和技术说明,由投标人依据企业自身条件和市场价格对招标工程量清单自主报价的工程造价计价方式。

工程量清单计价方式体现"量价分离""风险分摊"的特点,能促进投标人有效竞争,有利于降低投资成本,提高投资效益,是国际上工程计价的主要方式,也逐渐成为我国的主要计价方式。使用财政资金或国有资金投资的建设工程,应按国家及行业工程量计算标准编制工程量清单,采用工程量清单计价；非使用财政资金或国有资金投资的建设工程,宜按国家及行业工程量计算标准编制工程量清单,采用工程量清单计价。

在工程量清单计价方式下,工程造价工作有编制工程量清单、编制最高投标限价、编制投标报价、合同价款调整、合同价款期中支付、工程结算与支付、合同价款争议的解决等。本教材介绍发承包阶段的造价工作,即编制工程量清单、最高投标限价和投标报价。

【看一看】我国自 2003 年 7 月 1 日起正式实施推行工程量清单计价,已经成为我国主要的计价方式,扫一扫,了解工程量清单计价的特点和作用。

工程量清单
计价特点

4.1　工程量清单的基本认识

1)工程量清单的定义

工程量清单是指建设工程文件中载明项目编码、项目名称、项目特征、计量单位、工程数量等的明细清单。

在建设工程发承包及实施过程的不同阶段,工程量清单可分别称为"招标工程量清单"和"已标价工程量清单"。

招标工程量清单是指招标人依据国家标准、招标文件、设计文件以及施工现场实际情况编制的,随招标文件发布供投标人投标报价的工程量清单,包括其说明和表格,是招标文件(要约邀请)的组成部分。

已标价工程量清单是指构成合同文件组成部分的投标文件中的已标明价格,经算术性错误修正(若有)且承包人已确认的工程量清单,包括其说明和表格。

2)工程量清单的相关规定

(1)编制人

工程量清单应由具有编制能力的招标人或受其委托的工程造价咨询人编制,接受委托的承担工程造价文件编制与核对的工程造价咨询人及其从业人员,应对其所出具的工程造价成果文件的质量向委托方负责。

(2)编制对象

招标工程量清单应根据招标文件要求及工程交付范围,以合同标的,或以单项工程、单位工程为工程量清单编制对象进行列项编制,并作为招标文件的组成部分。

(3)成果文件

工程量清单成果文件应包括封面、签署页、编制说明、工程量计算规则说明、工程量清单及计价表格等。编制说明应列明工程概况、招标(或合同)范围、编制依据等;工程量计算规则说明应明确工程量清单使用的国家及行业工程量计算标准,以及根据工程实际需要补充的工程量计算规则等。

(4)作用

招标工程量清单是工程量清单计价的基础,是编制最高投标限价、投标报价、计算或调整工程量、索赔等的依据之一。已标价工程量清单是支付工程款、调整合同价款、办理竣工结算等的依据之一。

(5)质量要求及责任

招标人根据工程实际情况编制的招标工程量清单应用于总价合同的,其清单项目和工程数量应视为与招标图纸和技术标准规范相符,存在工程量清单缺陷的,承包人应承担工程量清单缺陷的补充完善责任,工程量清单缺陷应按计价标准相关规定不做调整;编制的招标工程量清单应用于单价合同的,其清单项目列项、项目特征的工作内容及其工程数量应视为符合招标图纸和技术标准规范的要求,存在分部分项工程项目清单缺陷的,应由发包人承担相关清单缺陷责任,工程量清单缺陷应按计价标准相关规定调整。

采用单价合同的工程量清单中,分部分项工程项目清单工程数量为暂定的工程量,在合同履行中应按发包人提供的实际施工图纸、合同约定、国家及行业工程量计算标准及补充的工程量计算规则重新计量确定,但措施项目清单和以"项"计价的分部分项工程项目清单应按计价标准总价计价的规定计算。

采用总价合同的工程量清单,如工程量清单存在缺陷的,清单缺陷引起的价款变化应视为已包含在合同总价内,合同履行中不予调整;但分部分项工程项目清单内说明是暂定数量的清单项目及其工程数量,应按计价标准单价计价的规定重新计量,并对相关清单项目的合同价格及合同总价进行相应调整。

无论采用单价合同还是总价合同,分部分项工程项目清单的项目编码、项目名称、项目特征描述、计量单位以及工作内容,应按国家及行业工程量计算标准和补充工程量清单计算规则进行编制;措施项目清单的项目编码、项目名称以及工作内容,应按国家及行业工程量计算标准编制。

本教材主要介绍采用单价合同的工程量清单编制。

(6)内容

工程量清单应以单位(项)工程为单位编制,由分部分项工程项目清单、措施项目清单、其他项目清单和税金项目清单组成。

(7)编制依据

①计价标准和相关工程国家及行业工程量计算标准。

②国家及省级、行业建设主管部门颁发的工程计量与计价相关规定,以及根据工程需要补充的工程量计算规则。

③招标文件、拟订的合同条款及其相关资料。

④工程招标图纸及其相关资料。

⑤与建设工程有关的技术标准规范。

⑥施工现场情况、相关地勘和水文资料、工程特点及交付标准。

⑦其他相关资料。

(8)编制表格

《建设工程工程量清单计价标准》(GB/T 50500—2024)规范了计价表格,将记载有工程量的工程量清单表与工程量清单计价表两表合一,如"分部分项项目清单计价表",该表中项目编码、项目名称、项目特征描述、计量单位、工程量属清单表部分;综合单价、合价属于计价表部分,减少了投标人可能因两表分设而出错的概率,表格不仅适用于编制工程量清单,也适用于编制最高投标限价、投标报价和结算价。

"计价标准"提供了工程量清单、最高投标限价、投标报价的编制表格,各省、行业建设主管部门可根据本地区、本行业的实际情况,在"计价标准"计价表格的基础上补充完善。

招标工程量清单、最高投标限价、投标报价使用的表格见表4.1。

表4.1　工程量清单计价表格一览表

表格编号	招标工程量清单的表格	最高投标限价的表格	投标报价的表格
B.1.1	招标工程量清单封面		
C.1.1	招标工程量清单扉页		

续表

表格编号	招标工程量清单的表格	最高投标限价的表格	投标报价的表格
B.2.1		最高投标限价封面	
C.2.1		最高投标限价扉页	
B.3.1			投标总价封面
C.3.1			投标总价扉页
D.1.1	编制说明	编制说明	
D.2.1			填报说明
D.4.1	工程量清单计算规则说明	工程量清单计算规则说明	工程量清单计算规则说明
E.1.1		工程项目清单计价汇总表	工程项目清单计价汇总表
E.2.1	分部分项工程项目清单计价表	分部分项工程项目清单计价表	分部分项工程项目清单计价表
E.2.1-1 或 E.2.1-2		分部分项工程项目清单综合单价分析表(简版)	分部分项工程项目清单综合单价分析表(简版)
E.2.3	材料暂估单价及调整表	材料暂估单价及调整表	材料暂估单价及调整表
E.3.1	措施项目清单计价表	措施项目清单计价表	措施项目清单计价表
E.3.2		措施项目清单构成明细分析表	措施项目清单构成明细分析表
E.3.3			措施项目费用分拆表
E.3.4			大型机械进出场及安拆费用组成明细表
E.4.1	其他项目清单计价表	其他项目清单计价表	其他项目清单计价表
E.4.2	暂列金额明细表	暂列金额明细表	暂列金额明细表
E.4.3	专业工程暂估价明细表	专业工程暂估价明细表	专业工程暂估价明细表
E.4.4	计日工表	计日工表	计日工表
E.4.5	总承包服务费计价表	总承包服务费计价表	总承包服务费计价表
E.4.6	直接发包的专业工程明细表	直接发包的专业工程明细表	直接发包的专业工程明细表
E.5.1	增值税计价表	增值税计价表	增值税计价表
G.1.1	发包人提供材料一览表	发包人提供材料一览表	发包人提供材料一览表
G.2.1-1 或 G.2.1-2	承包人提供可调价主要材料表(适用于价格信息调差法) 承包人提供可调价主要材料表(适用于价格指数调差法)	承包人提供可调价主要材料表(适用于价格信息调差法) 承包人提供可调价主要材料表(适用于价格指数调差法)	承包人提供可调价主要材料表(适用于价格信息调差法) 承包人提供可调价主要材料表(适用于价格指数调差法)

说明:教材案例根据计价需要对标准中的少量表格做了微调,其中"E.1.1 工程项目清单汇总表"调整为"工程项目清单计价汇总表";"E.5.1 税金项目计价表"调整为"增值税计价表"。

3）编制工程量清单应具备的意识

①造价控制意识。如清单项目划分完整，不重项、不漏项，详略得当，便于造价控制；项目特征描述要清晰明确，涉及计价的内容要准确描述；工程量计算要力求准确，减少实施阶段由于量差引起价款调整。

②责任意识。工程量清单的准确性和完整性直接影响造价管理效果，招标人要高度重视，具有编制能力的招标人可以自行编制招标工程量清单，没有编制能力的招标人，要委托工程造价咨询人编制，编制人必须要有责任意识。

③质量意识。招标工程量清单是招标文件的组成部分，是编制最高投标限价、投标报价、计算或调整工程量、索赔等的依据之一，必须认真编制、严格检查和审核，保证清单质量。

4.2 工程量清单编制步骤和方法

编制工程量清单的主要步骤包括：①准备工作；②编制分部分项工程项目清单；③编制措施项目清单；④编制其他项目清单；⑤编制税金项目清单；⑥填制相关表格；⑦编制说明；⑧复核整理、装订成册等。

4.2.1 准备工作

1）收集相关资料

相关资料包括编制依据中需要的资料以及各种材料手册、常用计算公式和数据等各种资料。

2）初步研究

对各种资料进行认真研究，为工程量清单的编制做准备。主要包括：

①熟悉现行计价标准和各专业工程计量标准以及当地计量与计价相关规定；熟悉设计文件，包括施工图及相关设计规范或图集，掌握工程全貌，便于清单项目列项的完整、工程量的准确计算及清单项目的准确描述，对设计文件中出现的问题应及时提出。

②熟悉招标文件、确定工程量编审的范围及需要设定的暂估价；收集相关市场价格信息，为暂估价的确定提供依据。需要注意的是，招标文件是招标人对发包工程和投标人具体条件及要求的意思表达。条件和要求不同，清单也不同，故招标文件是确定招标工程量清单的重要依据，如招标范围是否存在专业工程分包和另行发包的专业工程，是否有发包人提供的材料或工程设备，是否考虑暂估价、风险如何分担、投标报价要求等，都是招标人通过招标文件明确的，直接影响工程量清单的编制。

③对建设项目涉及的新材料、新技术、新工艺，收集足够的基础资料，为补充项目的制订提供依据。

3）现场踏勘

为了选择合理的施工组织设计和施工技术方案，需进行现场踏勘，以及充分了解施工现场情况及工程特点,主要包括自然地理条件和施工条件两个方面。

①自然地理条件主要包括:地理位置、地形、地貌、用地范围、地质情况,气象、气温、降雨量,地震、洪水及其他自然灾害情况等。

②施工条件主要包括施工现场周围的道路、进场条件、交通限制等情况;工程现场临时设施、大型施工机具、材料堆放场地安排情况;与邻近建筑物的间距,基础埋深,市政给、排水管线位置,污水处理方式,供电方式,方位电压等情况;现场通信线路的连接和铺设;当地政府对施工现场管理的一般要求、特殊要求及规定等。

4.2.2　编制分部分项工程项目清单

分部分项工程项目清单是反映拟建工程分项实体工程项目名称和相应数量的明细清单,必须载明项目编码、项目名称、项目特征、计量单位和工程量,应根据相关工程现行国家计量标准规定的项目编码、项目名称、项目特征、计量单位和工程量计算规则进行编制,是工程量清单编制的重点和难点,其编制步骤一般如下:

1)划分分部分项工程项目清单(俗称"列项")

根据计量标准的附录进行列项,确定项目名称、项目编码、项目特征描述、计量单位。项目划分十分重要,是工程计价的基础工作,直接影响计价的完整性和合理性,项目划分的基本要求是不重项、不漏项。

(1)项目名称

分部分项工程项目清单的项目名称应根据计量标准附录的项目名称结合拟建工程的实际确定。标准中有的项目名称包含范围很小,适合直接使用,如"挖基坑土方";有的项目名称包含范围较大,可适当把名称细化,如混凝土构件,可以根据设计,将混凝土强度等级在名称中具体化,如"基础垫层"可以细化为"C15 基础垫层","金属门"可以细化为"铝合金平开门","墙面一般抹灰"可以细化为"外墙水泥砂浆抹灰""内墙混合砂浆抹灰"等。

(2)项目编码

项目编码是清单名称的阿拉伯数字标识。应采用 12 位阿拉伯数字表示,第一至九位应按计量标准附录的规定设置,第十至十二位应根据拟建工程的工程量清单项目名称和项目特征设置,同一招标工程的项目编码不得有重复。

分部分项工程项目清单的 12 位项目编码,是按五级编码进行设置。

第一级编码:第一、二位为第一级编码,表示为专业工程代码,如房屋建筑与装饰工程为 01、仿古建筑工程为 02、通用安装工程为 03、市政工程为 04、园林绿化工程为 05;矿山工程为 06;构筑物工程为 07;城市轨道交通工程为 08;爆破工程为 09。以后进入国标的专业工程代码以此类推。

第二级编码:第三、四位为第二级编码,表示为附录分类顺序码。

第三级编码:第五、六位为第三级编码,表示为分部工程顺序码。

第四级编码:第七、八、九位为第四级编码,表示为分项工程项目名称顺序码。

第五级编码:第十、十一、十二位为第五级编码,表示为清单项目名称顺序码。

举例如下:

【例4.1】试列出某建筑工程"C35筏形基础"的项目编码。

解析：

C35筏形基础的项目编码结构如图4.1所示。

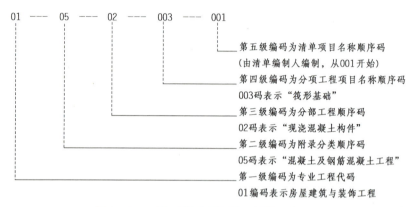

图4.1　C35筏形基础项目编码结构示意图

（3）项目特征

项目特征是载明构成工程量清单项目自身的本质及要求，用于说明设计图纸、技术标准规范及招标文件要求完成的清单项目的文字性描述。

项目特征是确定综合单价的前提和履行合同的基础，十分重要，直接影响综合单价的确定。

①必须描述的内容：

a.涉及计量的内容必须描述：如门窗采取"套"作为计价单位，则洞口尺寸或框外围尺寸就必须描述。

b.涉及结构要求的内容必须描述：如混凝土强度等级（C20或C30）。

c.涉及材质要求的内容必须描述：如油漆的品种、管材的材质（碳钢管、无缝钢管）。

d.涉及安装方式的内容：如管道工程中的钢管的连接方式。

总之影响计价的内容必须描述清楚。

②可不详细描述的内容：

a.无法准确描述的可不详细描述。如土壤类别，由于我国幅员辽阔，南北东西差异较大，特别是南方，同一地点，表层土与表层土以下的土壤，其类别是不相同的，要求清单编制者准确判断某类土壤所占比例是困难的。在这种情况下，可考虑将土壤类别描述为综合，但应注明由投标人根据地勘资料自行确定土壤类别，再决定报价。

b.施工图、标准图标注明确的，可不详细描述。可描述为见××图集××图号，减少对项目理解的不一致，但是图集中涉及选择的内容，招标人应该根据设计明确。

c.有一些项目可不详细描述，在项目特征描述中应注明由投标人自定。如各种运距是投标人根据施工方案确定的，不同招标人的方案各不相同；这也体现了竞争的要求。为了减少因为运距引起的价款争议，招标人可在工程量清单总说明中表述："投标人应充分考虑施工中的各种运距，以此报价，结算时不得调整"。

项目特征描述的方式可以划分为"问答式"与"简化式"两种。

问答式是工程量清单编制人直接采用计量标准附录中提供的项目特征。这种方式全面、详细,但较烦琐,打印用纸较多。

简化式则与问答式相反,对需要描述的项目特征内容根据当地的用语习惯,采用口语化的方式直接表述,省略了规范的描述要求,简洁明了,打印用纸较少。

注意:当有多条特征时,宜进行编号,各特征间用";"间隔,以免混淆。

项目特征描述方式对比见表4.2。

表 4.2　项目特征描述方式对比表

序号	项目编码	项目名称	项目特征描述	
			问答式	简化式
1	010401002001	实心砖墙	1.砖品种、规格、强度等级:页岩标砖 MU10 240 mm× 115 mm×53 mm; 2.墙体类型:混水墙; 3.砂浆强度等级:M7.5 混合砂浆	1.MU10 页岩标砖; 2.混水墙; 3.M7.5 混合砂浆
2	010502006001	C30 钢筋混凝土矩形柱	1.混凝土种类:商品混凝土; 2.混凝土强度等级:C30	C30 商品混凝土

(4)计量单位

计量单位应按计量标准规定的计量单位确定,不同的计量单位,其工程量汇总的有效数应遵循下列规定:

①以"t"为计量单位,结果保留小数点后三位,第四位四舍五入。

②以"m""m^2""m^3"等为计量单位,结果保留小数点后两位,第三位四舍五入。

③以"个""根""座""套""孔""榀"等为计量单位,结果应取整数。

需要注意,工程所在地的计价定额的计算单位与计量标准中的计量单位可能不同。

编制分部分项工程量清单时,若出现本标准附录 A—附录 R 中包括的项目,编制人可作补充,并应符合下列规定:①补充项目的编码由本标准的代码01 与 B 和 3 位阿拉伯数字组成,并应从 01B001 起顺序编制;②补充的工程量清单应附有补充项目的项目名称、项目特征、计量单位、工程量计算规则、工作内容。不能计量的措施项目应附有补充项目的项目名称、工作内容及包含范围。

2)计算分部分项工程项目清单工程量

分部分项工程项目清单工程量应按照计量标准中的计算规则计算,若计算规则不清楚或者需要调整的,可以补充的工程量计算规则,并在工程量清单成果文件中提供补充的工程量计算规则。计算方法和要求见模块3,提倡房建工程分楼层按轴线分步计算再汇总,这样计算思路清晰,表达清楚,便于检查和核对。由于招标工程量清单编制人同时还要编制最高投标限价,故可根据当地计价定额来编制。具体包括分析项目特征,确定计价项目,对计价项目按照计价定额计算定额工程量,以便套用计价定额来确定清单项目的综合单价,从而实现最高投标限价的计算。清单工程量和定额工程量是按照不同的依据计算出来的工程数量,但都需要查阅图纸、识别数据,且很多项目的规则一致。为提高工作效率,编制人往往将清单工程量和定额工程量一并计算。

注意：采用单价合同的工程，分部分项工程项目清单的准确性、完整性应由发包人负责；采用总价合同的工程，已标价分部分项工程项目清单的准确性、完整性应由承包人负责。

3) 编制措施项目清单

措施项目是指为完成工程项目施工，发生于施工准备和施工及验收过程中的技术、生活、安全生产、环境保护等方面的项目。其发生的费用为措施项目费。

措施项目清单应结合招标工程的实际情况和相关部门的有关规定，依据常规的施工工艺和顺序及生活、安全、环境保护、临时设施、文明施工等非工程实体方面的要求，按相关工程国家及行业工程量计算标准的措施项目分类规则，以及补充的工程量计算规则，结合招标文件及合同条款要求进行编制。其中安全生产措施项目应按国家及省级、行业主管部门的管理要求和招标工程的实际情况列项。

计量标准附录提供了常用措施项目的项目编码、项目名称和工作内容。发包人提供设计图纸并要求承包人按图施工的措施项目，如模板工程，应按计量标准相关规定编制工程量清单，并列入分部分项工程量清单中。

注意：建筑工程无论是采用单价合同还是总价合同，按项编制的措施项目清单的完整性及准确性均应由承包人负责。

4) 编制其他项目清单

其他项目包括暂列金额、暂估价、计日工、总承包服务费等。其他项目清单的编制，应根据拟建工程的具体情况编制。

①暂列金额。应根据工程特点，按招标文件的要求列项，可按用于暂未明确或无法准确描述的工程、服务的暂列金额（如有）和用于合同价款调整的暂列金额分别列项。用于暂未明确或无法准确描述的工程、服务的暂列金额，应提供项目及服务名称，并参考同类工程的合理价格估算暂列金额；用于合同价款调整的暂列金额，可按招标图纸的设计深度及招标工程的实施工期等因素对合同价款调整的影响程度，结合同类工程情况进行合理估算。

②专业工程暂估价。应根据招标文件说明的专业工程分类别和（或）分专业列项，并列出明细表，其暂估价可根据项目实际情况，结合同类工程的合理价格或概算金额估算。

③直接发包的专业工程。应根据招标文件说明的发包人直接发包的各专业工程分别列项，并列出明细表。

④发包人提供材料。可按承包人负责安装和承包人不负责安装分别列项，并按计价标准附录中的"发包人提供材料一览表"列出材料明细项目及其暂估单价。

⑤计日工。应在项目特征中说明招标工程实施中可能发生的计日工性质的工种类别、材料及施工机具名称、零星工作项目、拆除修复项目等，并列出每一项目相应的名称、计量单位和合理暂估数量。

⑥发包人提供材料、专业分包工程的总承包服务费。应分别列项，可按"项"或费率计量。按费率计量的，宜以暂估价作为计价基础；直接发包的专业工程的总承包服务费应按计价标准相关规定列项，宜以"项"计量。

5) 编制税金项目清单

税金项目包括增值税和地方税，税金项目清单应根据政府有关主管部门的规定及计量标准的相关规定列项。

6)填制相关表格

招标阶段,建设单位是招标人,施工单位是投标人;在实施阶段,建设单位是发包人,施工单位是承包人。为了建设项目的顺利实施,招标阶段应把风险分担进行界定,若由发包人提供材料也需要明确,因此招标工程量清单还要提供其他相关表格,如"发包人提供材料一览表""承包人提供可调价主要材料表"等。

7)编制工程量清单总说明

通过编制工程量清单总说明,可以让清单使用人更理解清单中的内容,并对清单项目中的共性事项予以说明。

8)复核整理、装订成册等

工程量清单编制后,应按照编制单位内部工作程序进行复核,并按照规定的顺序装订成册。

4.3　工程量清单编制实务

【案例工程】××大学教学楼工程,建设地点在市区,框架结构,独立基础,外墙采取装配式预制混凝土墙板。建筑面积为 4 980 m²,建筑层数为 5 层、地上为 4 层,檐口高度为 19.80 m,计划工期为 240 日历天,施工现场距既有教学楼 150 m,对该工程招标范围为施工图范围内的建筑工程和安装工程编制招标工程量清单。作为例题,这里的分部分项工程项目清单只列举了 7 个代表性的分部分项工程,其中花岗石材料暂估单价为 100.00 元/m²;措施项目考虑脚手架、垂直运输、其他大型机械进出场及安拆、安全生产、冬雨季施工增加等常规项目;其他项目清单根据招标文件和招标人意见合理设置;电梯及安装工程专业分包,暂估价为 600 000.00元;材料全部由承包人提供。

案例说明:模块4、模块5、模块6均结合该案例介绍,该案例没有提供设计文件,例题设置的装配式构件或部品有装配式预制混凝土外墙板(有保温、200 mm 厚)、装配式预制混凝土空调板、成品空调金属百叶窗护栏;预制混凝土外墙板采取工具式支撑。通过这几项具有代表性的分部分项工程和常规措施项目的编制,详细介绍工程量清单的编制步骤和方法。

需要注意的是,招标工程是否考虑材料暂估价、专业工程暂估价、发包人提供材料,由招标人决定,模块4的案例设定了材料暂估价和专业分包工程,未考虑发包人提供材料。模块7是完整的真实案例,配套完整的建筑与安装施工图,不考虑材料暂估价、专业工程暂估价及发包人提供材料。

4.3.1　编制分部分项工程项目清单

1)列项并计算工程量

根据案例工程设计文件、计量标准和相关技术规范等,划分分部分项工程项目,房屋建筑与装饰工程的分部分项工程少则几十个,多则上百个。案例工程只列举 7 个分部分项工程清单项目,如土石方工程,案例工程应划分为平整场地、挖沟槽土方、挖基坑土方、回填方、余土弃置5个清单项目,这里只列举了挖沟槽土方,重在掌握清单的编制过程和方法。

案例工程列举的分部分项工程名称及工程量计算见表4.3。

表4.3　工程量计算表

工程名称:××大学教学楼[建筑与装饰工程]　　　　　标段:　　　　　第1页　共1页

序号	项目编码	项目名称	单位	工程量	计算式
1	010102002001	挖沟槽土方	m³	560.45	$V=(a+2c+kh)hL$ $=(1.2+2\times0.3+0.33\times2.1)\times2.1\times107.052$ $=560.45$
定额1	AA0016	挖沟槽土方(≤4 m)	m³	560.45	对比定额与清单的工程量计算规则,该项目规则相同,即定额工程量同清单工程量。 $V_定=V_清=560.45$
定额2	AA0090	机械运土(≤1 000 m)	m³	560.45	对比定额与清单的工程量计算规则,该项目规则相同,即定额工程量同清单工程量。 $V_定=V_清$
2	010502001001	C30独立基础	m³	116.40	$V=abhn$ $=(2.3\times2.3\times0.3+2.1\times2.1\times0.3)\times40$ $=116.40$
定额	AD0013	C30商品混凝土独立基础	m³	116.40	对比定额与清单的工程量计算规则,该项目规则相同,即定额工程量同清单工程量。 $V_定=V_清=116.40$
3	010504006001	装配式预制混凝土外墙板(保温)	m³	108.47	$S_{外墙}=L_中\times(7-2\times0.12)-外墙门窗洞口面积$ $=117.2\times(7-2\times0.12)-(230.13+19.8)$ $=542.34(m^2)$ $V_{外墙}=S_{外墙}\times墙厚=542.34\times0.2$ $=108.47(m^3)$
定额1	MA0005	装配式预制混凝土外墙板	m³	108.47	对比定额与清单的工程量计算规则,该项目规则相同,即定额工程量同清单工程量。 $V_定=V_清=108.47$
定额2	MA0015	装配式构件套筒注浆、墙间空腹注浆	m	288.00	定额规则:按所注浆的长度以"m"计算 $L=h\times n=3.6\times20\times4=288.00$
定额3	MD0018	预制混凝土外墙板采取工具式支撑	m²	789.93	$S=117.2\times(7-2\times0.12)=789.93$
4	010504013001	装配式混凝土空调板	m³	4.15	$V=48\times1.20\times0.60\times0.12=4.15$
定额	MA0012	装配式预制混凝土空调板	m³	4.15	对比定额与清单的工程量计算规则,该项目规则相同,即定额工程量同清单工程量。 $V_定=V_清=4.15$

续表

序号	项目编码	项目名称	单位	工程量	计算式
5	010505002001	独立基础模板	m²	172.80	$S=(2.4×4×0.3+1.2×4×0.3)×40=172.80$
定额	AS0028	独立基础模板	m²	172.80	对比定额与清单工程量计算规则,该项目规则相同,即定额工程量同清单工程量。$S_定=S_清=172.80$
6	010609001001	成品空调金属百叶窗护栏	m²	137.28	$S=48×1.3×2.2=137.28$
定额	MB0142	空调金属百页护栏安装	m²	137.28	选择与清单计量单位相同的计量单位计算工程量,计算规则相同,即定额工程量同清单工程量。$S_定=S_清=137.28$
7	011106002001	花岗石楼地面	m²	449.64	每层室内净面积:$S=1\ 204.00-L_中×0.25-L_内×0.2-35×0.62=1\ 204.00-117.2×0.25-90.35×0.2-55×0.36=1\ 136.83$ 每层花岗石地面:$S=1\ 136.83-802.14$(教室)-70.04(楼梯)-158.96(卫生间)$+28×1.2×0.2$(门洞)$=112.41$ 1—4层花岗石楼地面:$S=4×112.41=449.64$
定额1	AL0087	花岗石楼地面干混砂浆 ≤ 800 mm × 800 mm	m²	449.64	对比定额与清单的工程量计算规则,该项目规则相同,即定额工程量同清单工程量。$S_定=S_清=449.61$
定额2	AL0071	平面找平砂浆干混砂浆在混凝土及硬基层上砂浆厚度20 mm	m²	422.76	对比定额与清单的工程量计算规则,该项目门洞圈开口部分不增加,即与块料工程量要扣除门洞圈处面积。$S=449.64-112×1.2×0.2$(门洞)$=422.76$
定额3	AL0072	平面找平砂浆干混砂浆在混凝土及硬基层上每增减厚度5 mm	m²	422.76	同调整厚度的工程量同基本层工程量。$S=422.76$

说明:

①该例题工程所在地设定在四川省,按当时的造价主管部门的明确规定,计算清单工程量时,挖沟槽、基坑、一般土方因工作面和放坡增加的工程量并入土方工程量,关于工作面和放坡系数的规定都相同,故"挖沟槽土方"的清单工程量和计价工程量相同。

②定额项目根据项目特征描述结合计价定额确定,并根据计价定额计算定额工程量。上表的"挖沟槽土方"有定额2,是考虑挖出土方并不是堆放在槽边,而是在场地内堆放。

2)填写分部分项工程项目清单计价表

将项目编码、项目名称、项目特征描述、计量单位、工程量规范填入清单计价表格。案例工程的项目特征描述采取的是简述式,见表4.4。

表4.4 分部分项工程项目清单计价表

工程名称:××大学教学楼[建筑与装饰工程]　　　　　标段:　　　　　第1页 共1页

序号	项目编码	项目名称	项目特征描述	计量单位	工程量	金额(元)	
						综合单价	合价
	0101	土石方工程					
1	010102 002001	挖沟槽土方	1.三类土,挖土深度<4m; 2.基底夯实; 3.土方场内运输距离自行考虑	m³	560.45		
		分部小计					
	0105	混凝土及钢筋混凝土工程					
2	010502 001001	C30独立基础	1.商品混凝土; 2.C30; 3.独立基础	m³	116.40		
3	010504 006001	装配式预制混凝土外墙板(保温)	1.装配式预制混凝土外墙板(保温); 2.C30; 3.水泥砂浆墙间竖向注浆; 4.外墙工具式支撑	m³	108.47		
4	010504 013001	装配式预制混凝土空调板	1.预制空调板; 2.C30	m³	4.15		
5	010505 002001	独立基础模板	1.普通独立基础; 2.模板材质由投标人根据施工需要确定,必须满足相关标准要求	m²	211.20		
		分部小计					
	0106	金属结构工程					
6	010609 001001	成品空调金属百叶窗护栏	1.铝合金百页材质; 2.框厚度1.1.mm,页片厚度1.0mm; 3.颜色与门窗颜色一致	m²	137.28		
		分部小计					
	0111	楼地面装饰工程					

续表

序号	项目编码	项目名称	项目特征描述	计量单位	工程量	金额（元） 综合单价	金额（元） 合价
7	011106 002001	花岗石楼地面	1. 1：1.5 水泥砂浆找平层 25 mm 厚； 2. 1：2 水泥砂浆结合层 15 mm 厚； 3. 花岗石面层 20 mm 厚，800 mm ×800 mm； 4. 白水泥嵌缝； 5. 部位：门厅和过道； 6. 花岗石按暂估单价 100 元/m² 计价	m²	449.64		
			分部小计				
			合计				

3) 填写材料暂估单价

材料暂估价是发包人在工程量清单中提供的，用于支付设计图纸要求必须使用的材料，但在招标时暂不能确定其标准、规格、价格，因此在工程量清单中预估了这些材料到达施工现场的不含增值税的材料价格。

案例工程列举的花岗石楼地面清单项目，由于花岗石种类多、价格差异大，20 mm 厚、800 mm×800 mm 以内的，单价为 80、100、120、160 元等，招标人将花岗石设定为材料暂估，工程量清单中就要提供材料暂估单价，工程造价咨询人与招标人沟通后确定暂估单价为 100 元/m²，具体见表 4.5。

表 4.5　材料暂估单价及调整表

工程名称：××大学教学楼［建筑与装饰工程］　　　　　　标段：　　　　　　　第 1 页　共 1 页

序号	材料名称	规格型号	计量单位	暂估 数量 A_1	暂估 单价(元) B_1	暂估 合价(元) C_1	确认 数量 A_2	确认 单价(元) B_2	确认 合价(元) C_2	调整金额(元) $D=C_2-C_1$	备注
1	花岗石	20 mm 厚 ≤800 mm× 800 mm	m²	460.00	100.00	46 000.00					用于清单项目 011106 002001
	本页小计					—	—	—	—	—	
	合　计										

4.3.2 编制措施项目清单

建筑工程的措施项目清单一般有脚手架、垂直运输、其他大型机械进出场及安拆、临时设施、文明施工、环境保护、安全生产、冬雨季施工增加、夜间施工增加、二次搬运等,案例工程列举常见项目,旨在介绍措施项目清单的编制步骤和方法,见表4.6

表 4.6 措施项目清单计价表

工程名称:××大学教学楼[建筑与装饰工程] 标段: 第 1 页 共 1 页

序号	项目编码	项目名称	工程内容	价格(元)	备注
1	011601001001	脚手架	搭设脚手架、斜道、上料平台,铺设安全网,铺(翻)脚手板,转运、改制、维修维护,拆除、堆放、整理,外运、归库等		
2	011601002001	垂直运输	垂直运输机械进出场及安拆,固定装置、基础制作、安装,行走式机械轨道的铺设、拆除,设备运转、使用等		
3	011601003001	其他大型机械进出场及安拆	除垂直运输机械以外的大型机械安装、检测、试运转和拆卸,运进、运出施工现场的装卸和运输,轨道、固定装置的安装和拆除等		
4	011601006001	临时设施	为进行建设工程施工所需的生活和生产用的临时建(构)筑物和其他临时设施。包括临时设施的搭设、移拆、维修、清理、拆除后恢复等,以及因修建临时设施应由承包人所负责的有关内容		
5	011601007001	文明施工	施工现场文明施工、绿色施工所需的各项措施		
6	011601008001	环境保护	施工现场为达到环保要求所需的各项措施		
7	011601009001	安全生产	施工现场安全施工所需的各项措施		
8	011601010001	冬雨季施工增加	在冬季或雨季施工,引起防寒、保温、防滑、防潮和排除雨雪等措施的增加,人工、施工机械效率的降低等内容		
9	011601011001	夜间施工增加	因夜间或在地下室等特殊施工部位施工时,所采用照明设备的安拆、维护、照明用电及施工人员夜班补助、夜间施工劳动效率降低等内容		
10	011601013001	二次搬运	因施工场地条件及施工程序限制而发生的材料、构配件、半成品等一次运输不能到达堆放地点,必须进行二次或多次搬运所发生的内容		

续表

序号	项目编码	项目名称	工程内容	价格(元)	备注
11	01B001	工程定位复测费	施工前的放线,施工过程中的检测,施工后的复测所发生的费用		
合计					—

说明:①根据清单的项目特征描述,安装支撑措施包括在"装配式预制混凝土外墙板(保温)"项目中。

②模板安拆在分部分项工程清单中编制。

③工程定位复测费为工程所在地造价主管部门明确规定需要计取的措施项目费。

4.3.3　编制其他项目清单

其他项目包括暂列金额、暂估价、计日工、总承包服务费等,应根据拟建工程的具体情况编制。案例工程考虑了暂列金额、暂估价、计日工和总承包服务费。

1)暂列金额

每项建设工程都要设置暂列金额,具体金额可根据工程的复杂程度、设计深度、工程环境条件(包括地质、水文、气候条件等)进行估算,可按分部分项工程费和措施项目费的10% ~15%计取,具体比例应根据招标人意见确定。

暂列金额包含在已签约合同价款中,但由发包人掌握使用。发包人按照合同约定支付后,暂列金额余额归发包人所有。

暂列金额首先在暂列金额明细表中编制,汇总的金额再填入"其他项目清单计价表",暂列金额明细表示例见表4.7。

表4.7　暂列金额明细表

工程名称:××大学教学楼[建筑与装饰工程]　　　　　标段:　　　　　第1页 共1页

序号	项目名称	计算基础	费率(%)	暂定金额(元)	确定金额(元)	调整金额±(元)	备注
1	合同价款调整暂列金额			47 579.00			
合计				47 579.00			

说明:①案例工程只考虑了合同价款调整暂列金额,没有考虑未确定服务暂列金额和未确定其他暂列金额。

②金额根据最高投标限价中计算的金额填列。

2)专业工程暂估价

专业工程暂估价是指发包人在工程量清单中提供的,在招标时暂不能确定工程具体要求及价格而预估的含增值税的专业工程费用。

案例工程设定有1部电梯,电梯及安装明确专业分包,工程造价咨询人与招标人沟通,了解招标人对电梯工程的基本要求后,根据市场及经验,提出含增值税的专业工程暂估价为600 000.00元,见表4.8。

表4.8　专业工程暂估价明细表

工程名称:××大学教学楼[建筑与装饰工程]　　　　标段:　　　　　　　第1页 共1页

序号	专业工程名称	暂估金额(元)			确认金额(元)			调整金额 ±(元)	备注
		不含税价格	增值税	含税价格	不含税价格	增值税	含税价格		
		A_1	B_1	C_1	A_2	B_2	C_2	$D=C_2-C_1$	
1	电梯及安装工程			600 000.00					含采购、安装、调试、增值税等完整造价
本页小计				600 000.00					
合　计				600 000.00					

说明:电梯及安装工程作为专业工程暂估,一般在安装工程中填列,这里在建筑与装饰工程中填列,旨在介绍填列方法。

3)计日工

计日工是指承包人完成发包人提出的零星项目或工作,但不宜按合同约定的计量与计价规则进行计价,而应依据经发包人确认的实际消耗人工工日、材料数量、施工机械台班等,按合同约定的单价计价的一种方式。国际上常见的标准合同条款中,大多数都设立了计日工机制。是通过合同约定计日工的费用计算,还是通过清单确定计日工的综合单价,由招标人决定。若采取清单确定的方式,计日工表中给出的暂定数量和估算数量应尽量合理,项目应尽量列全,以防患于未然。

案例中没有对计日工可能使用的材料和机械进行暂估,而是对不可储备的人工进行了数量暂估。根据经验,普工适当多估,技工适当少估,示例见表4.9。

表4.9　计日工表

工程名称:××大学教学楼[建筑与装饰工程]　　　　标段:　　　　　　　第1页 共1页

编号	计日工名称	单位	暂定数量	实际数量	综合单价(元)	合价(元)		调整金额 ±(元)
						暂定	实际	
						A_1	A_2	$B=A_2-A_1$
一	人　工							
1	房屋建筑工程、抹灰工程、装配式房屋建筑工程　普工	工日	50					
2	装饰(抹灰工程除外)工程　普工	工日	10					

续表

编号	计日工名称	单位	暂定数量	实际数量	综合单价（元）	合价（元）		调整金额±（元）
						暂定	实际	
						A_1	A_2	$B=A_2-A_1$
3	房屋建筑工程、抹灰工程、装配式房屋建筑工程　技工	工日	10					
4	装饰（抹灰工程除外）工程　技工	工日	10					
5	高级技工	工日	5					
人工小计								
二	材　料							
材料小计								
三	施工机具							
施工机具小计								
总　计								

说明：工种是根据工程所在地对建筑与装饰工程的工种划分填列。

4）总承包服务费

总承包服务费是指按合同约定，承包人对发包人提供材料履行的保管及其配套服务所需的费用和（或）承包人对合同范围内的专业分包工程（承包人实施的除外）提供配合、协调、施工现场管理、已有临时设施使用、竣工资料汇总整理等服务所需的费用，以及（或）承包人对非合同范围内、由发包人直接发包的专业工程履行协调及配合责任所需的费用。总承包服务的相关管理、协调及配合责任等应在招标文件及合同中详细说明。

招标人应对总承包服务的内容进行详细描述，如对专业工程提供脚手架、水电接驳等施工条件，对施工现场进行统一管理，对竣工资料进行统一汇总整理；对招标人供应的材料、设备提供卸车和保管服务等，以便总承包人对总承包服务费的合理报价。

案例工程有专业分包的电梯及安装工程，总承包服务费计价表见表4.10。

表 4.10　总承包服务费计价表

工程名称:××大学教学楼［建筑与装饰工程］　　　　　　标段:　　　　　　　　第 1 页　共 1 页

序号	项目名称	计算基础	费率(%)	金额(元)	确认计算基础	结算金额(元)	调整金额±(元)	备注
		A_1	B	C_1	A_2	C_2	$D=C_2-C_1$	
1	专业分包工程							
1.1	电梯及安装工程	600 000.00						总包单位要提供水电、脚手架等施工条件,土建工程予以配合,对施工现场进行协调和统一管理,对竣工资料统一汇总并整理
	本页小计							
	合　计	—	—		—		—	

在明细表中完成其他项目清单的具体内容填列后,根据明细表的内容在"其他项目清单计价表"中汇总。招标人编制工程量清单时只需填写"暂列金额""专业工程暂估价"的金额,其他内容则在计价时填写,示例见表 4.11。

表 4.11　其他项目清单计价表

工程名称:××大学教学楼［建筑与装饰工程］　　　　　　标段:　　　　　　　　第 1 页　共 1 页

序号	项目名称	暂估(暂定)金额(元)	结算(确定)金额(元)	调整金额±(元)	备注
1	暂列金额	47 579.00			详暂列金额明细表(见表4.7)
2	专业工程暂估价	600 000.00			详专业工程暂估明细表(见表4.8)
3	计日工				详计日工表(见表4.9)
4	总承包服务费				详总承包服务费计价表(见表4.10)
5	合同中约定的其他项目				
	合　计				

4.3.4　编制税金项目清单

税金项目由政府权力机构确定,内容明确并具有一定的稳定性,必须按相关规定编制。建筑工程应缴纳增值税,增值税计算方法有一般计税法和简易计税法。其中,简易计税法有明确的适用范围,如存在甲供材料的情况下,可以采取简易计税法。工程实践中,大部分都是采取一般计税法,教材案例采取一般计税法介绍。

案例工程根据工程所在地主管部门规定,采取一般计税法,税金包括销项增值税和附加税(城市维护建设税、教育费附加、地方教育费附加)。由于附加税在管理费用中计算,因此这里的税金项目清单只需要计算增值税,见表4.12。

表4.12　增值税计价表

工程名称:××大学教学楼[建筑与装饰工程]　　　　　标段:　　　　　第1页 共1页

序号	项目名称	计算基础说明	计算基础	税率(%)	金额(元)
1	销项增值税	税前不含税工程造价(不含另行发包的专业工程暂估)			
合　计					

4.3.5　填写其他表格

在招标阶段,建设单位是招标人,施工单位是投标人;在实施阶段,建设单位是发包人,施工单位是承包人。为了建设项目的顺利实施,在招标阶段应把物价变化引起的合同价格调整范围、风险幅度等进行界定,若有发包人提供材料也需要明确,因此招标工程量清单还要提供其他表格,如"发包人提供材料一览表""承包人提供可调价主要材料表"。

发包人提供材料和工程设备的情况在房地产开发项目中比较常见,在其他工程建设中较少,案例工程就没有设定发包人提供材料和工程设备的情况。

承包人提供材料是普遍情况。在招标文件中应设定发承包双方的责任划分。有的省出台了具体的风险分摊办法,如规定承包人承担3%~5%以内的材料价格风险,10%以内的施工机具使用费风险等。招标文件中要明确承包人提供材料和工程设备的具体内容和风险幅度,应在招标工程量清单中提供"承包人提供可调价主要材料表"。

案例工程采取的是"价格信息调差法"调整,示例见表4.13。若招标文件明确按"价格指数调差法"调整,则应按计价标准规定的格式提供。

表 4.13　承包人提供可调价主要材料表

（适用于价格信息调差法）

工程名称：××大学教学楼［建筑与装饰工程］　　　　　标段：　　　　　　　　第 1 页 共 1 页

序号	名称、规格、型号	单位	数量	基准价 C_o（元）	投标报价（元）	风险幅度系数 r（%）	价格信息 C_i（元）	价差 ΔC（元）	价差调整金额 ΔP（元）
1	水泥 32.5	kg		0.30		≤5			
2	中砂	m³		195.00		≤5			
3	干混地面砂浆 M20	t		406.00		≤5			
4	砾石 5～40 mm	m³		185.00		≤5			
5	商品混凝土 C20	m³		415.00		≤3			
6	商品混凝土 C30	m³		460.00		≤3			
7	商品混凝土 C40	m³		485.00		≤3			
本页小计									
合　计									

注：1. 本表仅适用于物价变化引起合同价格调整事件使用。其中，招标人填写序号、名称、规格、型号、单位、基准价、风险幅度；投标人根据投标报价填写投标报价。

　　2. "数量"依据发承包双方在合同中明确的数量计算方式计算确定。

【看一看】"风险共担"是工程量清单计价的重要特点，工程造价主管部门也出台了工程造价风险分摊的相关办法，扫一扫，了解四川省的相关规定。

规范风险分担
行为的规定
(2009)75

4.3.6　填写编制说明

通过编制说明可以让投标人更理解清单内容，编制说明应包括工程量清单编制说明和工程量清单计算规则说明。工程量清单编制说明应包括：

①工程概况（建设规模、工程特征、计划工期、施工现场实际情况、自然地理条件、环境保护要求等）。

②工程范围。

③编制依据。

④特殊要求（如果有）及其他需要说明的问题。

编制说明示例见表 4.14。

工程量清单计算规则说明，采用国家及行业工程量计算标准的，应明确相应国家及行业标准的名称及编号；根据工程项目特点补充完善计算规则的，应列明工程量清单的详细计算规则。示例见表 4.15。

表 4.14　工程量清单总说明

工程名称:××大学教学楼

1.工程概况:本工程为框架结构,采用独立基础,建筑面积为 4 980 m²,建筑层数为 5 层,地上为 4 层,檐口高度为 19.80 m,计划工期为 240 日历天。施工现场距既有教学楼 150 m,施工中应注意采取相应的防噪措施。

2.工程招标范围:本次工程招标范围为施工图范围内的建筑工程和安装工程,其中电梯及安装工程专业分包。

3.编制依据:

(1)《建设工程工程量清单计价标准》(GB/T 50500—2024)。

(2)《房屋建筑与装饰工程工程量计算标准》(GB/T 50854—2024)和《通用安装工程工程量计算标准》(GB/T 50856—2024),以及根据工程需要补充的工程量计算规则。

(3)202×版《四川省建设工程工程量清单计价定额》及相关办法。

(4)招标文件、拟定的合同条款及相关资料。

(5)××大学教学楼工程施工图纸及相关资料。

(6)与建设工程有关的技术标准规范。

(7)施工现场情况、相关地勘水文资料、工程特点及交付标准。

(8)其他相关资料。

4.工程质量、材料、施工等的特殊要求:

(1)所有材料均须符合现行国家标准或行业标准及设计要求。

(2)钢筋、钢材、水泥均采用大厂产品。

(3)混凝土采用商品混凝土,砂浆采用预拌砂浆。

5.投标报价要求:

(1)投标人应充分考虑施工中的各种运距,以此报价,结算时不得调整。

(2)花岗石(20 mm 厚)暂估单价为 100 元/m²,投标时按此价格计入相关项目的综合单价。

(3)本工程的暂列金额为 47579.00 元,投标人需按给定金额填报,不得调整。

(4)本工程另行发包的电梯及安装工程含增值税的专业工程暂估价为 600 000.00 元,投标人根据清单中明确的服务内容填报总承包服务费,支付和结算时,中标费率不得调整。

(5)本工程的建筑与装饰工程安全生产措施费为 72 132.36 元,其中:临时设施费为 19 672.46 元,文明施工费为 15 222.74 元,环境保护费为 2 576.16 元,安全施工费为 34 661.00 元,投标人需按给定金额填报,支付和结算时,按建设行政主管部门的规定执行。

(6)本工程的最高投标限价总价为 1 705 382.17 元(大写:壹佰柒拾万零伍仟叁佰捌拾贰元壹角柒分)。投标人在投标函中填报的投标总价不得超过最高投标限价总价,否则应否决其投标。

6.其他需要说明的问题:无。

说明:①该工程分别对建筑与装饰工程、安装工程编制工程量清单,汇总为单项工程量清单,故工程对象填写的单项工程名称。

②说明中的内容根据标准要求,结合图纸和招标文件编写的。

表 4.15　工程量清单计算规则说明

工程名称:××大学教学楼

1.本工程工程量计算规则首先采用的是《房屋建筑与装饰工程工程量计算标准》(GB/T 50854—2024)和《通用安装工程工程量计算标准》(GB/T 50856—2024)。

2.计算标准没有明确的,执行 202×版《四川省建设工程工程量清单计价定额》的计算规则。

其中:土方工程量计算执行 202×版《四川省建设工程工程量清单计价定额》的计算规则,即工作面和放坡增加的工程量都并入土方工程量。

3.以下分部分项工程,根据工程特点补充的工程量计算规如下:(略)

4.3.7　复核整理、装订成册

1)复核

工程量清单编制后,应按照编制单位内部工作程序进行复核,避免漏项、重项、少估冒算,特别是对于工程量较大或对工程造价影响较大的项目(如混凝土及钢筋混凝土工程、装饰标准高的项目等)要重点复核。

2)封面和扉页

封面和扉页是明确招标工程量清单的编制主体、编制人以及相应的签字盖章,以此明确相应的法律责任,填写时应按照规定的内容填写。示例见表4.16、表4.17。

表4.16　招标工程量清单封面

××大学教学楼工程

招标工程量清单

招标人:＿＿＿××大学＿＿＿
（盖章）

20××年12月10日

表4.17　招标工程量清单扉页

工程名称:××大学教学楼工程
标段名称:＿＿＿＿＿＿＿＿＿

招标工程量清单

编制人:　　　　　　　　（造价专业人员签字及盖章）

审核人:　　　　　　　　（签字及盖章）

编制单位:　　　　　　　（盖章）

法定代表人

或其授权人:　　　　　　（签字或盖章）

招标人:　　　　　　　　（盖章）

法定代表人

或其授权人:　　　　　　（签字或盖章）

编制时间:

3)装订成册

按照招标文件明确的顺序装订成册,一般顺序如下:

(1)封面

(2)扉页

(3)工程量清单总说明

(4)分部分项工程项目清单计价表

(5)材料暂估单价及调整表(若有)

(6)措施项目清单计价表

(7)其他项目清单计价表

　　①暂列金额明细表。

　　②专业工程暂估价明细表。

　　③计日工表。

　　④总承包服务费计价表。

　　⑤直接发包的专业工程明细表(若有)。

(8)增值税计价表

(9)发包人提供材料一览表(若有)

(10)承包人提供可调价主要材料表

学习小结

　　工程量清单是按照"量价分离"原则,由建设工程的招标人提供的项目和数量,一般是由招标人委托工程造价咨询人,根据国家标准、招标文件、设计文件以及施工现场实际情况编制的,随招标文件发布。

　　工程量清单是工程量清单计价的基础,是编制最高投标限价、投标报价、计算或调整工程价款、索赔等的依据之一,编制者要有造价控制意识、责任意识和质量意识,确保清单项目划分完整,不重项、不漏项;项目特征描述要清晰明确,以便合理报价;工程量计算要力求准确,以减少实施阶段由于量差引起的价款调整。

　　本模块设计一个有装配式构件的案例工程,列举了7个有代表性的分部分项工程项目,设置材料暂估、专业工程分包等情况,考虑常规措施项目,方便读者学习工程量清单的编制步骤和方法。

　　计价标准规定了工程计价表格,各省、自治区、直辖市建设行政主管部门和行业建设主管部门可根据本地区、本行业的实际情况,在计价标准的基础上补充完善计价表格。编制时应根据本地区的计价表格编制工程量清单,要求内容完整、数据合理、格式规范。

　　不同项目的招标内容和要求也可能不同,编制人一定要根据招标人的造价控制目标,仔细研究招标文件,结合工程特点编制工程量清单。

模块 5　编制最高投标限价

【学习目标】

(1)能收集最高投标限价的编制依据；
(2)能确定综合单价、各项取费费率；
(3)能规范填写各种表格并层层汇总工程造价；
(4)能编制最高投标限价总说明；
(5)培养严谨的工作态度,培养客观、公正、公平的职业意识。

5.1　最高投标限价的基本认识

1)最高投标限价是工程量清单计价内容之一

工程量清单计价方式下的造价确定包括编制最高投标限价、投标报价、合同价款调整、合同价款期中支付、工程结算与支付、合同价款争议的解决等,本教材介绍最高投标限价和投标报价的编制。工程清单计价的基本常识如下:

(1)工程量清单计价方式

清单项目价款确定可采用单价计价、总价计价方式。根据工程项目特点及实际情况不宜采用单价计价、总价计价方式的,可采用费率计价等其他计价方式,但应在招标文件和合同文件中对其计价要求、价款调整规则等予以说明。

本教材主要介绍采用单价合同下的工程造价确定。分部分项工程项目清单宜采取单价计价方式,措施项目宜采取总价计价方式。分部分项工程项目清单的综合单价为不含增值税的税前全费用价格,由人工费、材料费、施工机具使用费、管理费、利润等组成,包括相应清单项目约定或合理范围内的风险费,以及不可或缺的辅助工作所需的费用;清单项目的税金应填写在增值税中,但其他项目清单中的专业工程暂估价已含增值税,因此工程量清单的增值税中不应再计取其相应税金。在这样的计价方式下,工程量清单计价的关键环节是确定综合

单价,工程造价的基本计算公式如下:

工程造价 = $\sum$[分部分项工程项目清单工程量×综合单价] + 措施项目费 + 其他项目费 + 税金

(2)发承包双方必须在合同中明确计价风险,合理分摊

建设工程发承包双方,应在招标文件、合同中明确计量与计价中的风险内容及其范围,不得采用无限风险、所有风险或类似语句约定计量与计价的风险内容及范围。

(3)投标报价澄清及说明

招标工程若需进行投标报价澄清或说明的,澄清或说明应在工程开标后至定标前,按照招标文件规定(招标文件没有规定的,可参照计价标准的相关规定)进行。如响应要求澄清或说明的文件,提交回复文件的投标人中标,则中标人接收的要求澄清或说明的文件和回复文件可构成合同文件的组成部分,其已标价工程量清单的综合单价及修正综合单价可作为合同单价,应用于合同价款调整的计价。

(4)发包人提供材料

发包人提供材料的,发包人应在招标文件中明确提供材料的名称、档次、规格、型号、交货方式及地点,并在招标工程量清单的项目特征中对发包人提供材料予以描述。在工程量清单中应提供"发包人提供材料一览表",表中材料的数量应根据招标图纸和相关工程国家及行业工程量计算标准规定计算,要考虑材料的有效损耗率。承包人应根据提供服务的内容计取总承包服务费。

(5)承包人提供材料

除合同约定由发包人提供的材料外,合同工程所需的材料应由承包人提供。承包人提供的材料应符合合同图纸及合同规范的要求,并由承包人负责采购、运输和保管。发包人应明确承包人提供可调价的主要材料范围,在工程量清单中应提供"承包人提供可调价主要材料表",表中应明确材料范围、基准价和风险幅度系数。

2)最高投标限价的主要规定

①建设工程招标设有最高投标限价的,应按国家有关规定编制最高投标限价,并在发布招标文件时公布最高投标限价及其编制依据。

②最高投标限价应由具有编制能力的招标人或受其委托的工程造价咨询人编制。

3)最高投标限价编制依据

①计价标准和相关工程国家及行业工程量计算标准。

②招标文件(包括招标工程量清单、合同条款、招标图纸、技术标准规范等)及其补遗、澄清或修改。

③国家及省级、行业建设主管部门颁发的工程计量与计价相关规定,以及根据工程需要补充的工程量计算规则。

④与招标工程相关的技术标准规范。

⑤工程特点及交付标准、地勘水文资料、现场情况。

⑥合理施工工期及常规施工工艺和顺序。

⑦工程价格信息及造价资讯、工程造价数据及指数。

⑧其他相关资料。

其中,工程价格信息及造价资讯包括以下形式:

①近期完成的类似工程最高投标限价、施工图预算、设计概算、成本估算的价格。

②近期获得的类似工程市场竞争合理投标单价。

③近期确定的类似清单项目结算单价。

④近期签订的类似工程合同价格。

⑤通过市场询价获得的人工、材料、施工机具、清单项目综合单价等相关合理工程价格。

⑥近期人工、材料、施工机具使用的市场价格和相关价格指数或投标价格指数等。

若造价价格信息及造价资讯收集不全,可以参考工程所在地工程造价管理部门发布的计价定额和工程造价信息,当工程造价信息没有发布时,参照市场价。本教材是根据反映市场平均水平的地区计价定额和工程造价信息来编制最高投标限价,旨在掌握最高投标限价的编制步骤和方法。

4)编制表格

最高投标限价是根据工程量清单编制的,也就是在清单计价表中填列单价、合价、费用等,再按照招标文件或计价标准要求提供分部分项工程项目清单综合单价分析表、措施项目清单构成明细分析表等计价表格。编制最高投标限价的相关表格一览表可见模块4表4.1。

5)计税方法

增值税计税方法分为一般计税法和简易计税法,二者的计算基础和税率是不同的。建设工程通常采取一般计税法,即销项税额=税前不含税工程造价×销项增值税率。附加税(城市维护建设税、教育费附加、地方教育附加)在编制最高投标限价时按照规定的综合附加税税率计算。若建设工程符合采用简易计税法,可以按照当地计价规定按照简易计税法计算增值税及附加税。本教材介绍一般计税法下的工程造价确定方法。

> 【看一看】收集关于建筑服务计税方法的法律法规,了解什么情况下可以采取简易计税法。扫一扫,看看是否正确。

计税方法

6)应具备的意识

①造价控制意识。最高投标限价是造价控制的关键环节之一,编制人应本着客观、公平、公正的原则,体现市场平均水平,按照国家或行业主管部门发布的计价定额和计价办法编制,不得随意上浮或下调。

②客观公正公平意识。最高投标限价是投标的最高限价,超过最高投标限价的投标报价将被废标。投标人经复核后,认为招标人公布的最高投标限价未按招标文件的要求和国家及行业有关规定进行编制或存在不合理的,可在规定时间内以书面形式向招标人提出异议。招标人应在规定的时间内对投标人的异议作出答复。招标人不在规定的时间内答复,或投标人在得到招标人的异议答复后,认为最高投标限价仍然未按招标文件的要求和国家及行业有关规定进行编制或存在不合理的,可在投标截止前的规定时间内向有关行政监督管理部门反映。如最高投标限价经有关行政监督管理部门复查,其结论与原公布的最高投标限价偏差较大的,招标人应作出说明并对其不合理内容进行修订。招标人根据最高投标限价复查结论需要修订及重新公布最高投标限价的,应按政府主管部门相关要求和程序重新公布。有的地区

或省,将这类情况计入工程造价咨询人或工程造价咨询师的信誉评价,涉及违法行为的还要承担法律后果。因此,招标人要重视最高投标限价的编制,具有编制能力的可以自行编制,没有编制能力的,要委托工程造价咨询人编制。编制人必须按照客观、公正公平原则编制最高投标限价。

③质量意识。最高投标限价应在招标文件中公布,必须认真编制、严格检查和审核,保证最高投标限价的质量,要求计价依据合法合规、内容完整、计算正确、数据合理。

5.2　最高投标限价编制步骤和方法

1)编制流程

最高投标限价编制内容包括分部分项工程费、措施项目费、其他项目费和税金,根据《四川省建设工程造价咨询标准》(DBJ51/T 090—2018),最高投标限价编制时应当遵循下列程序:

①了解编制要求和范围。

②熟悉工程图纸及有关设计文件。

③熟悉与建设工程项目有关的标准、规范、技术资料。

④熟悉已经拟定的招标/采购文件及补充通知、答疑纪要等。

⑤了解施工现场情况、工程特点。

⑥熟悉工程量清单。

⑦掌握工程量清单涉及计价要素的价格信息和市场价格,依据招标/采购文件确定其价格。

⑧进行分部分项工程量清单计价。

⑨论证并拟订常规的施工组织设计或施工方案。

⑩进行措施项目、其他项目和税金计价。

⑪工程造价成果文件汇总、分析、审核。

⑫成果文件签字、盖章。

⑬提交成果文件。

2)单位工程最高投标限价编制方法

各地计价规定可能不一样,根据四川省的计价规定,采取一般计税法编制单位工程最高投标限价编制方法,见表5.1。

表5.1　单位工程最高投标限价编制方法整理表

序号	编制内容	计算方法
1	分部分项工程费	$\sum$（工程量×综合单价）
2	措施项目费	以"项"为单位,宜采用总价计价方式

续表

序号	编制内容	计算方法
2.1	需要计算工程量	$\sum$（工程量×综合单价）
2.2	不需要计算工程量	取费基础×费率
2.2.1	其中:安全生产措施费	取费基础×规定费率
3	其他项目费	
3.1	其中:暂列金额	（分部分项工程费+措施项目费）×比率
3.2	其中:专业工程暂估价	区分专业,按有关计价规定估算,包含增值税
3.3	其中:计日工	$\sum$（暂估量×综合单价）
3.4	其中:总承包服务费	项目价值×比率
4	增值税	
4.1	销项增值税	税前不含税工程造价(不含专业工程暂估)×销项增值税税率
最高投标限价合计		1+2+3+4

5.3 最高投标限价编制实务

【案例工程】××大学教学楼工程,建设地点在市区,框架结构,独立基础,外墙采取装配式预制混凝土墙板。建筑面积为 4 980 m^2,建筑层数为 5 层、地上为 4 层,檐口高度为 19.80 m,计划工期为 240 日历天,施工现场距既有教学楼 150 m,该工程招标范围为施工图范围内的建筑工程和安装工程,具体见模块 4 招标工程量清单;招标文件明确花岗石(20 mm 厚)暂估,暂估单价为 100 元/m^2;电梯及安装工程专业分包,材料全部由承包人提供。对该工程编制最高投标限价。

5.3.1 计算分部分项工程费

1)确定综合单价

分部分项工程费 $= \sum$（分部分项工程项目清单工程量 × 综合单价）

工程量在工程量清单中已经确定,计算分部分项工程费的关键是确定综合单价。分部分项工程项目清单的综合单价应为不含增值税的材料采购供应及相关安装单价,包括完成相应

清单项目时,受下列因素影响而发生的费用:

①满足国家及行业有关技术标准规范等要求所需的费用。

②总价合同中出现工程量清单缺陷所需的费用。

③完成符合完工交付要求的相应清单项目必要的施工任务及其不可或缺的辅助工作所需的费用。

④因施工程序、施工条件、环境气候等因素影响所引起的费用。

⑤合同约定及计价标准规定范围与幅度内的风险费用。

材料暂估价项目综合单价中的主材价格,应按招标工程量清单提供的材料暂估价计取。发包人提供材料、承包人负责安装的清单项目,其清单项目综合单价应包括承包人自身应承担的安装损耗,但不包括发包人提供材料的价格,以及按"发包人提供材料一览表"的约定由发包人承担的损耗费用和相应的总承包服务费用;发包人提供材料且材料供应方负责安装,而承包人不负责安装但提供配合及协调服务的,工程量清单不应列项,也不计算其综合单价,但应在其他项目清单中计算其相应的总承包服务费用。

综合单价=人工费+材料费(含工程设备费)+机械费(即施工机具使用费)+管理费+利润
　　　　　+一定范围内的风险费用

一定范围内的风险费用综合考虑在人工费、材料费、机械费、管理费和利润中,不单独计算。

本教材参考地区计价定额和工程造价信息编制最高投标限价,要根据计价定额来确定消耗量水平,因此清单工程量的综合单价按照清单含量法介绍。

(1)确定步骤和方法

①收集相关资料和相关条件。收集相关资料主要包括工程所在地的计价定额、当期的工程造价信息、人工费调整文件、常规施工工艺和顺序等。

相关条件包括现场情况及周边资源情况,如土方运距、商品混凝土运距等。

②分析清单工程量包含的计价项目(定额项目)。清单工程量是由招标人发布的拟建工程的招标工程量,统一了工程报价所依据的工程量标准,是投标人投标报价的重要依据。但清单工程量是一个综合的数量,一个清单项目可能综合了若干工程内容,如挖土方清单项目,不仅包括挖土,还包括挖土的运输;再如打桩清单项目,不仅包括打桩,还包括接桩、送桩等;还如块料楼地面清单项目,不仅包括块料面层,还包括找平层项目。清单工程量所表述的分项工程量称为主项工程量,其所包含的其他分项工程量被称为附项工程量。因此,要计算清单工程量的消耗量就应首先根据清单项目特征描述和工程内容确定清单工程量包含的分项工程内容,即一个清单工程量包括的主项工程量和附项工程量。

注意:并不是每一个清单工程量都会有附项工程量,有的清单工程量就只包括一个主项工程量,没有附项工程量。例如,现浇矩形梁,根据清单项目的项目特征描述,清单工程量就只有现浇矩形梁一个工程量,没有附项工程量。

③计算定额工程量。定额工程量是根据计价定额的工程量计算规则计算的,该规则有些与计量标准中的工程量计算规则相同,有些不相同,计算时要认真分析,正确应用。定额工程

量的计算方法和要求同清单工程量(见模块3),在此不重复介绍。

④计算清单含量。清单含量是指每单位清单工程量包含多少定额工程量,计算公式如下:

$$清单含量=某工程内容的定额工程量/清单工程量$$

注意:清单含量应结合清单计量单位和定额计量单位理解。清单含量结合计量单位理解后,才能正确理解清单含量的内涵。如计量标准中"细石混凝土楼地面"清单项目是按"m^2"计算,某地区的计价定额中"细石混凝土楼地面"定额是按"m^3"计算,分别按规则计算出"细石混凝土楼地面"清单工程量和"细石混凝土楼地面"定额工程量为 520 m^2 和 31.20 m^3,该"细石混凝土楼地面"的清单含量=定额工程量/清单工程量=31.20 m^3/520 m^2=0.06 m^3/m^2,表示 1 m^2 细石混凝土楼地面清单工程量包含 0.06 m^3 的细石混凝土楼地面定额工程量。若定额工程量计算规则同清单工程量计算规则相同,则定额工程量同清单工程量,清单含量为 1。

【例5.1】某工程打预制钢筋混凝土实心方桩的清单见表 5.2,分析该清单项目的计价项目、定额工程量和清单含量。

表5.2　分部分项工程量清单

序号	项目编码	项目名称	项目特征描述	计算单位	工程量
1	010301001001	预制钢筋混凝土实心方桩	1. 地层类别:一、二类综合; 2. 送桩深度、桩长:5.5 m、18 m; 3. 桩截面:300 mm×300 mm; 4. 桩倾斜度:无; 5. 沉桩方法:打桩机夯打; 6. 接桩方式:焊接法; 7. 混凝土强度等级:C30	m	1 440.00

解析:

根据项目特征描述,该清单项目包括打桩、送桩、接桩 3 个计价项目,根据图纸和工程所在地定额工程量计算规则计算:

打桩工程量=1 440.00(m)

送桩工程量=330.00(m)

接桩工程量=60(个)

以上 3 个计价项目的清单含量如下:

打桩的清单含量=1 440.00/1 440.00=1(m/m),即 1 m 的打桩清单工程量包含 1 m 的打桩定额工程量。

送桩的清单含量=330.00/1 440.00=0.23(m/m),即 1 m 的打桩清单工程量包含 0.23 m 的送桩定额工程量。

接桩的清单含量=60/1 440.00=0.04(个/m),即 1 m 的打桩清单工程量包含 0.04 个的接桩定额工程量。

⑤确定单位清单工程量的工、料、机消耗量。清单含量乘以相对应定额的消耗量标准,就可以得出单位清单工程量的工、料、机消耗量。四川省的计价定额只有材料消耗量,人工和机械以费用的方式呈现,综合单价分析中必须对材料消耗量进行分析。

$$单位清单工程量的材料消耗量=材料消耗量标准×清单含量$$

若材料消耗量标准对应的是扩大倍数的计量单位,则:

$$单位清单工程量的材料消耗量=材料消耗量标准×(清单含量/扩大倍数)$$

⑥计算主要材料(设备)单价。查询工程所在地的工程造价管理部门发布的工程造价信息,当工程造价信息没有发布时,参照市场价确定主要材料设备单价。

⑦计算人工费、材料费、机械费、管理费和利润。

$$人工费=定额人工费+定额人工费调差$$

$$材料费=主要材料(设备)消耗量×材料(设备)单价+其他材料费$$

$$机械费=定额机械费+定额机械费调差$$

企业管理费和利润,按照造价主管部门规定予以调整。

⑧计算综合单价。

$$综合单价=人工费+材料费+机械费+管理费+利润$$

(2)综合单价确定示例

【例 5.2】确定××大学教学楼建筑与装饰工程列出的分部分项工程项目清单的综合单价,分部分项工程项目清单见表 4.4(模块 4)。

准备工作:收集与清单项目相关的资料

①根据工程情况选择的常规施工工艺和顺序:土壤满足回填要求,挖土可用于回填;挖掘机挖装,装载机配合,运至现场合适位置堆放;现浇混凝土构件全部采取预拌商品混凝土,运距≤15 km;装配式预制混凝土构件运输距离≤60 km,砂浆均采取预拌干混砂浆,外墙脚手架采取双排脚手架,装配式预制混凝土外墙采取工具式支撑;使用 2 台履带式挖掘机(斗容量≤1 m³)、4 台装载机、1 台自升式塔式起重机(固定基础)。

②案例工程项目工程所在地计价定额,案例涉及的定额项目见表 5.3—表 5.13。

③项目所在地当期的人工费调整文件,其中人工费调整幅度为 9.48%;计日工单价:房屋建筑工程、抹灰工程和装配式房屋建筑工程普工为 152 元/工日;装饰(抹灰工程除外)工程和通用安装工程普工为 170 元/工日;房屋建筑工程、抹灰工程和装配式房屋建筑工程技工为 220 元/工日;装饰(抹灰工程除外)工程和通用安装工程技工为 231 元/工日;高级技工为 272 元/工日。

④项目所在地当期的《工程造价信息》,见表 5.14。

该工程造价信息由该市住房和城乡建设局主管,市造价工程师协会主办。材料价格包含材料原价、运杂费、运输损耗费、采购及保管费等运至施工现场仓库的全部费用(不含税),是全部使用国有资金或国有资金投资为主的房屋建筑物及市政基础设施工程在编制标底或最高投标限价时执行的价格,可供施工单位投标或有关单位办理工程结算时参考;是工程量清单招标时投标报价材料单价的评审依据,是中标工程材料价格风险调整的基准价格。要注意价格说明,正确应用工程造价信息。

表 5.3　A.1.7 机械槽坑土方

工作内容:1.挖掘机挖槽坑土方包括挖土,弃土于 5 m 以内,清理机下余土;人工清底修边。

　　　　2.挖掘机挖装槽坑土方包括挖土,装土,清理机下余土;人工清底修边。　　单位:100 m³

定额编号			AA0015	AA0016
项目			挖掘机挖槽坑土方	挖掘机挖装槽坑土方
综合基价(元)			1 209.52	1 450.47
其中	人工费(元)		811.5	865.50
	材料费(元)		—	—
	机械费(元)		232.99	387.06
	管理费(元)		51.18	61.38
	利润(元)		113.85	136.53
名　称	单位	单价(元)	数　量	
机械　柴油	L		(20.458)	(36.018)

表 5.4　A.3.2.3 机械运土方石渣

工作内容:运、卸车。　　　　　　　　　　　　　　　　　　　　　　单位:1 000 m³

定额编号			AA0090	AA0091
项目			机械运土方,总运距≤10 km	
			运距≤1 000 m	每增加 1 000 m
综合基价(元)			2 510.74	1 553.85
其中	人工费(元)		718.32	336.00
	材料费(元)		—	—
	机械费(元)		1 449.85	1 005.84
	管理费(元)		106.24	65.75
	利润(元)		236.33	146.26
名　称	单位	单价(元)	数　量	
机械　柴油	L		(127.158)	(88.217)

表 5.5　E.1.3 独立基础（编码:010501003）

工作内容:1.将送到浇灌点的商品混凝土进行捣固、养护。

2.安装、清洗输送管。　　　　　　　　　　　　　　　　　　　　　　单位:10 m³

定额编号			AE0012	AE0013
项目			独立基础	
			毛石商品混凝土	商品混凝土
			C30	
综合基价（元）			4 008.93	4 156.95
其中	人工费（元）		384.27	310.92
	材料费（元）		3 480.75	3 728.51
	机械费（元）		2.11	2.50
	管理费（元）		43.27	35.10
	利润（元）		98.53	79.92
	名称	单位	单价（元）	数量	
材料	商品混凝土	m³	370.00	8.673	10.050
	砾石>80 mm	m³	95.00	2.752	—
	水	m³	2.80	2.540	2.540
	其他材料费	元		3.190	2.900

表 5.6　A.1.4 墙

工作内容:构件辅助吊装、就位、校正、螺栓固定、预埋铁件、构件安装等全部操作过程。　　　　单位:m³

定额编号			MA0005	MA0006
项目			装配式预制混凝土	
			外墙板	内墙板
综合基价（元）			2 814.97	2 802.46
其中	人工费（元）		119.70	110.88
	材料费（元）		2 645.16	2 645.16
	机械费（元）		—	—
	管理费（元）		15.25	14.13
	利润（元）		34.86	32.29
	名称	单位	单价（元）	数量	
材料	装配式钢筋混凝土预制外墙板	m³	2 300.00	1.000	—

	名称	单位	单价(元)	数量	
材料	装配式钢筋混凝土预制内墙板	m³	2 300.00	—	1.000
	板枋材	m³	1 700.00	0.001	0.001
	预埋铁件	kg	4.15	0.011	0.011
	聚乙烯棒 DN100~200	kg	20.75	3.570	3.570
	六角螺栓带螺母、垫圈 M16×(65~80)	套	1.79	23.301	23.301
	镀锌六角螺栓带螺母 M14×80	套	2.00	0.238	0.238
	背贴式止水带	m	30.00	6.899	6.899
	密封胶	支	6.13	3.291	3.291

表5.7　A.2 装配式构件套筒注浆

工作内容:注浆搅拌、浇筑、养护及工具清洗等。 单位:见表

定额编号		MA0015	MA0016	MA0017
项目		墙间空腹注浆	套筒注浆	
			≤φ18	>φ18
		m	个	
综合基价(元)		71.85	8.83	12.87
其中	人工费(元)	3.51	2.85	3.39
	材料费(元)	66.87	4.79	8.06
	机械费(元)	—	—	—
	管理费(元)	0.45	0.36	0.43
	利润(元)	1.02	0.83	0.99
	名称	单位	单价(元)	数量	
材料	注浆料	kg	7.97	8.280	0.563	0.947
	水泥砂浆(中砂)1:1	m³	423.90	0.002	—	—
	水泥32.5	kg		(1.658)	—	—
	中砂	m³		(0.001)	—	—
	水	m³	2.80	0.012	0.056	0.095
	其他材料费	元		—	0.140	0.240

表 5.8　D.3 1 预制构件工具式支撑

工作内容:安底座、选料、周转材料场内外运输、安拆支撑等。　　　　　　　　　　单位:见表

定额编号				MD0015	MD0016	MD0017	MD0018
项目				装配式预制构件工具式支撑			
				叠合梁	预制梁	叠合板	墙
				m³			m²
综合基价(元)				207.37	100.61	109.59	13.98
其中	人工费(元)			84.10	43.50	43.98	9.10
	材料费(元)			40.84	31.47	38.33	1.67
	机械费(元)			62.49	17.36	18.75	1.74
	管理费(元)			6.10	2.53	2.61	0.45
	利润(元)			13.84	5.75	5.92	1.02
名称		单位	单价(元)	数量			
材料	顶板支撑	套	22.50	0.154	0.042	0.045	—
	竖向构件支撑体系	套	157.70	—	—	—	0.004
	梁板轻型铝梁	m	132.80	0.115	0.025	0.089	—
	锯材　综合	m³	1 700.00	0.013	0.016	0.015	—
	加工铁件	kg	4.15	—	—	—	0.250
机械	柴油	L		(7.123)	(1.979)	(2.137)	(0.198)

表 5.9　A.1.6 阳台板及其他

工作内容:构件辅助吊装、就位、校正、螺栓固定、预埋铁件、构件安装等全部操作过程。　　　　单位:m³

定额编号		MA0011	MA0012	MA0013
项目		装配式预制混凝土		
		阳台板	空调板、线条	凸(飘)窗
综合基价(元)		2 816.06	3 046.95	2 758.45
其中	人工费(元)	235.62	262.95	212.07
	材料费(元)	2 464.82	2 652.73	2 452.70
	机械费(元)	11.98	14.95	3.46
	管理费(元)	31.54	35.40	27.46
	利润(元)	72.10	80.92	62.76

续表

名称		单位	单价(元)	数量		
材料	装配式钢筋混凝土预制阳台	m³	2 400.00	1.000	—	—
	装配式预制混凝土空调板	m³	2 600.00	—	1.000	—
	装配式预制混凝土凸(飘)窗	m³	2 400.00	—	—	1.000
	板方材	m³	1 700.00	0.002	0.001	0.002
	垫铁	kg	4.15	2.024	—	1.882
	镀锌六角螺栓带螺母2平垫1弹垫 M20×100 以内	套	1.80	23.250	23.250	21.623
	低合金钢焊条 E43 系列	kg	7.06	1.582	1.300	0.364

表 5.10　S.2.1 基础(编码:011702001)

工作内容:1. 模板及支架制作、安装、拆除、整理堆放及场内外运输。

2. 清理模板黏结物及模内杂物、刷隔离剂等。　　　　　　　　　单位:100 m²

定额编号			AS0028	AS0029
项目			独立基础	带形基础
			复合模板	
综合基价(元)			5 297.41	4 791.27
其中	人工费(元)		2 353.50	2 397.27
	材料费(元)		2 467.62	1 887.01
	机械费(元)		36.53	55.20
	管理费(元)		136.23	139.82
	利润(元)		303.53	311.52
名称		单位	单价(元)	数量	
材料	复核模板	m²	20.75	24.675	24.675
	二等锯材	m³	1 700.00	1.111	0.766
	其他材料费	元		66.910	72.800
机械	柴油	L		(3.957)	(6.173)

表 5.11　B.7.1.成品空调金属百页护栏(编码:010607001)

单位:100 m²

定额编号			MB0142
项目			空调金属百页护栏
			安装
综合基价(元)			9 113.87
其中	人工费(元)		562.50
	材料费(元)		8 336.53
	机械费(元)		42.62
	管理费(元)		52.65
	利润(元)		119.57
名称	单位	单价(元)	数量
材料	成品空调金属百页护栏	m²	83.00	100.000
	焊条 综合	kg	4.15	3.090
	螺栓	kg	4.15	3.900
	其他材料费	元		7.520

表 5.12　L.1.6 平面砂浆找平层(编码:011101006)

工程内容:清理面层、调制、运铺砂浆、面层抹平等全部操作过程。

单位:100 m²

定额编号			AL0070	AL0071	AL0072
项目				干混砂浆	
			在填充材料上	在混凝土及硬基层上	砂浆厚度
			砂浆厚度 20 mm		每增减厚度 5 mm
综合基价(元)			2 170.07	1 858.19	422.09
其中	人工费(元)		758.04	713.91	139.26
	材料费(元)		1 300.83	1 040.19	262.32
	机械费(元)		3.85	3.07	0.78
	管理费(元)		32.76	30.83	6.02
	利润(元)		74.59	70.19	13.71
名称	单位	单价(元)		数量	
材料	干混地面砂浆	t	270.00	4.810	3.840	0.970
	水	m³	2.80	0.760	1.210	0.150

表5.13　L.2.1 石材楼地面(编码:011102001)

工程内容:清理基层、试排弹线、锯板磨边、调铺砂浆;铺板、灌缝擦缝、清理净面等全部操作过程。

单位:100 m²

定额编号			AL0086	AL0087	AL0088
项目			花岗石		
			≤800 mm×800 mm		
			水泥砂浆	干混砂浆	混拌砂浆
综合基价(元)			13 670.64	13 742.00	13 550.76
其中	人工费(元)		3 755.25	3 626.10	3 589.62
	材料费(元)		9 072.74	9 306.64	9 162.80
	机械费(元)		6.12	2.30	—
	管理费(元)		255.40	246.37	243.74
	利润(元)		581.13	560.59	554.60
	名称	单位	单价(元)	数量	
材料	花岗石板厚 20 mm	m²	83.00	102.000	102.000	102.000
	水泥砂浆(特细砂) 1:2	m³	357.70	1.520	—	—
	干混地面砂浆	t	270.00	—	2.880	—
	湿拌地面砂浆	m³	420.00	—	—	1.512
	白水泥	kg	0.50	10.000	10.000	10.000
	水泥32.5	kg		(912.000)	—	—
	特细砂	m³		(1.626)	—	—
	水	m³	2.80	0.456	0.456	
	其他材料费	元		56.760	56.760	56.760

表5.14　××市建筑材料市场价格《工程造价信息》(摘录)

序号	材料名称	型号规格	单位	不含税价格(元) 市区(旌阳区)
1	圆钢HPB300(大厂)	φ6.5-φ10	t	3 860.00
2	螺纹钢HRB335(大厂)	φ12-φ14	t	3 530.00
3	螺纹钢HRB335E(大厂)	φ16-φ25	t	3 520.00
4	螺纹钢HRB400(大厂)	φ16-φ25	t	3 490.00
5	螺纹钢HRB400E(大厂)	φ28-φ32	t	3 680.00
6	加工铁件		t	4 400.00
7	预埋铁件		t	4 400.00
8	普通水泥	M32.5袋装	t	300.00

续表

序号	材料名称	型号规格	单位	不含税价格(元) 市区(旌阳区)
9	普通水泥	M32.5 散装	t	280.00
10	普通商品混凝土	C15	m³	401.00
11	普通商品混凝土	C20	m³	415.00
12	普通商品混凝土	C30	m³	460.00
13	普通商品混凝土	C40	m³	481.00
14	中砂		m³	195.00
15	卵石	5～40 mm	m³	185.00
16	密封胶		支	6.00
17	干混地面砂浆	M15	t	394.00
18	干混地面砂浆	M20	t	406.00
19	干混地面砂浆	M25	t	421.00
20	铝合金 平开窗	1.8 mm,6+12A+6 钢化玻璃	m²	355.00
21	铝合金 推拉窗	1.8 mm,6+12A+6 钢化玻璃	m²	345.00
22	铝合金 固定窗	1.8 mm,6+12A+6 钢化玻璃	m²	290.00
23	断桥铝合金 平开窗(中空玻璃)	1.8 mm,6+12A+6 钢化玻璃	m²	530.00
24	断桥铝合金 推拉窗(中空玻璃)	1.8 mm,6+12A+6 钢化玻璃	m²	510.00
25	铝合金门 平开门	2.2 mm,6+12A+6 钢化玻璃	m²	450.00
26	铝合金门 推拉门	2.2 mm,6+12A+6 钢化玻璃	m²	370.00
27	花岗石芝麻黄锈石光面	20 mm	m²	100.00
28	花岗石芝麻黄锈石烧面	20 mm	m²	93.00
29	花岗石芝麻白光面	20 mm	m²	76.00
30	花岗石芝麻白烧面	20 mm	m²	69.00
31	花岗石芝麻黑光面	20 mm	m²	103.00
32	花岗石芝麻黑烧面	20 mm	m²	96.00
33	花岗石芝麻中国红	20 mm	m²	122.00
34	花岗石芝麻中国红	20 mm	m²	172.00
35	花岗石黑金砂(国产)	20 mm	m²	172.00
36	花岗石黑金砂(进口粗)	20 mm	m²	399.00
37	花岗石黑金砂(进口中)	20 mm	m²	326.00
38	花岗石黑金砂(进口细)	20 mm	m²	280.00

续表

序号	材料名称	型号规格	单位	不含税价格(元) 市区(旌阳区)
39	原木	综合	m³	1 900.00
40	锯材	一等综合	m³	2 450.00
41	锯材	二等综合	m³	2 280.00
42	镀锌钢管	热镀	t	4 900.00
43	镀锌钢管	冷镀	t	4 600.00
44	汽油	92#	L	7.48
45	汽油	92#	kg	10.32
46	柴油	0#	L	7.15
47	柴油	0#	kg	8.51
48	电		kW·h	0.86
49	水	含污水处理费	t	3.88
50	预制外墙(保温)综合	综合,钢筋含量130 kg/m³	m³	1 758.00
51	线条、空调板	综合,钢筋含量160 kg/m³	m³	2 761.44
52	成品空调百叶窗护栏	综合	m²	92.00
53	竖向构件支撑体系	综合	套	160.00
54	复合模板		m²	22.60

注:1.以上材料价格为不含税的材料预算价格。

2.以上材料价格为月平均价(均含上、下车费;运输及运输损耗费;采管费)。

3.材料价格包含到县(市、区)规划区范围内运费,规划区外及偏远地区可适当增加运费。

4.各县(市、区)未刊登价格的材料参照市区(旌阳区)价格时,可适当增加运费。

5.商品混凝土价格只含运距15 km以内的运费,超过15 km每公里加收4.00元/m³超运距运费,此价格含电泵费,但不包括电泵电费,电费在编制最高投标限价时按实际市场价格计算(或可参照4元/m³计算),投标人在投标报价时自行考虑。在同等级标号的普通商品混凝土价格基础上,补偿收缩膨胀混凝土上调25元/m³,纤维混凝土(聚丙烯纤维)上调20元/m³,细石混凝土(粒径为5~10 mm)上调20元/m³,水下混凝土上调25元/m³(以上价格均为不含税价)。

6.干混砂浆、水稳料、路面沥青混合料价格含运距15 km以内的运费。

7.汽油、柴油价格以油机执行天数为权重计算加权平均数。

8.本信息中花岗石石材价格符合《天然花岗石建筑板材》(GB/T 18601—2024)中一等品(B)等级,若符合该标准中优等品(A)等级,在相应规格型号上增加500元/m³;条状花岗石盲道砖在相应规格型号上增加20元/m²、圆点花岗石盲道砖增加40元/m²;花岗石材料规格型号宽度为300~600 mm,宽度小于300 mm或大于600 mm的可根据市场价格适当增加费用。

9.门窗6LOW-E+12A+6钢化玻璃增加18元/m²,双银6LOW-E+12A+6钢化玻璃增加33元/m²,充装氩气增加5元/m²。

10.PC构件。

①到场价包括钢筋、预埋件(含吊装预埋件、灌浆套筒预埋除外)、混凝土、保温、保温连接件、成品制作费、模板费、预埋管线、90 km以内的运输费、上下车费、施工现场堆放费等全部费用。

②混凝土为可调整材料,C30混凝土基价按490元/m³(不含税价)考虑,PC构件(含保温)混凝土用量按构件结构尺寸乘以0.85计算,PC构件(不含保温)混凝土用量按构件结构尺寸计算。

③钢筋为可调整材料,钢筋基价按3 500元/t(不含税价)考虑,钢筋用量不同时应根据构件图算量进行调整。

④PC构件价格均不包含深化设计费。

【综合单价确定】

（1）挖沟槽土方

①分析清单工程量包含的定额项目。

分析清单项目的项目特征，该清单项目包括挖土及挖出土方运至指定地点堆放，结合常规施工工艺和顺序，该清单项目应包括"挖掘机挖装沟槽土方"和"运距1 000 m内的运输"两个计价项目，即需要套用AA0016挖掘机挖装沟槽坑土方和AA0090机械运土方，总运距≤10 km两项定额子目。

②计算定额工程量。

查阅项目所在地的计价定额工程量计算规则：土方应按照挖掘前的天然密实体积计算。挖一般土方、基坑、基槽及管沟土方，按设计图示尺寸和相关规定以体积计算。施工时需要放坡和增设工作面，按经发包人认可的施工图组织设计规定计算，编制工程量清单及最高投标限价无施工组织设计时，按照定额给出的放坡系数和工作面宽度计算。

将定额工程量计算规则与工程量清单计算规则说明中的一致，定额工程量等于清单工程量，即：

挖沟槽土方清单工程量：$V = 560.45 (m^3)$

挖装土方定额工程量：$V_{挖装} = 560.45 (m^3)$

运土方定额工程量：$V_{运} = 560.45 (m^3)$

③计算清单含量。

$$挖装土方的清单含量 = 挖装土方定额工程量/挖装土方清单工程量$$
$$= 560.45 (m^3)/560.45 (m^3) = 1 (m^3/m^3)$$

表示挖1 m³土方清单工程量包含1 m³的挖装土方定额工程量。

$$运土方的清单含量 = 某工程内容的计价(定额)工程量/清单工程量$$
$$= 560.45 (m^3)/560.45 (m^3) = 1 (m^3/m^3)$$

表示挖1 m³土方清单工程量包含1 m³的运土定额土方工程量。

④填写综合单价分析表。

确定单位清单工程量的工料机消耗量、工料机单价、管理费和利润、计算综合单价，可以通过填写综合单价分析表进行。

该清单项目的综合单价分析表见表5.15。

（2）C30独立基础

该清单项目的综合单价分析表见表5.16，填写步骤和方法同前，其中材料费不能直接填写定额中的材料费，需要依据工程造价管理部门发布的工程造价信息确定材料价格并调整材料费；工程造价信息没有发布的材料，参照市场价格确定材料价格并调整材料费。注意商品混凝土的价格内涵，案例工程在信息价基础上考虑了电泵的电费，即增加4元/m³。

（3）装配式预制混凝土外墙板（保温）

该清单项目的综合单价分析表见表5.17，填写步骤和方法同前，需要注意的是，分析清单项目的项目特征，结合常规施工方案和计价定额，该清单项目包括"装配式预制混凝土外墙板""装配式构件套筒注浆墙间空腹注浆""竖向构件支撑体系"3个定额子目。

该清单项目涉及的材料价格,装配式钢筋混凝土预制外墙板,预埋铁件,普通水泥,白水泥,中砂,密封胶等能查询工程造价信息;板枋材,聚乙烯棒 $DN100\sim200$、六角螺栓带螺母、垫圈 M16×(65~80),镀锌六角螺栓带螺母 M14×80,背贴式止水带,注浆料的价格,造价信息没有发布的,需要市场询价,按照市场价格确定材料单价,询价结果为:板枋材 1 750.00 元/m^3,聚乙烯棒 $DN100\sim200$ 19.50 元/kg,六角螺栓带螺母、垫圈 M16×(65~80)2.10 元/套,镀锌六角螺栓带螺母 M14×80 2.40 元/套,背贴式止水带 28.00 元/m,注浆料 8.10 元/kg。

(4)装配式混凝土空调板

该清单项目的综合单价分析表见表 5.18,填写步骤和方法同前,需要注意的是工程造价信息没有发布的,需要市场询价,按照市场价格确定材料单价,询价结果为:板枋材 1 750.00 元/m^3,镀锌六角螺栓带螺母 2 平垫 1 弹垫 M20×100 以内 2.20 元/套,低合金钢焊条 E43 系列 7.60 元/kg。

(5)独立基础模板

该清单项目的综合单价分析表见表 5.19。

(6)成品空调金属百页护栏

该清单项目的综合单价分析表见表 5.20,需要注意的是工程造价信息没有发布的,需要市场询价,按照市场价格确定材料单价,询价结果为:焊条 综合 4.50 元/kg、螺栓 4.50 元/kg。

(7)花岗石楼地面

分析清单项目的项目特征,该清单项目包括"花岗石石材楼地面干混砂浆≤800 mm×800 mm""平面砂浆找平层"两个计价项目,由于该工程花岗石找平层的厚度为 25 mm,定额的基础厚度为 20 mm,因此找平层需要套两个定额子目,即"平面砂浆找平层干混砂浆在混凝土及硬基层上砂浆厚度20 mm""平面砂浆找平层干混砂浆在混凝土及硬基层上每增减厚度5 mm"。

该清单项目的综合单价分析表见表 5.21,需要注意的是,项目特征明确砂浆配合比是1:2 水泥砂浆,施工方案采取预拌干混砂浆,对应1:2 水泥砂浆的干混地面砂浆为 M20;同时该清单项目涉及的暂估价,花岗石的暂估价要根据招标工程量清单提供的价格填写,见表5.22。

表 5.15 分部分项工程项目清单综合单价分析表

工程名称:××大学教学楼[建筑与装饰工程]　　　　　　标段:　　　　　第 1 页　共 7 页

项目编码	010102002001(1)	项目名称		挖沟槽土方	计量单位	m^3
项目特征	1.三类土,挖土深度<4m; 2.基底夯实; 3.土方场内运输距离自行考虑					
序号	费用项目	单位	数量		单价(元)	合价(元)
1	人工费					10.26
2	材料费					—
3	施工机具使用费					5.88

续表

序号	费用项目	单位	数量	单价(元)	合价(元)
4	1+2+3 小计				16.14
5	管理费				0.72
6	利润				1.60
综合单价					18.46

说明:①以上数据是套用 AA0016 挖掘机挖槽坑土方和 AA0090 机械运土方,总运距≤10 km 两个定额子目。

②清单含量＝定额工程量/清单工程量,挖沟槽土方的清单含量＝564.45/564.45＝1(m³/m³)＝0.01(100 m³/m³)。

机械运土方的清单含量＝564.45/564.45＝1(m³/m³)＝0.001(1 000 m³/m³)

③人工费＝清单含量×定额人工费×人工费调整系数＝[0.01×865.50×1.094 8(AA0016)+0.001×718.32×1.094 8(AA0090)]＝10.26(元)

④材料费,应逐一分析材料耗量,材料耗量＝清单含量×定额消耗量,再乘以材料单价,本项目不涉及材料费。

⑤施工机具使用费＝清单含量×定额机械费+清单含量×柴油耗量×(柴油市场价-柴油定额价)＝[0.01×387.06+0.01×36.018×(7.15-6.00)](AA0016)+[0.001×1 449.85+0.001×127.158×(7.15-6.00)](AA0090)＝5.88(元)

⑥管理费＝清单含量×定额管理费＝[0.01×61.38(AA0016)+0.001×106.24(AA0090)]＝0.72(元)

⑦利润＝清单含量×定额利润＝[0.01×136.53(AA0016)+0.001×236.33(AA0090)]＝1.60(元)

表 5.16　分部分项工程项目清单综合单价分析表

工程名称:××大学教学楼[建筑与装饰工程]　　　　　　　标段:　　　　　　　第 2 页　共 7 页

项目编码	010502001001(2)	项目名称	C30 独立基础	计量单位	m³
项目特征	1. 商品混凝土; 2. C30; 3. 独立基础				
序号	费用项目	单位	数量	单价(元)	合价(元)
1	人工费				34.04
2	材料费				467.60
2.1	商品混凝土 C30	m³	1.005 0	464.00	466.32
2.2	水	m³	0.254 0	3.88	0.99
2.3	其他材料费	元			0.29
3	施工机具使用费				0.25
4	1+2+3 小计				501.89
5	管理费				3.51

序号	费用项目	单位	数量	单价(元)	合价(元)
6	利润				7.99
综合单价					513.39

说明:①以上数据是套用 AE0013 独立基础商品混凝土定额子目。

②清单含量=定额工程量/清单工程量,商品混凝土 C30 的清单含量=116.40/116.40=1 m³/m³=0.1(10 m³/m³)

③人工费=清单含量×定额人工费×人工费调整系数=0.1×310.92×1.094 8=34.04(元)

④材料费,应逐一分析材料耗量,材料耗量=清单含量×定额消耗量,再乘以材料单价,如:

  商品混凝土 C30=0.1×10.050=1.005 0(m³)

  水=0.1×2.540=0.254 0(m³)

  其他材料费=0.1×2.90=0.29(元)

⑤施工机具使用费=清单含量×定额机械费=0.1×2.50=0.25(元)

⑥管理费=清单含量×定额管理费=0.1×35.1=3.51(元)

⑦利润=清单含量×定额利润=0.1×79.92=7.99(元)

表5.17 分部分项工程项目清单综合单价分析表

工程名称:××大学教学楼[建筑与装饰工程]　　　　　　标段:　　　　　　第3页 共7页

项目编码	010504006001(3)	项目名称	装配式预制混凝土外墙板(保温)	计量单位	m³
项目特征	1. 装配式预制混凝土外墙板(保温); 2. C30; 3. 水泥砂浆墙间竖向注浆; 4. 外墙工具式支撑				

序号	费用项目	单位	数量	单价(元)	合价(元)
1	人工费				213.80
2	材料费				2 284.88
2.1	装配式预制混凝土外墙板	m³	1.000	1 758.00	1 758.00
2.2	板枋材	m³	0.001	1 750.00	1.75
2.3	预埋铁件	kg	0.011	4.40	0.05
2.4	聚乙烯棒 DN100~200	kg	3.570	19.50	69.62
2.5	六角螺栓带螺母、垫圈 M16×(65~80)	套	23.301	2.10	48.93
2.6	镀锌六角螺栓带螺母 M14×80	套	0.238	2.40	0.57

续表

序号	费用项目	单位	数量	单价（元）	合价（元）
2.7	背贴式止水带	m	6.899	28.00	193.17
2.8	密封胶	支	3.291	6.00	19.75
2.9	注浆料	kg	22.024 8	8.10	178.40
2.11	水泥砂浆（中砂）	m³	0.005 3	349.06	1.85
2.12	水泥	kg	(4.410 3)	(0.30)	(1.32)
2.13	中砂	m³	(0.002 7)	(195.00)	(0.53)
2.14	水	m³	0.031 9	3.88	0.12
2.15	竖向构件支撑体系	套	0.029 12	160.00	4.66
2.16	加工铁件	kg	1.82	4.40	8.01
3	施工机具使用费				14.32
4	1+2+3 小计				2513.00
5	管理费				19.72
6	利润				45.00
	综合单价				2 577.72

说明：①以上数据是套用 MA0005 装配式预制混凝土外墙板、MA0015 装配式构件套筒注浆墙间空腹注浆、MD0018 竖向构件支撑体系 3 个定额子目。

②清单含量＝定额工程量/清单工程量

　　装配式预制混凝土外墙板的清单含量＝108.47/108.47＝1（m³/m³）

　　装配式构件套筒注浆墙间空腹注浆的清单含量＝288.00/108.47＝2.66（m/m³）

　　竖向构件支撑体系的清单含量＝789.93/108.47＝7.28（m²/m³）

③人工费＝清单含量×定额人工费×人工费调整系数＝[1×119.70×1.094 8（MA0005）+2.66×3.51×1.094 8（MA0015）+7.28×9.10×1.094 8（MD0018）]＝213.80（元）

④材料费，应逐一分析材料耗量，材料耗量＝清单含量×定额消耗量，再乘以材料单价，如：

　　装配式预制混凝土外墙板＝11.000＝1.000（m³）

　　注浆料＝2.66×8.28＝22.024 8（kg）

　　竖向构件支撑体系＝7.28×0.004＝0.029 12（套）

⑤施工机具使用费＝清单含量×定额机械费+清单含量×柴油耗量×（柴油市场价−柴油定额价）＝1×0（MA0005）+2.66×0（MA0015）+[7.28×1.74+7.28×0.198×（7.15−6.00）]（MD0018）＝14.32（元）

⑥管理费＝清单含量×定额管理费＝[1×15.25（MA0005）+2.66×0.45（MA0015）+7.28×0.45（MD0018）]＝19.72（元）

⑦利润＝清单含量×定额利润＝[1×34.86（MA0005）+2.66×1.02（MA0015）+7.28×1.02（MD0018）]＝45.00（元）

表5.18 分部分项工程项目清单综合单价分析表

工程名称:××大学教学楼[建筑与装饰工程]　　　　　　　　标段:　　　　　　第4页　共7页

项目编码	010504013001(4)	项目名称	装配式预制混凝土空调板	计量单位	m³
项目特征	1.预制空调板; 2.C30				
序号	费用项目	单位	数量	单价(元)	合价(元)
1	人工费				287.88
2	材料费				2 824.22
2.1	装配式预制混凝土空调板	m³	1.000	2 761.44	2 761.44
2.2	板枋材	m³	0.001	1 750.00	1.75
2.3	镀锌六角螺栓带螺母2平垫1弹垫 M20×100 以内	套	23.250	2.20	51.15
2.4	低合金钢焊条E43 系列	套	1.300	7.60	9.88
3	施工机具使用费				14.95
4	1+2+3 小计				3 127.05
5	管理费				35.40
6	利润				80.92
综合单价					3 243.37

说明:①以上数据是套用 MA0012 装配式预制混凝土空间板、线条定额子目。

②清单含量=定额工程量/清单工程量,装配式预制混凝土空调板的清单含量=4.15/4.15=1 m³/m³

③人工费=清单含量×定额人工费×人工费调整系数=1×262.95×1.094 8=287.88(元)

④材料费,应逐一分析材料耗量,材料耗量=清单含量×定额消耗量,再乘以材料单价,如:

装配式预制混凝土空调板=1×1.000=1.000(m³)

⑤施工机具使用费=清单含量×定额机械费=1×14.95=14.95(元)

⑥管理费=清单含量×定额管理费=1×35.40=35.40(元)

⑦利润=清单含量×定额利润=1×80.92=80.92(元)

表5.19 分部分项工程项目清单综合单价分析表

工程名称:××大学教学楼[建筑与装饰工程]　　　　　　　　标段:　　　　　　第5页　共7页

项目编码	010505002001(5)	项目名称	独立基础模板	计量单位	m²
项目特征	1.普通独立基础; 2.模板材质由投标人根据施工需要确定,必须满足相关标准要求				
序号	费用项目	单位	数量	单价(元)	合价(元)
1	人工费				25.77

续表

序号	费用项目	单位	数量	单价(元)	合价(元)
2	材料费				31.58
2.1	复合模板	m²	0.246 75	22.60	5.58
2.2	二等锯材	m³	0.011 11	2 280.00	25.33
2.3	其他材料费	元			0.67
3	施工机具使用费				0.41
4	1+2+3 小计				57.76
5	管理费				1.36
6	利润				3.04
	综合单价				62.16

①以上数据是套用 AS0028 独立基础复合模板定额子目。

②清单含量＝定额工程量/清单工程量,独立基础复合模板的清单含量＝211.20/211.20＝1 m²/m²＝0.01(100 m²/m²)

③人工费＝清单含量×定额人工费×人工费调整系数＝0.01×2 353.50×1.094 8＝25.77(元)

④材料费,应逐一分析材料耗量,材料耗量＝清单含量×定额消耗量,再乘以材料单价,如:

独立基础复合模板＝0.01×24.675＝0.246 75(m²)

⑤施工机具使用费＝清单含量×定额机械费+清单含量×柴油耗量×(柴油市场价-柴油定额价)＝0.01×36.53+0.01×3.957×(7.15-6.00)＝0.41(元)

⑥管理费＝清单含量×定额管理费＝0.01×136.23＝1.36(元)

⑦利润＝清单含量×定额利润＝0.01×303.53＝3.04(元)

表 5.20　分部分项工程项目清单综合单价分析表

工程名称:××大学教学楼［建筑与装饰工程］　　　　标段:　　　　第 6 页　共 7 页

项目编码	010609001001(6)	项目名称	成品空调金属百叶窗护栏	计量单位	m²
项目特征	1. 铝合金百页材质; 2. 框厚度1.1 mm,页片厚度1.0 mm; 3. 颜色与门窗颜色一致				

序号	费用项目	单位	数量	单价(元)	合价(元)
1	人工费				6.16
2	材料费				92.40
2.1	成品空调金属百页护栏	m²	1.000 0	92.00	92.00
2.2	焊条 综合	kg	0.030 9	4.50	0.14
2.3	螺栓	kg	0.039 0	4.50	0.18

序号	费用项目	单位	数量	单价(元)	合价(元)
2.4	其他材料费	元			0.08
3	施工机具使用费				0.43
4	1+2+3 小计				98.99
5	管理费				0.53
6	利润				1.20
	综合单价				100.72

说明:①以上数据是套用 MB0142 空调金属百页护栏定额子目。

②清单含量=定额工程量/清单工程量,空调金属百页护栏的清单含量=137.28/137.28=1 m²/m²=0.01(100 m²/m²)

③人工费=清单含量×定额人工费×人工费调整系数=0.01×562.50×1.094 8=6.16(元)

④材料费,应逐一分析材料耗量,材料耗量=清单含量×定额消耗量,再乘以材料单价,如:

空调金属百页护栏=0.01×100.00=1.000 0(m²)

⑤施工机具使用费=清单含量×定额机械费=0.01×42.53=0.43(元)

⑥管理费=清单含量×定额管理费=0.01×52.65=0.53(元)

⑦利润=清单含量×定额利润=0.01×119.57=1.20(元)

表 5.21　分部分项工程项目清单综合单价分析表

工程名称:××大学教学楼[建筑与装饰工程]　　　　　　　　标段:　　　　　　　第 7 页　共 7 页

项目编码	011106002001(7)	项目名称	花岗石楼地面	计量单位	m²
项目特征	1.1:1.5 水泥砂浆找平层25 mm 厚; 2.1:2 水泥砂浆结合层15 mm 厚; 3.花岗石面层20 mm 厚,800 mm×800 mm; 4.白水泥嵌缝; 5.部位:门厅和过道				

序号	费用项目	单位	数量	单价(元)	合价(元)
1	人工费				48.48
2	材料费				132.76
2.1	花岗石板 厚20 mm	m²	1.02	100.00	102.00
2.2	干混地面砂浆	t	0.074 0	406.00	30.04
2.3	白水泥	kg	0.100	0.81	0.08
2.4	水	m³	0.017 36	3.88	0.07
2.5	其他材料费				0.57
3	施工机具使用费				0.06

续表

序号	费用项目	单位	数量	单价(元)	合价(元)
4	1+2+3 小计				181.30
5	管理费				2.81
6	利润				6.40
	综合单价				190.51

说明:①以上数据是套用 AL0071 平面砂浆找平层干混砂浆在混凝土及硬基层上砂浆厚度 20 mm、AL0072 平面砂浆找平层干混砂浆在混凝土及硬基层上每增减厚度 5 mm、AL0887 花岗石石材楼地面干混砂浆≤800 mm×800 mm 3 个定额子目。

②清单含量＝定额工程量/清单工程量

花岗石楼地面的清单含量＝449.64/449.64＝1 m²/m²＝0.01(100 m²/m²);

平面砂浆找平层砂浆厚度 20 mm 厚的清单含量＝422.76/449.64＝0.94 m²/m²＝0.009 4(100 m²/m²)

平面砂浆找平层砂浆厚度每增加厚度 5 mm 的清单含量＝422.76/449.64＝0.94 m²/m²＝0.009 4(100 m²/m²)

③人工费＝清单含量×定额人工费×人工费调整系数＝0.01×3 626.10×1.094 8(AL0087)+0.009 4×713.91×1.094 8(AL0071)+0.009 4×139.26×1.094 8(AL0072)＝48.48(元)

④材料费,应逐一分析材料耗量,材料耗量＝清单含量×定额消耗量,再乘以材料单价,如:

干混地面砂浆＝0.01×2.880(AL0087)+0.009 4×3.840(AL0071)+0.009 4×0.970(AL0072)＝0.074 0(m³)

⑤施工机具使用费＝清单含量×定额机械费＝0.01×2.30(AL0087)+0.009 4×3.07(AL0071)+0.009 4×0.78(AL0072)＝0.06(元)

⑥管理费＝清单含量×定额管理费＝0.01×246.37(AL0087)+0.009 4×30.86(AL0071)+0.009 4×6.02(AL0072)＝2.81(元)

⑦利润＝清单含量×定额利润＝0.01×560.59(AL0087)+0.009 4×70.19(AL0071)+0.009 4×13.71(AL0072)＝6.40(元)

表 5.22　材料暂估单价及调整表

工程名称:××大学教学楼[建筑与装饰工程]　　　　　　标段:　　　　　　第 1 页　共 1 页

序号	材料名称	规格型号	计量单位	暂估			确认			调整金额(元)	备注
				数量	单价(元)	合价(元)	数量	单价(元)	合价(元)		
				A_1	B_1	C_1	A_2	B_2	C_2	$D=C_2-C_1$	
1	花岗石	20 mm 厚 ≤800 mm ×800 mm	m²	460.00	100.00	46 000.00					用于清单项目 011106002001
	本页小计						—	—	—		—
	合计						—	—	—		—

2)计算分部分项工程费

综合单价填入计价表,计算分部分项工程费,见表 5.23。

表 5.23　分部分项工程项目清单计价表

工程名称:××大学教学楼[建筑与装饰工程]　　　　　　　　标段:　　　　　　　　第 1 页　共 1 页

序号	项目编码	项目名称	项目特征描述	计量单位	工程量	金额(元)	
						综合单价	合价
	0101	土石方工程					
1	010102002001	挖沟槽土方	1.三类土,挖土深度<4 m; 2.基底夯实; 3.土方场内运输距离自行考虑	m³	560.45	18.46	10 345.91
		分部小计					10 345.91
	0105	混凝土及钢筋混凝土工程					
2	010502001001	C30 独立基础	1.商品混凝土; 2.C30; 3.独立基础	m³	116.40	513.39	59 758.60
3	010504006001	装配式预制混凝土外墙板(保温)	1.装配式预制混凝土外墙板(保温); 2.C30; 3.水泥砂浆墙间竖向注浆; 4.外墙工具式支撑	m³	108.47	2 577.72	279 605.29
4	010504013001	装配式预制混凝土空调板	1.预制空调板; 2.C30	m³	4.15	3 243.37	13 459.99
5	010505002001	独立基础模板	1.普通独立基础; 2.模板材质由投标人根据施工需要确定,必须满足相关规范要求	m²	211.20	62.16	13 128.19
		分部小计					365 952.07
	0106	金属结构工程					
6	010609001001	成品空调金属百叶窗护栏	1.铝合金百页材质; 2.框厚度 1.1 mm,页片厚度 1.0 mm; 3.颜色与门窗颜色一致	m²	137.28	100.72	13 826.84
		分部小计					13 826.84
	0111	楼地面装饰工程					

续表

序号	项目编码	项目名称	项目特征描述	计量单位	工程量	金额（元）	
						综合单价	合价
7	011106002001	花岗石楼地面	1. 1：1.5 水泥砂浆找平层 25 mm 厚； 2. 1：2 水泥砂浆结合层 15 mm 厚； 3. 花岗石面层 20 mm 厚，800 mm×800 mm； 4. 白水泥嵌缝； 5. 部位：门厅和过道； 6. 花岗石按暂估单价 100 元/m² 计价	m²	449.64	190.51	85 660.92
分部小计							85 660.92
合计							475 785.74

5.3.2　计算措施项目费

1）相关规定

措施项目清单计价应符合招标文件、合同文件的要求和相关工程国家及行业工程量计算标准的措施项目列项及其工作内容的有关规定，包括履行合同责任和义务、全面完成工程所发生的各类费用，包括但不限于下列费用：

①工地内及附近临时设施、临时用水、临时用电、通风排气及其他同类费用。

②在地下空间（地下室、暗室、库内、洞内等）、高层或超高层建筑、有害身体健康的环境、恶劣气温气候、冬雨季、交叉作业等环境下进行施工所需的措施费用。

③施工中的材料堆放场地整理、工程用水加压、施工雨（污）水排除、建筑施工及生活垃圾外运及消纳（已列入拆除和修缮工程分部分项工程项目清单除外）、成品保护、完工清洁和清场退场等费用。

④满足政府主管部门有关安全生产措施要求所需的费用，包括执行其要求引起的相关安全生产措施费用。

⑤除按本标准[《建设工程工程量清单计价标准》（GB/T 50500—2024）]第 8.3.2 条、第 8.3.4 条规定的措施项目费用可调整外，完成暂列金额清单项目所需的措施费用。

⑥承包人为履行合同责任和义务所发生的其他措施费用。

最高投标限价的措施项目清单价格可根据招标文件和招标工程量清单、工程实施要求及常规的施工工艺措施、合同条款、计价标准相关规定、类似工程的措施价格信息及市场造价资讯等确定。其中安全生产措施费的计算应符合国家及省级、行业主管部门的规定。

2）确定价格

（1）填写措施项目清单构成明细分析表

脚手架、其他大型机械进出场及安拆、垂直运输等措施项目的价格计算可以根据类似工程竞争合理投标价格、类似清单项目结算单价、类似工程合同价格、租赁市场价格、地区计价定额等多种方式计算。

本教材参考地区计价定额和工程造价信息编制最高投标限价,脚手架、其他大型机械进出场及安拆、垂直运输按照地区计价定额的规定来计算,涉及的定额子目见表5.24—表5.29。

表5.24 S.1.1 综合脚手架(编码:011701001)

工作内容:场内、外材料搬运,搭拆脚手架、斜道、上料平台、安全网及拆除后的材料堆放。 单位:100 m²

定额编号				AS0007	AS0008	AS0009
项目				多层建筑(檐口高度)		
				≤9 m	≤15 m	≤24 m
综合基价(元)				1 650.87	2 110.14	2 558.72
其中	人工费(元)			1 026.96	1 275.24	1 466.43
	材料费(元)			373.28	530.38	715.60
	机械费(元)			52.08	59.02	90.26
	管理费(元)			61.51	76.05	88.73
	利润(元)			137.04	169.45	197.70
名称		单位	单价(元)	数量		
材料	脚手架钢架	kg	4.15	39.050	49.220	84.159
	型钢 综合	kg	4.00	—	—	—
	锯材 综合	m³	1 700.00	0.060	0.100	0.110
	其他材料费	元		109.220	156.120	179.340
机械	柴油	L		(5.936)	(6.727)	(10.288)

表5.25 S.1.2 外脚手架(编码:011701002)

工作内容:场内、外材料搬运,搭拆脚手架、斜道、上料平台、安全网及拆除后的材料堆放。 单位:100 m²

定额编号		AS0014	AS0015	AS0016
项目		外脚手架(檐口高度)		
		单排≤15 m	双排≤15 m	双排≤24 m
综合基价(元)		1 695.54	2 079.40	2 382.05
其中	人工费(元)	909.24	1 124.91	1 280.58
	材料费(元)	557.33	661.18	771.31
	机械费(元)	52.08	72.91	79.85

续表

综合基价(元)			1 695.54	2 079.40	2 382.05
其中	管理费(元)		54.80	68.28	77.54
	利润(元)		122.09	152.12	172.77
材料	名称	单位	单价(元)	数量	
	脚手架钢架	kg	4.15	54.680	80.170	87.910
	锯材 综合	m³	1 700.00	0.120	0.110	0.140
	其他材料费	元		126.410	141.470	168.480
机械	柴油	L		(5.936)	(8.310)	(9.101)

表 5.26 S.3.1 垂直运输(编码:011703001)

工作内容:包括单位工程在合理工期内完成全部工程项目所需的垂直运输机械。　　　　单位:100 m²

定额编号		AS0116	AS0122
项目		檐高≤20 m(6 层)	20 m<檐高≤30 m(6 层)
		现浇框架	现浇框架(框剪)
综合基价(元)		1 673.66	1 760.74
其中	人工费(元)	602.16	628.68
	材料费(元)	—	—
	机械费(元)	811.41	858.43
	管理费(元)	80.57	84.77
	利润(元)	179.52	188.16

表 5.27 S.5.1.1 大型机械设备进场费

工作内容:转车、运输、卸车等。　　　　单位:台次

定额编号		AS0202	AS0203	AS0219
项目		履带式挖掘机(斗容量)		自升式塔式起重机
		≤1 m³	>1 m³	
综合基价(元)		3 434.27	3 868.54	25 630.57
其中	人工费(元)	1 170.00	1 170.00	7 260.00
	材料费(元)	187.66	211.50	80.34
	机械费(元)	1 572.07	1 918.71	14 319.58

续表

	综合基价(元)				3 434.27	3 868.54	25 630.57
其中	管理费(元)				156.30	176.06	1 230.04
	利润(元)				348.24	392.27	2 740.61
	名称	单位	单价(元)		数量		
材料	枕木	m³	2 000.00		0.080	0.080	10.000
	镀锌铁丝 8#	kg	4.00		5.000	10.000	23.620
	草袋子	m²	1.20		6.380	9.580	0.006
机械	柴油	L			(105.798)	(133.697)	(1 119.890)

表 5.28 S.5.1.2 大型机械一次安拆费

工作内容:安装、拆除、试运转。   单位:台次

定额编号			AS0230	AS0231
项目			自升式塔式起重机	柴油打桩机
综合基价(元)			26 043.48	9 106.39
其中	人工费(元)		11 520.00	4 020.00
	材料费(元)		253.12	61.50
	机械费(元)		10 262.40	3 619.26
	管理费(元)		1 241.60	435.44
	利润(元)		2 766.36	970.19
名称	单位	单价(元)	数量	
材料	镀锌铁丝 8#	kg	4.00	50.000	5.000
	螺栓 大型机械安装用	个	0.83	64.000	50.000
机械	柴油	L		(517.440)	(225.088)

表 5.29 S.5.1.3 塔式起重机及施工电梯基础费用

工作内容:路基地面平整,挖排水沟;道渣运输、铺设、清理;枕木、钢轨铺设、拆除、维护、维修等。 单位:台次

定额编号		AS0245	AS0247
项目		自升式塔式起重机现浇基础	塔式起重机轨道式基础(双轨)
		座	m
综合基价(元)		43 897.13	317.50
其中	人工费(元)	5 535.00	127.20
	材料费(元)	37 343.68	162.34
	机械费(元)	—	3.85

续表

综合基价(元)			43 897.13	317.50
其中	管理费(元)		315.50	7.47
	利润(元)		702.95	16.64
材料	名称	单位	单价(元)	数量
	复合模板	m²	20.75	10.164	—
	商品混凝土 C40	m³	400.00	54.810	—
	商品混凝土 C15	m³	330.00	3.902	—
	高强钢筋 φ>16	t	4 000.00	3.277	—
	锯材综合	m³	1 700.00	0.390	—
	枕木	m³	2 000.00	—	0.056
	砾石 5~40 mm	m³	100.00	—	0.240
	钢轨	kg	4.15	—	3.440
	水	m³	2.80	14.913	—
	其他材料费	元		108.360	12.060
机械	柴油	L		—	(0.382)

临时设施、文明施工、环境保护、安全生产这几项安全生产措施费按照工程所在地的安全文明施工费计算办法计算;夜间施工增加、二次搬运、冬雨季施工增加、工程定位复测费等措施项目按照工程所在地的计价规定计算。

案例工程的措施项目构成明细见表 5.30。措施项目构成填写说明如下:

①脚手架。

根据工程所在地计价规定,凡能够按照"建筑面积计算规则"计算建筑面积的房屋建筑与装饰工程均按综合脚手架计算脚手架摊销费,连同土建一起施工的装饰工程,装饰工程使用土建的外脚手架时,外墙装饰(以单项脚手架计取脚手架摊销费除外)按外脚手架项目乘以系数 40%。因此,脚手架措施项目套用综合脚手架(AS0009)和外脚手架(AS0016×0.4)两个定额子目,按照清单含量法计算。

案例工程建筑面积为 4 980 m²,综合脚手架的清单含量 = 4 980/1 = 4 980(m²/项) = 49.80 (100 m²/项)。

外墙脚手架按照外墙垂直投影面积计算,案例工程外墙垂直投影面积经计算为 2 721.60 m²,外脚手架的清单含量 = 2 721.60/1 = 27.216(m²/项) = 27.216(100 m²/项)。

表 5.30　措施项目清单构成明细分析表

工程名称：××大学教学楼［建筑与装饰工程］

标段：　　　　　　　　　　　　　　　　　　　　　　　　　　第 1 页　共 1 页

序号	项目编码	措施项目名称	计算基础	费率（%）	价格（元）	价格构成明细（元）					备注
						人工费	材料费	施工机具使用费	管理费	利润	
1	011601001001	脚手架			171 411.50	95 213.79	53 141.16	6 067.36	5 262.89	11 726.30	
2	011601002001	垂直运输			189 685.79	59 450.45	41 412.66	66 872.13	6 799.53	15 150.02	
2	011601003001	其他大型机械进出场及安拆			7 326.53	2 561.81	368.14	3 387.48	312.60	696.48	
3	011601006001	临时设施	1 170 979.74	1.68	19 672.46						
4	011601007001	文明施工	1 170 979.74	1.30	15 222.74						
5	011601008001	环境保护	1 170 979.74	0.22	2 576.16						
6	011601009001	安全生产	1 170 979.74	2.96	34 661.00						
8	011601010001	冬雨季施工增加	1 170 979.74	0.07	819.69						
9	011601011001	夜间施工增加	1 170 979.74	0.09	1 053.88						
10	011601013001	二次搬运	1 170 979.74	0.04	468.39						
7	01B001	工程定位复测费	1 170 979.74	0.02	234.20						
		合计			443 132.34						

a. 人工费 = 清单含量×定额人工费×人工费调整系数 = 49.80×1 466.43×1.094 8 (AS0009)+27.216×1 280.58×1.094 8×0.4(AS0016×0.4)= 95 213.79(元)。

b. 材料费 = 应逐一分析材料耗量,材料耗量 = 清单含量×定额消耗量,再乘以材料单价。

脚手架钢材的用量 = 49.80×84.159(AS0009)+27.216×87.910×0.4(AS0016×0.4)= 5 148.14(kg)。

锯材综合的用量 = 49.80×0.110(AS0009)+27.216×0.140×0.4(AS0016×0.4)= 7.00(m³)。

其他材料费 = 49.80×179.34(AS0009)+27.216×168.48×0.4(AS0016×0.4)= 10 765.27(元)。

材料费 = 5 148.14×4.90+7.00×2 450.00+10 765.27 = 53 141.16(元)。

c. 施工机具使用费 = 清单含量×定额机械费+清单含量×柴油耗量×(柴油市场价-柴油定额价)= [49.80×90.26+49.80×10.288×(7.15-6.00)](AS0009)+[27.216×79.85×0.4+27.216×9.101×(7.15-6.00)×0.4](AS0016×0.4)= 6 067.36(元)。

d. 管理费 = 清单含量×定额管理费 = 49.80×88.73(AS0009)+27.216×77.54×0.4(AS0016×0.4)= 5 262.89(元)。

e. 利润 = 清单含量×定额利润 = 49.80×197.70(AS0009)+27.216×172.77×0.4(AS0016×0.4)= 11 726.30(元)。

脚手架措施项目费 = 人工费+材料费+施工机具使用费+管理费利润 = 95 213.79+53 141.16+6 067.36+5 262.89+11 726.30 = 171 411.50(元)。

②垂直运输。

分析垂直运输的工作内容,包括垂直运输机械进场及安拆,设备运转、使用等,按照合理工期及常规施工工艺和顺序,案例工程考虑 1 台自升式塔式起重机、需要计算进场费和安拆费。

根据工程所在地计价定额规定,檐高超过 3.6 m 的建筑物应考虑垂直运输。垂直运输的面积按"建筑面积计算规则"计算。案例工程建筑面积 4 980.00 m²,则垂直运输的清单含量 = 4 980/1 = 4 980(m²/项)= 49.80(100 m²/项),套用垂直运输(AS0116)。

1 台自升式塔式起重机需要计算进场费和安拆费,套用自升式塔式起重机大型机械设备进场费(AS0219)、自升式塔式起重机大型机械一次性安拆费(AS0230)和自升式塔式起重机现浇基础(AS0245)3 个定额子目。

【扫一扫】垂直运输费的计算,需要套用 4 个定额子目,方法同脚手架措施项目,自行练习,扫二维码复核自己计算是否正确。

垂直运输措施项目价格计算参考答案

③其他大型机械进出场及安拆。

按照合理工期及常规施工工艺和顺序,案例工程除塔式起重机外,还要计算 2 台履带式挖掘机的进场费和安拆费,按照工程所在地计价规定,需要套用履带式挖掘机(斗容量)大型机械设备进场费(AS0202),方法同脚手架措施项目,自行练习。

其他大型机械进出场及安拆价格计算参考答案

【扫一扫】扫二维码复核自己计算是否正确。

④安全生产措施

安全生产措施包括临时设施、文明施工、环境保护、安全生产,执行工程所在地计价规定,计算基础为税前建安工程造价(不含措施项目费),一般计税法下的基本费率:临时设施为 0.84%、文明施工为 0.65%、环境保护为 0.11%、安全生产为 1.48%,编制最高投标限价时要足额计取,即基本费率×2。

⑤夜间施工增加费、二次搬运费、冬雨季施工增加费、工程定位复测费

按照工程所在地规定计算,这几项措施项目执行工程所在地的计价文件,计算基础为税前建安工程造价(不含措施项目费),编制最高投标限价时,夜间施工增加费的费率为0.09%、二次搬运费的费率为0.04%、冬雨季施工增加费的费率为0.07%、工程定位复测的费率为0.02%。

⑥案例工程的税前工程造价(不含措施项目费)=分部分项工程费+其他项目费=475 785.74+695 194.00=1 170 979.74(元)。

(2)计算措施项目费

措施项目费的计算通过填写措施项目清单计价表进行,示例见表5.31。

表5.31 措施项目清单计价表

工程名称:××大学教学楼[建筑与装饰工程]　　　　　　标段:　　　　　　第1页　共1页

序号	项目编码	项目名称	工程内容	价格(元)	备注
1	011601001001	脚手架	搭设脚手架、斜道、上料平台,铺设安全网,铺(翻)脚手板,转运、改制、维修维护,拆除、堆放、整理,外运、归库等	171 411.50	
2	011601002001	垂直运输	垂直运输机械进出场及安拆,固定装置、基础制作、安装,行走式机械轨道的铺设、拆除,设备运转、使用等	189 685.79	
3	011601003001	其他大型机械进出场及安拆	除垂直运输机械以外的大型机械安装、检测、试运转和拆卸,运进、运出施工现场的装卸和运输,轨道、固定装置的安装和拆除等	7 326.53	
4	011601006001	临时设施	为进行建设工程施工所需的生活和生产用的临时建(构)筑物和其他临时设施。包括临时设施的搭设、移拆、维修、清理、拆除后恢复等,以及因修建临时设施应由承包人所负责的有关内容	19 672.46	
5	011601007001	文明施工	施工现场文明施工、绿色施工所需的各项措施	15 222.74	
6	011601008001	环境保护	施工现场为达到环保要求所需的各项措施	2 576.16	
7	011601009001	安全生产	施工现场安全施工所需的各项措施	34 661.00	
8	011601010001	冬雨季施工增加	在冬季或雨季施工,引起防寒、保温、防滑、防潮和排除雨雪 等措施的增加,人工、施工机械效率的降低等内容	819.69	

续表

序号	项目编码	项目名称	工程内容	价格(元)	备注
9	011601011001	夜间施工增加	因夜间或在地下室等特殊施工部位施工时,所采用照明设备的安拆、维护、照明用电及施工人员夜班补助、夜间施工劳动效率降低等内容	1 053.88	
10	011601013001	二次搬运	因施工场地条件及施工程序限制而发生的材料、构配件、半成品等一次运输不能到达堆放地点,必须进行二次或多次搬运所发生的内容	468.39	
11	01B001	工程定位复测费	施工前的放线,施工过程中的检测,施工后的复测所发生的费用	234.20	
合计			443 132.34		

【看一看】工程造价具有地区性,各省、自治区、直辖市的工程造价的计价办法各有不同,扫一扫,了解案例工程所在地的计价办法,理解表中计算基础、费率的来源。

四川定额-建筑安装工程费用

5.3.3　确定其他项目费

1)暂列金额

工程所在地计价办法规定:编制最高投标限价时,暂列金额可按分部分项工程费和措施项目费的10%～15%计取。工程实践中,编制者还要听取招标人意见,为了防止超概,招标人可能会要求按低于10%的比例计算。本案例,根据相关规定和招标人的要求,按照分部分项工程费的10%计取并保留整数,分部分项工程费为475 785.74元,按照10%计取,暂列金额为47 578.57元,取整为47 579.00元,示例见表5.32。

表5.32　暂列金额明细表

工程名称:××大学教学楼[建筑与装饰工程]　　　　　标段:　　　　　第1页　共1页

序号	项目名称	计算基础	费率(%)	暂定金额(元)	确定金额(元)	调整金额±(元)	备注
1	合同价款调整暂列金额			47 579.00			按分部分项工程费10%计算并保留整数
	合计			47 579.00			

说明:案例工程只考虑了合同价款调整暂列金额,没有考虑未确定服务暂列金额和未确定其他暂列金额。

2)专业工程暂估价

专业工程暂估价是发包人在工程量清单中提供的,在招标时暂不能确定工程具体要求及价格预估的含增值税的专业工程费用。

案例工程设定有 1 部电梯,电梯及安装由招标人另行发包,工程造价咨询人与招标人沟通,了解招标人对电梯工程的基本要求后,根据市场及经验,提出含增值税的专业工程暂估价为 600 000.00 元,示例见表 5.33。

表 5.33　专业工程暂估价明细表

工程名称:××大学教学楼[建筑与装饰工程]　　　　　　　　　标段:　　　　　　　　　　第 1 页　共 1 页

序号	专业工程名称	暂估金额(元)			确认金额(元)			调整金额±(元)	备注
		不含税价格	增值税	含税价格	不含税价格	增值税	含税价格		
		A_1	B_1	C_1	A_2	B_2	C_2	$D=C_2-C_1$	
1	电梯及安装工程			600 000.00					含采购、安装、调试、增值税等完整造价
	本页小计			600 000.00					
	合计			600 000.00					

说明:电梯及安装工程作为专业工程暂估,一般在安装工程中填列,这里为了介绍另行发包的专业工程,在建筑与装饰工程中填列,旨在介绍填列方法。

3)计日工

是通过合同约定计日工的费用计算,还是通过清单确定计日工的综合单价,由招标人决定。案例工程招标工程量清单列出了计日工人工的暂估数量,根据工程所在地计价规定,最高投标限价的计日工单价应按工程造价管理部门公布的单价计算。工程所在地的计价办法明确计日工中的人工、机械综合单价应该包括综合费,综合费包括管理费、利润、安全文明施工费等,其综合费计算不区分一般计税和简易计税,其中人工单价综合费按定额人工费单价的 28.38% 计算,机械单价综合费按定额机械台班价的 23.83% 计算,示例见表 5.34。

表 5.34　计日工表

工程名称:××大学教学楼[建筑与装饰工程]　　　　　　　　　标段:　　　　　　　　　　第 1 页　共 1 页

编号	计日工名称	单位	暂定数量	实际数量	综合单价(元)	合价(元)		调整金额±(元)
						暂定	实际	
						A_1	A_2	$B=A_2-A_1$
一	人工							
1	房屋建筑工程、抹灰工程、装配式房屋建筑工程　普工	工日	50		178.00	8 900.00		

续表

编号	计日工名称	单位	暂定数量	实际数量	综合单价（元）	合价（元） 暂定 A_1	合价（元） 实际 A_2	调整金额 ±（元）$B=A_2-A_1$
2	装饰（抹灰工程除外）工程　普工	工日	10		196.00	1 960.00		
3	房屋建筑工程、抹灰工程、装配式房屋建筑工程　技工	工日	10		254.00	2 540.00		
4	装饰（抹灰工程除外）工程　技工	工日	10		265.00	2 650.00		
5	高级技工	工日	5		315.00	1 575.00		
	人工小计							
二	材料							
	材料小计							
三	施工机具							
	施工机具小计							
	总计					17 615.00		

说明：①工程所在地计价定额编制说明中：人工工日消耗量包括基本用工、辅助用工、其他用工和机械操作用工（简称"机上人工"），每工日按 8 h 工作制计算。每工日人工单价包括计时工资或计件工资、奖金、津贴补贴、加班加点工资、特殊情况下支付的工资等。综合计算人工单价基价如下：普工 90 元/工日，技工（包括机上人工）120 元/工日，高级技工 150 元/工日。

②计日工综合单价计算。根据工程所在地的计价规定，计日工综合单价包括综合费，案例人工综合单价计算如下：

房屋建筑工程普工＝152＋90×28.38%＝177.54（元）

装饰（抹灰工程除外）工程普工＝170＋90×28.38%＝195.54（元）

房屋建筑工程工程技工＝220＋120×28.38%＝254.06（元）

装饰（抹灰工程除外）工程技工＝231＋120×28.38%＝265.06（元）

高级技工＝272＋150×28.38%＝314.57（元）

③计日工综合单价一般保留整数，将计算结果小数四舍五入后填入计价表中。

4）总承包服务费

案例工程有专业分包工程，电梯及安装工程含增值税的专业工程暂估价为 600 000.00 元。根据工程所在地的计价规定，总包人对其发包的专业工程既要进行总承包管理和协调，又要求提供配合服务时，根据招标文件列出的配合服务内容，按发包的专业工程暂估价的 3%～5% 计算。本案例根据明确的服务内容，按照专业工程暂估价的 5% 计算总承包服务费，见表 5.35。

表5.35 总承包服务费计价表

工程名称:××大学教学楼[建筑与装饰工程]　　　　　　　　标段:　　　　　　　　第1页　共1页

序号	项目名称	计算基础	费率(%)	金额(元)	确认计算基础	结算金额(元)	调整金额±(元)	备注
		A_1	B	C_1	A_2	C_2	$D=C_2-C_1$	
1	专业分包工程							
1.1	电梯及安装工程	600 000.00	5	30 000.00				总包单位要提供水电、脚手架等施工条件,土建工程予以配合,对施工现场进行协调和统一管理,对竣工资料统一汇总并整理
	本页小计							
	合　计	—	—	30 000.00	—			—

5)其他项目费汇总

在明细表中完成其他项目清单计价的具体内容后,根据明细表的内容在"其他项目清单计价表"中汇总,示例见表5.36。

表5.36 其他项目清单计价表

工程名称:××大学教学楼[建筑与装饰工程]　　　　　　　　标段:　　　　　　　　第1页　共1页

序号	项目名称	暂估(暂定)金额(元)	结算(确定)金额(元)	调整金额±(元)	备注
1	暂列金额	47 579.00			详暂列金额明细表(见表5.32)
2	专业工程暂估价	600 000.00			详专业工程暂估明细表(见表5.33)
3	计日工	17 615.00			详计日工表(见表5.34)
4	总承包服务费	30 000.00			详总承包费计价表(见表5.35)
5	合同中约定的其他项目				
	合计	695 194.00			

5.3.4　确定税金

税金必须按照国家或省级、行业建设主管部门的规定计算。工程所在地计价办法规定：税金应按规定标准计算，不得作为竞争费用，税金包括增值税和附加税。采取一般计税法，销项税额=税前不含工程造价×销项增值税税率9%。由于附加税在管理费中计算，因此这里只计算增值税。案例工程的增值税税金计算见表5.37。

表 5.37　增值税计价表

工程名称：××大学教学楼［建筑与装饰工程］　　　　　　　标段：　　　　　　第 1 页　共 1 页

序号	项目名称	计算基础说明	计算基础	税率(%)	金额(元)
1	销项增值税	税前不含税工程造价(不含专业工程暂估)	1 014 112.08	9	91 270.09
	合计				91 270.09

说明：案例工程的税前不含税工程造价(不含专业工程暂估价)=分部分项工程费+措施项目费+其他项目费-专业工程暂估价=475 785.74+443 132.34+695 194.00-600 000.00=1 014 112.08(元)

5.3.5　填写其他表格

1)发包人提供材料一览表

若工程项目存在发包人提供材料和工程设备应填写"发包人提供材料一览表"，案例工程没有，则不用填写此表。

2)承包人提供可调价主要材料表

发包人在招标文件中要明确承包人提供材料和工程设备的具体内容和风险幅度，在招标工程量清单中要提供"承包人提供可调价主要材料表"，要填写主要材料的风险幅度系数和基准价，最高投标限价中的此表同招标工程量清单，示例见表5.38。

表 5.38　承包人提供可调价主要材料表
(适用价格信息调差法)

工程名称：××大学教学楼［建筑与装饰工程］　　　　　　　标段：　　　　　　第 1 页　共 1 页

序号	名称、规格、型号	单位	数量	基准价 C_o(元)	投标报价 (元)	风险幅度系数 r(%)	价格信息 C_i(元)	价差 ΔC(元)	价差调整金额 ΔP(元)
1	水泥 32.5	kg		0.30		≤5			
2	中砂	m³		195.00		≤5			
3	干混地面砂浆 M20	t		406.00		≤5			

续表

序号	名称、规格、型号	单位	数量	基准价 C_o(元)	投标报价（元）	风险幅度系数 $r(\%)$	价格信息 C_i(元)	价差 ΔC(元)	价差调整金额 ΔP(元)
4	砾石 5~40 mm	m³		185.00		≤5			
5	商品混凝土 C20	m³		415.00		≤3			
6	商品混凝土 C30	m³		460.00		≤3			
7	商品混凝土 C40	m³		485.00		≤3			
本页小计									
合计									

5.3.6 最高投标限价汇总

1)单位工程造价汇总

将各单位工程的分部分项工程费、措施项目费、其他项目费和增值税汇总在"单位工程项目清单汇总表"中汇总,示例见表 5.39。

表 5.39 单位工程项目清单汇总表

工程名称:××大学教学楼[建筑与装饰工程]   标段: 第 1 页   共 1 页

序号	项目内容	金额(元)
1	分部分项工程费	475 785.74
1.1	土石方工程	10 345.91
1.2	混凝土及钢筋混凝土工程	365 952.07
1.3	金属结构工程	13 826.84
1.4	楼地面装饰工程	85 660.92
2	措施项目费	443 132.34
2.1	其中:安全生产措施项目费	72 132.36
3	其他项目费	695 194.00
3.1	其中:暂列金额	47 579.00
3.2	其中:专业工程暂估价	600 000.00
3.3	其中:计日工	17 615.00

续表

序号	项目内容	金额(元)
3.4	其中:总承包服务费	30 000.00
3.5	其中:合同中约定的其他项目	
4	增值税	91 270.09
	最高投标限价=1+2+3+4	1 705 382.17

2)单项工程造价汇总

安装工程单位工程最高投标限价的编制步骤和方法同建筑与装饰工程,在模块7有完整案例。将各单位工程造价汇总在"单项工程项目清单汇总表"中汇总,示例见表5.40。

表 5.40   单项工程项目清单汇总表

工程名称:××大学教学楼[安装工程]   标段: 第 1 页   共 1 页

序号	项目内容	金额(元)
1	教学楼工程建筑与装饰工程	1 705 832.17
2	教学楼工程安装工程	
	合计	

3)建设项目工程造价汇总

若合同工程为若干单项工程组成,还应当将单项工程造价汇总为建设工程造价,假设案例工程是某大学新建的一个单项工程,建设项目汇总示例见表5.41。

表 5.41   建设项目清单计价汇总表

工程名称:××大学新建工程[安装工程]   标段: 第 1 页   共 1 页

序号	项目内容	金额(元)
1	教学楼	
2	宿舍楼	
	……	
	合计	

5.3.7　最高投标限价编制(审核)总说明

通过编制最高投标限价总说明,可以让招标人和评标人更理解最高投标限价的内容,最高投标限价总说明应包括工程概况:建设规模、工程特征、计划工期、合同工期、实际工期、施工现场及变化情况、施工组织设计的特点、自然地理条件、环境保护要求等;编制依据等。示例见表5.42。

表5.42　最高投标限价编制(审核)说明

工程名称:××大学教学楼[建筑与装饰工程]　　　　　　　　　　　　　　第1页　共1页

1.工程概况:本工程为框架结构,采用独立基础,建筑面积为4 980 m²,建筑层数为5层、地上为4层,檐口高度为19.80 m 计划工期为240 日历天。

2.工程招标范围:本次工程招标范围为施工图范围内的建筑工程和安装工程,其中电梯及安装工程专业分包。

3.编制依据:

(1)《建设工程工程量清单计价标准》(GB/T 50500—2024)。

(2)招标文件(包括招标工程量清单、合同条款、招标图纸、技术标准规范等)及其补遗、澄清或修改。

(3)四川省建设工程工程量清单计量与计价相关规定,以及根据工程需要补充的工程量计算规则。

(4)与招标工程相关的技术标准规范。

(5)工程特点及交付标准、地勘水文资料、现场情况。

(6)合理施工工期及常规施工工艺和顺序。

(7)人工费调整文件执行川建发〔202×〕××号文。

(8)安全文明施工费执行川建行规发〔202×〕×号文。

(9)材料价格执行四川省××市工程造价管理部门××年 ×月工程造价信息,信息价没有发布的,参考市场价。

(10)其他相关资料。

4.其他需要说明的问题:

(1)分部分项工程综合单价为不含税的税前全费用价格,根据工程所在地计价定额采取清单含量计算。

(2)安全文明施工费根据定额规定,按基本费费率的双倍计算。

(3)暂列金额按照分部分项工程费的10%计算,保留整数。

(4)电梯及安装工程专业分包,含增值税的专业工程暂估价为600 000.00 元。

(5)计日工综合单价按照定额人工费的28.38%计算综合费,保留整数。

(6)电梯及安装工程的总承包服务费按照5%计取。

(7)销项增值税税率按规定,按9%计算。

(8)附加税税率按规定,按0.313%计算。

5.3.8　复核、填写封面和扉页

1)复核

计算出最高投标限价后,编制人应按照内部工作程序进行检查和复核,最后确定最高投标限价。

2)封面和扉页

封面和扉页是明确最高投标限价的编制主体、编制人以及相应的签字盖章,以此明确相应的法律责任,填写时应按照规定的内容填写,金额大小写一致,书写正确。填写方法和要求同"招标工程量清单",示例见表5.43 和表5.44。

表 5.43　最高投标限价封面

××大学教学楼工程

最高投标限价

招标人：＿＿××大学＿＿

（盖章）

20××年 12 月 10 日

表 5.44　最高投标限价扉页

工程名称:××大学教学楼

标段名称：＿＿＿＿＿＿

最高投标限价

最高投标限价(小写):1 705 382.17＿＿＿＿＿＿＿＿＿＿＿

（大写):壹佰柒拾万零伍仟叁佰捌拾贰元壹角柒分＿

编　制　人：　　　　　　　　（造价专业人员签字及盖章）

审　核　人：　　　　　　　　（签字及盖章）

编 制 单 位：　　　　　　　　（盖章）

法定代表人：

或其授权人：　　　　　　　　（签字或盖章）

招　标　人：

法定代表人：　　　　　　　　（盖章）

或其授权人：　　　　　　　　（签字或盖章）

编　制　时　间：

3)装订成册

按照招标文件要求的顺序装订,一般按照表格编码的顺序进行装订,综合单价分析表可以单独装订成册。

(1)封面

(2)扉页

（3）最高投标限价总说明

（4）建设项目清单计价汇总表（若有）

（5）单项工程清单汇总表

（6）单位工程清单汇总表

（7）分部分项工程项目清单计价表

（8）分部分项工程项目清单综合单价分析表（按招标人要求提供）

（9）材料暂估单价及调整表

（10）措施项目清单计价表

（11）措施项目清单构成明细分析表

（12）其他项目清单计价表

    ①暂列金额明细表。

    ②专业工程暂估价明细表。

    ③计日工表。

    ④总承包服务费计价表。

    ⑤直接发包的专业工程明细表（若有）。

（13）增值税计价表

（14）发包人提供材料一览表（若有）

（15）承包人提供可调价主要材料表

学习小结

    最高投标限价是限定投标人投标报价的最高价格，反映社会平均水平，体现合理施工工期及常规施工工艺和顺序，应根据近期类似工程的工程造价信息及造价资讯编制。编制工作的重点是工程造价信息及造价资讯的收集及正确使用。本教材结合地区计价定额来介绍，重在介绍最高投标限价的编制步骤和方法。难点是要根据清单项目特征来正确分析定额项目和计算定额工程量，关键步骤是确定综合单价。

    本模块设计一个有装配式构件的案例工程，列举了7个分部分项工程清单项目，涉及单项组价、多项组价，清单含量为1，清单含量不为1的各种情况，案例还涉及材料暂估、专业工程分包等内容，有利于读者全面学习各种情况下的综合单价确定方法。列举了常规的措施项目，涉及总价计价方式和费率计价方式两种方法。案例不完整，重在介绍步骤、方法和表格之间的联系，完整案例在模块7介绍。

    最高投标限价是造价控制的重要指标，编制者要有责任意识和质量意识，要接受投标人的监督。计价标准规定了工程计价表格，各省、自治区、直辖市建设行政主管部门和行业建设主管部门可根据本地区、本行业的实际情况，在计价标准的基础上补充完善计价表格。案例工程就根据需要对计价标准中的表格进行了微调。

    最高投标限价是根据招标时点编制的，具有时效性。编制期不同，人工费调整系数、工程造价信息、各种费率可能会变化。因此，编制者一定要收集编制期的相关编制依据，才能合理确定最高投标限价。

模块 6　编制投标报价

【学习目标】

(1)能收集投标报价的编制依据;

(2)能确定综合单价、各项取费费率;

(3)能规范填写各种表格并层层汇总造价;

(4)培养严谨的工作态度,增强法纪意识和竞争意识。

6.1　投标报价的基本认识

1)投标报价是工程量清单计价内容之一

投标是一种要约,是投标人对招标文件作出实质性响应的意思表示。投标报价是指投标人在投标时响应招标工程设计文件及技术标准规范、招标工程量清单、招标文件的合同条款等要求,在投标文件中的投标总价及已标价工程量清单中标明的合价及其综合单价等价格。投标报价也是工程量清单计价的内容之一。

2)投标报价不得低于成本,不得高于最高投标限价

投标报价由投标人或受其委托的工程造价咨询人编制,根据计价标准的相关规定自主确定报价,并对已标价工程量清单填报价格的一致性及合理性负责,承担不合理报价及总价合同的工程量清单缺陷等风险。

投标报价不得低于成本价,即不得低于承包人为实施合同工程并达到质量标准,在确保安全施工的前提下,必须消耗或使用的人工、材料、工程设备、施工机械台班及其管理等方面发生的费用和按规定缴纳的税金。

投标报价不得超过最高投标限价,超过最高投标限价的应予废标。

3)投标报价必须执行的相关规定

①投标人必须按照招标工程量清单填报价格,项目编码、项目名称、项目特征描述、计量

单位、工程量必须与招标工程量清单一致。

②投标人自主确定投标报价,但必须执行主管部门的相关规定,如有的地方明确安全生产措施费必须按照国家或省级、行业建设主管部门的规定计算,不得作为竞争性费用,投标报价时应按照招标人公布的安全生产措施费填列。

③承包人提供材料和工程设备必须满足合同约定的质量标准。

4）编制依据

①计价标准和相关工程国家及行业工程量计算标准。

②招标文件(包括招标工程量清单、合同条款、招标图纸、技术标准规范等)及其补遗、答疑、异议澄清或修正。

③国家及省级、行业建设主管部门颁发的工程计量与计价相关规定,以及根据工程需要补充的工程量计算规则。

④与招标工程相关的技术标准规范等技术资料。

⑤工程特点及交付标准、地勘水文资料、现场踏勘情况。

⑥投标人的工程实施方案及投标工期。

⑦投标人企业定额、工程造价数据、市场价格信息及价格变动预期、装备及管理水平、造价资讯等。

⑧其他相关资料。

5）编制表格

投标报价填列的表格基本同于最高投标限价,为了保证项目编码、项目名称、项目特征描述、计量单位、工程量与招标工程量清单一致,投标人应该利用招标工程量清单直接填写单价、费率并层层汇总。此外,还增加了综合单价分析表等计价表格,按照规定格式填写投标报价的封面、扉页、总说明等。投标报价的编制表格一览表可见模块4的表4.1。

6）应具备的意识

①法纪意识。通过投标获得建设项目是建设工程发承包的主要竞争方式,投标人要依法依规投标,不得采取围标、行贿等非法手段获取项目。

②竞争意识。工程量清单报价充分体现了市场竞争,除了主管部门规定不得作为竞争性费用的安全生产措施费和税金,以及招标人明确金额的项目外,投标人自主确定工、料、机消耗量,自主确定工、料、机单价,自主确定可以竞争的各项费用,在客观分析竞争形势的基础上,采取恰当的投标策略,充分体现企业的技术和经营管理水平,力求中标。

③质量意识。评标过程十分严格,投标人不仅要在投标价格上展现竞争力,还要注意工作细节,如投标报价文件的扉页,造价人员未签字或未盖专用章的,或者投标报价文件签字盖章的造价人员为非投标人本单位的造价人员或非其委托的工程造价咨询企业的造价人员的,造价人员注册单位与工作单位不一致的,都会在初步评审时被评标委员会否决投标。

投标人对投标文件要十分严谨仔细,不仅在报价上合理,不能超过最高投标限价,不能出现两个报价,还要在装订、印章等方面认真仔细,避免出现与招标文件规定不一致的地方,提高中标成功率。

【找一找】收集投标报价评审办法,建立规则意识,为正确报价奠定基础和常识。扫一扫,看看《四川省房屋建筑和市政工程工程量清单招标投标报价评审办法》的投标报价评审办法及答疑。

四川省评标办法及答疑

6.2　投标报价编制步骤和办法

1)编制流程

投标报价是一项复杂的系统工程,需要周密思考,统筹安排。投标人通过特定渠道(如当地的招标投标网)获取招标信息后,首先要决定是否参加投标,如果参加投标,要进行前期工作,准备资料,申请并参加资格预审;获取招标文件;组建投标报价工作小组;其次进入询价与编制阶段,很多环节将在"招标投标与合同管理"课程中介绍,在此重点介绍与报价紧密相关的环节。

(1)研究招标文件

要认真研究招标文件,清楚招标范围、资金来源、工期要求、风险范围和幅度、最高投标限价、评标办法;详细分析招标文件中的招标工程量清单、图纸和技术标准和要求;仔细研究招标文件中的合同条款及格式、投标文件格式等,以便做出合理决策,准确响应招标人要求,合理投标,提高中标率。

(2)调查工程现场

招标人在招标文件中一般会明确进行工程现场踏勘的时间和地点,投标人应在规定的时间参加,不仅要对现场的自然条件和施工条件进行调查,还应对各种构件、半成品和商品混凝土的供应能力,以及现场附近的生活设施、治安情况等进行调查。有的招标文件明确不统一组织投标人现场踏勘,由投标人自行进行,投标人要重视该环节,应到施工现场踏勘,为合理报价收集现场资料。

(3)询价

投标报价一般是合理低价中标,投标人必须通过各种渠道,采用各种手段对材料价格、施工机械台班价格、劳务价格、分包价格等进行全面调查,这是合理报价的基础和前提。

①询价的注意事项:一是产品质量必须可靠,并满足招标文件的有关规定;二是供货方式、时间、地点,有无附加条件和费用。

②询价的渠道:一是直接与生产厂商联系,甚至可以采取"捆绑投标方式"进行询价;二是向生产厂商的代理人或从事该项业务的经纪人询价;三是向经营该项产品的销售商询价;四是向咨询公司询价;五是通过互联网查询;六是进行市场调查或信函询价。

(4)复核工期和清单

①复查工期,评估工期风险。投标人应在接收招标文件后,在规定时间内根据招标文件说明的工程特点及合同要求复查招标文件中计划工期的可行性及其风险与影响,对计划工期存有疑问或异议的,应按招标文件的规定以书面形式提请招标人澄清或修正。投标人对计划工期或招标人澄清或修正后的计划工期无疑问或无异议的,投标人应根据自身的实施方案、

施工技术、管理水平、合同履约风险及专业分包工程工期等合理确定投标工期并进行投标报价。投标工期不得超过招标人的计划工期或澄清修正的计划工期。

②复查措施项目，评估措施项目风险。投标人在接收招标文件后，应在规定时间内根据工程特点、合同要求及现场踏勘情况，复查措施项目清单列项的完整性和适用性。如对措施项目清单有疑问或异议的，应按招标文件的规定以书面形式提请招标人澄清或修正，若投标人认为需要增加措施项目的，可在措施项目中补充列项及报价，并对措施项目清单的准确性和完整性负责。

③复查分部分项工程项目清单，合理报价。采用单价合同的招标工程，投标人应在接收招标文件后，在规定时间内对招标工程量清单的分部分项工程项目清单进行复核。如对分部分项工程项目清单有疑问或异议的，应按招标文件的规定以书面形式提请招标人澄清，招标人核实后作出修正的，投标人应按修正后的分部分项工程项目清单进行投标报价。无论投标人是否已提出疑问或异议，分部分项工程项目清单的完整性和准确性由招标人负责，清单项目或修正后(如有)的清单项目存在工程量清单缺陷的，应按合同或计价标准相关规定调整相关价款及合同总价。

采用总价合同的招标工程，投标人应在接收招标文件后，在规定时间内对招标工程量清单进行复核。如投标人对工程项目清单有疑问或异议的，应按招标文件的规定以书面形式提请招标人澄清，招标人核实后作出修正的，投标人应按修正后的工程量清单进行报价。如投标人经复核认为招标工程量清单及其修正后(如有)的分部分项工程项目清单存在工程量清单缺陷的，可在已标价工程量清单的分部分项工程项目清单中进行补充完善及报价，并对已标价分部分项工程项目清单的完整性和准确性负责。无论投标人是否已提出疑问、异议或按已修正后的工程量清单报价，或对分部分项工程项目清单做出补充完善及报价，除招标工程量清单说明为暂定数量的单价计价分部分项工程项目清单外，合同价格不应因存在工程量清单缺陷而调整。

④分析风险承担范围和风险幅度，合理报价。投标报价应包括招标文件中规定的由承包人承担范围及幅度内的风险费用。如招标文件中未明确相关风险责任的，投标人应在接收招标文件后，在规定的时间内提请招标人明确，招标人应在规定时间内予以书面答复。投标人投标前要清楚风险承担范围和风险幅度，合理报价。

(5)编制施工组织设计或施工方案

施工组织设计或施工方案是实现设计图纸的具体方案和措施，不同的施工企业对同一拟建工程会采取不同的施工组织设计或施工方案，只有确定了具体可行的施工组织设计或施工方案，才能确定合理的投标报价。

(6)制定投标策略

投标策略是投标人决策层根据企业经营目标、市场竞争状况所作出的投标决策，有的企业为了赢得项目，会采取降低利润，甚至"零利润"成本价报价的低价策略；有的企业通过分析工程技术文件、复核招标工程量清单，找到招标清单工程量的漏洞(遗漏或错误)或变化可能性(增加或减少)，采取不平衡报价策略；有的企业会分析潜在竞争者及其可能的报价，采取竞争价下浮策略等。

需要注意的是不均衡报价是被限制的，评标中有专门的不平衡报价评审，如《四川省房屋建筑和市政工程工程量清单招标投标报价评审办法》明确规定:当投标人不平衡报价项目的金额超过最高投标限价(招标控制价)的 10% ~20%(具体幅度由招标人在招标文件中明确)时,评标委员会应否决其投标。当投标人不平衡报价项目的金额未超过最高投标限价(招标控制价)的 10% ~20%(具体幅度由招标人在招标文件中明确)时,评标委员会应在评标报告中记录,提示招标人在签订合同中的注意事项,并在施工过程中加强风险防范。因此,不平衡报价策略要谨慎使用。

(7)正确填写金额,合理报价

投标人要对招标工程量清单全面响应,正确填写,合理报价。若报价漏项或报价不唯一要承担相应后果。

①单价合同漏报可视为已包含在投标总价中。采用单价合同的工程,投标人应按要求完整填报工程量清单中所有清单项目的综合单价及其合价和(或)总价计价项目的价格,且每个清单项目应只填报一个报价,未按要求填报(漏填或未填)综合单价及其合价和(或)清单项目价格的,宜按计价标准相关规定完成相关的投标报价澄清或说明,相关清单项目报价可视为已包含在投标总价中。

②总价合同漏报可视为已包含在其他的清单项目中。采用总价合同的工程,投标人应按计价标准相关规定补充完善工程量清单,并完整填报工程量清单中所有清单项目的综合单价及其合价和(或)总价计价项目的价格,且每个清单项目应只填报一个报价,未按要求填报(漏填或未填)综合单价及其合价和(或)清单项目价格的,可按计价标准相关规定完成相关的投标报价澄清或说明,相关清单项目报价可视为已包含在其他清单项目中。

③投标总价与合计不一致时以投标总价为准。投标人的投标总价应与分部分项工程项目清单、措施项目清单、其他项目清单、增值税的合价总额一致。如投标总价与前述合价总额不相符的,应在保持投标总价不变的前提下,按计价标准相关的规定调整已标价工程量清单。

2)单位工程投标报价编制办法

各地计价规定可能不一样,根据四川省的计价规定,单位工程采取一般计税法的工程投标报价编制方法,见表 6.1。

表 6.1 单位工程投标报价编制方法整理表

序号	编制内容	计算方法
1	分部分项工程	$\sum$(工程量×综合单价)
2	措施项目	以"项"为单位,宜采用总价计价方式
2.1	需要计算工程量的	$\sum$(工程量×综合单价)
2.2	不需要计算工程量的	取费基础×费率
2.1	其中:安全生产措施费	不能竞争,按招标文件中公布的金额计取
3	其他项目	
3.1	其中:暂列金额	按招标工程量清单中提供的金额填写

续表

序号	编制内容	计算方法
3.2	其中:专业工程暂估价	按招标工程量清单中提供的金额填写
3.3	其中:计日工	$\sum$（暂估量×综合单价）
3.4	其中:总承包服务费	取费基础×费率
4	增值税	
4.1	销项增值税	税前不含税工程造价(不含专业工程暂估)×销项增值税税率
	投标报价合计	1+2+3+4

【议一议】对比单位工程最高投标限价编制方法整理表(表5.1)和单位工程投标报价编制方法整理表(表6.1),讨论单位工程的投标报价与最高投标限价编制方法的异同。

投标报价与最高投标限价编制方法的异同

6.3 投标报价编制实务

投标报价的编制步骤和方法基本同最高投标限价,都是采取综合单价法确定,主要区别如下:

最高投标限价体现的一般是社会平均水平,可按近期完成类似工程的最高投标限价、施工图预算、市场合理投标单价、结算单价来编制;若没有这些资料,可按照反映社会平均水平的国家或省级、行业建设主管部门颁发的计价定额、反映市场平均水平的工程造价管理部门发布的工程造价信息,常规施工工艺和顺序进行编制,各种费率按照计价办法规定计取。

投标报价体现的是企业个别水平,应按照反映企业技术水平的企业定额、企业自行收集的市场价格、自主确定可以竞争费用的费率,根据工程特点、企业管理水平拟定的施工组织设计或施工方案。企业若没有企业定额,可以参考国家或省级、行业建设主管部门颁发的计价定额,参考既可以是直接使用,也可以是修正其损耗量后使用。

这里就模块4"××大学教学楼建筑与装饰工程"列出的清单项目,介绍投标报价的编制步骤和方法,与最高投标限价编制相同的内容不再重复,重点介绍不同之处。

【案例工程】某大学教学楼工程,建设地点在市区,框架结构,独立基础,外墙采取预制混凝土墙板。建筑面积为4 980 m²,建筑层数为5层、地上为4层,檐口高度为19.80 m,计划工期为240日历天,施工现场距既有教学楼150 m,该工程招标范围为施工图范围内的建筑工程和安装工程,具体见招标工程量清单(模块4),招标文件明确花岗石(20 mm厚),暂估单价为100 元/m²,电梯及安装工程专业分包,材料全部由承包人提供。对该工程的招标工程量清单编制投标报价,具体清单见模块4。

甲企业基于以下条件确定投标报价。

（1）投标策略，没有企业定额，套用当地计价定额，材料消耗量水平不变，管理费和利润按照定额水平的 85% 计算；夜间施工增加费、二次搬运费、冬雨季施工增加费、工程定位复测的费率按计价文件标准的 70% 计算；总承包服务费按项目价值的 2.4% 计算。定额摘录见模块 5。

（2）人工费调整，执行投标期造价管理部分发布的人工费调整文件，人工费调整幅度为 9.48%；根据市场行情，计日工单价：房屋建筑工程、抹灰工程、装配式房屋建筑工程普工为 160 元/工日；装饰（抹灰工程除外）工程普工为 180 元/工日；房屋建筑工程、抹灰工程、装配式房屋建筑工程技工为 230 元/工日；装饰（抹灰工程除外）工程技工为 250 元/工日；高级技工为 280 元/工日。综合费按 20% 计算。

（3）材料费调整，通过各种渠道询价收集的材料价格见表 6.2。

（4）拟定的施工方案：土壤满足回填要求，挖土可用于回填；挖掘机大开挖，装载机配合，运至现场合适位置堆放；现浇混凝土构件全部采取预拌商品混凝土，运距≤15 km；装配式预制混凝土构件运输距离≤60 km，砂浆均采取预拌干混砂浆，外墙脚手架采取双排脚手架，预制混凝土外墙采取工具式支撑；使用 1 台履带式挖掘机（斗容量≤1 m³）、1 台轮胎式挖掘机、4 台装载机、1 台塔式起重机（轨道式基础，轨道100 m）。

（5）不可竞争的安全生产措施费，按照招标文件公布的金额填写；按照招标工程量清单列出的金额填写暂列金额。

表 6.2　某企业收集××市建筑材料市场价格（摘录）

序号	材料名称	型号规格	单位	不含税价格（元）市区（旌阳区）
1	圆钢 HPB300（大厂）	ϕ6.5—ϕ10	t	3 850.00
2	螺纹钢 HRB335（大厂）	ϕ12—ϕ14	t	3 520.00
3	螺纹钢 HRB335E（大厂）	ϕ16—ϕ25	t	3 500.00
4	螺纹钢 HRB400（大厂）	ϕ16—ϕ25	t	3 480.00
5	螺纹钢 HRB400E（大厂）	ϕ28—ϕ32	t	3 670.00
6	加工铁件		t	4 400.00
7	预埋铁件		t	4 400.00
8	普通水泥	M32.5 袋装	t	290.00
9	普通水泥	M32.5 散装	t	280.00
10	白水泥	二级白度	t	810.00
11	普通商品混凝土	C20	m³	400.00
12	普通商品混凝土	C30	m³	455.00

续表

序号	材料名称	型号规格	单位	不含税价格(元) 市区(旌阳区)
13	普通商品混凝土	C40	m³	480.00
14	中砂		m³	200.00
15	卵石	5~40 mm	m³	190.00
16	密封胶		支	6.00
17	干混地面砂浆	M15	t	395.00
18	干混地面砂浆	M20	t	408.00
19	干混地面砂浆	M25	t	422.00
20	铝合金 平开窗	1.8 mm,6+12A+6 钢化玻璃	m²	350.00
21	铝合金 推拉窗	1.8 mm,6+12A+6 钢化玻璃	m²	340.00
22	铝合金 固定窗	1.8 mm,6+12A+6 钢化玻璃	m²	285.00
23	断桥铝合金 平开窗(中空玻璃)	1.8 mm,6+12A+6 钢化玻璃	m²	525.00
24	断桥铝合金 推拉窗(中空玻璃)	1.8 mm,6+12A+6 钢化玻璃	m²	515.00
25	铝合金门 平开门	2.2 mm,6+12A+6 钢化玻璃	m²	445.00
26	铝合金门 推拉门	2.2 mm,6+12A+6 钢化玻璃	m²	365.00
27	花岗石芝麻黄锈石光面	20 mm	m²	110.00
28	花岗石芝麻黄锈石烧面	20 mm	m²	95.00
29	花岗石芝麻白光面	20 mm	m²	78.00
30	花岗石芝麻白烧面	20 mm	m²	70.00
31	花岗石芝麻黑光面	20 mm	m²	105.00
32	花岗石芝麻黑烧面	20 mm	m²	100.00
33	花岗石芝麻中国红	20 mm	m²	125.00
34	花岗石芝麻中国红	20 mm	m²	175.00
35	花岗石黑金砂(国产)	20 mm	m²	172.00
36	花岗石黑金砂(进口粗)	20 mm	m²	400.00
37	花岗石黑金砂(进口中)	20 mm	m²	330.00

续表

序号	材料名称	型号规格	单位	不含税价格(元) 市区(旌阳区)
38	花岗石黑金砂(进口细)	20 mm	m²	285.00
39	原木	综合	m³	1 900.00
40	锯材	一等综合	m³	2 450.00
41	锯材	二等综合	m³	2 280.00
42	镀锌钢管	热镀	t	4 900.00
43	镀锌钢管	冷镀	t	4 600.00
44	汽油	92#	L	7.48
45	汽油	92#	kg	10.32
46	柴油	0#	L	7.15
47	柴油	0#	kg	8.51
48	电		kW·h	0.86
49	水	含污水处理费	t	3.88
50	预制外墙(保温)综合	综合,钢筋含量130 kg/m³	m³	1 760.00
51	线条、空调板	综合,钢筋含量160 kg/m³	m³	2 750.00
52	成品空调百叶窗护栏	综合	m²	93.00
53	竖向构件支撑体系	综合	套	165.00
54	板枋材		m³	1 750.00
55	聚乙烯棒		kg	19.50
56	六角螺栓带螺母、垫圈		套	2.10
57	镀锌六角螺栓带螺母		套	2.40
58	螺栓 大型机械安装用		个	0.90
59	背贴式止水带		m	28.00
60	注浆料		kg	8.10
61	镀锌铁丝		kg	4.50
62	草袋子		m²	1.50
63	钢轨		kg	4.20

续表

序号	材料名称	型号规格	单位	不含税价格(元)
				市区(旌阳区)
64	镀锌六角螺栓带螺母 2 平垫 1 弹垫	M20×100 以内	套	2.20
65	低合金钢焊条	E43 系列	kg	7.60
66	焊条	综合	kg	4.50
67	螺栓		kg	4.50
68	复合模板		m²	22.60

注:1. 以上材料价格为不含税的材料预算价格。

2. 以上材料价格为月平均价(均含上、下车费;运输及运输损耗费;采管费)。

3. 材料价格包含到县(市、区)规划区范围内运费,规划区外或偏远地区可适当增加运费。

4. 各县(市、区)未刊登价格的材料参照市区(旌阳区)价格时,可适当增加运费。

5. 商品混凝土价格只含运距 15 km 以内的运费,超过 15 km 每公里加收 4.00 元/m³ 超运距费,此价格含电泵费,但不包括电泵电费,电费按实际市场价格计算(或参照 4 元/m³ 计)。在同等级标号的普通商品混凝土价格基础上,补偿收缩膨胀混凝土上调 25 元/m³,纤维混凝土(聚丙烯纤维)上调 20 元/m³,细石混凝土(粒径为 5 ~ 10 mm)上调 20 元/m³,水下混凝土上调 25 元/m³(以上价格均为不含税价)。

6. 干混砂浆、水稳料、路面沥青混合料价格含运距 15 km 以内的运费。

7. 汽油、柴油价格以油价执行天数为权重计算加权平均数。

8. 花岗石石材价格符合《天然花岗石建筑板材》(GB/T 18601—2024)中一等品(B)等级,若符合该标准中优等品(A)等级,在相应规格型号上增加 500 元/m³;条状花岗石盲道砖在相应规格型号上增加 20 元/m²、圆点花岗石盲道砖增加 40 元/m²;花岗石材料规格型号宽度为 300 ~ 600 mm,宽度小于 300 mm 或大于 600 mm 的可根据市场价格适当增加费用。

9. 门窗 6LOW-E+12A+6 钢化玻璃增加 18 元/m²,双银 6LOW-E+12A+6 钢化玻璃增加 33 元/m²,充装氩气增加5 元/m²。

10. PC 构件

① 到场价包括:钢筋、预埋件(含吊装预埋件、灌浆套筒预埋除外)、混凝土、保温、保温连接件、成品制作费、模板费、预埋管线、90 km 以内的运输费、上下车费、施工现场堆放费等全部费用。

② 混凝土为可调整材料,C30 混凝土基价按 490 元/m³(不含税价)考虑,PC 构件(含保温)混凝土用量按构件结构尺寸乘以 0.85 计算,PC 构件(不含保温)混凝土用量按构件结构尺寸计算。

③ 钢筋为可调整材料,钢筋基价按 3 500 元/t(不含税价)考虑,钢筋用量不同时应根据构件图算量进行调整。

④ PC 构件价格均不包含深化设计费。

6.3.1　计算分部分项工程费

1)确定综合单价

甲企业直接使用工程所在地的计价定额,假设该企业的造价人员分析项目特征得到的定额项目,计算的定额工程量、清单含量均同模块 5。

综合单价分析表的填列步骤和方法同最高投标限价的综合单价确定,不同的是,投标人要在综合单价中包括招标文件划分的、应由投标人承担的风险范围及其费用。这里直接填写表格,注意可以采用竞争费用的填写方法,人工费调整系数、管理费和利润要按照确定的投标策略计算,材料单价以企业掌握的市场价格计算,具体见表6.3—表6.9。其中:花岗石的暂估单价要根据招标工程量清单提供的价格填写,见表6.10。

表6.3　分部分项工程项目清单综合单价分析表

工程名称:××大学教学楼[建筑与装饰工程]　　　　　　标段:　　　　　　第1页　共7页

项目编码	010102002001(1)	项目名称	挖沟槽土方	计量单位	m³
项目特征	1.三类土,挖土深度<4 m; 2.基底夯实; 3.土方场内运输距离自行考虑				
序号	费用项目	单位	数量	单价(元)	合价(元)
1	人工费				10.26
2	材料费				—
3	施工机具使用费				5.88
4	1+2+3 小计				16.14
5	管理费				0.61
6	利润				1.36
综合单价					18.11

说明:参考计价定额确定综合单价,填制方法同最高投标限价。

该清单项目的最高投标限价为18.46元/m³,投标报价为18.11元/m³,是因为根据投标策略,管理费和利润乘以系数0.85。

表6.4　分部分项工程项目清单综合单价分析表

工程名称:××大学教学楼[建筑与装饰工程]　　　　　　标段:　　　　　　第2页　共7页

项目编码	010502001001(2)	项目名称	C30 独立基础	计量单位	m³
项目特征	1.商品混凝土; 2.C30; 3.独立基础				
序号	费用项目	单位	数量	单价(元)	合价(元)
1	人工费				34.04
2	材料费				462.58
2.1	商品混凝土 C30	m³	1.005 0	459.00	461.30

序号	费用项目	单位	数量	单价(元)	合价(元)
2.2	水	m³	0.254 0	3.88	0.99
2.3	其他材料费	元			0.29
3	施工机具使用费				0.25
4	1+2+3 小计				496.87
5	管理费				2.98
6	利润				6.79
综合单价					506.64

说明:参考计价定额确定综合单价,填制方法同最高投标限价。

该清单项目的最高投标限价为 513.39 元/m³,投标报价为 506.64 元/m³,一是企业掌握的部分材料单价不同,二是管理费和利润乘以系数 0.85。

表 6.5 分部分项工程项目清单综合单价分析表

工程名称:××大学教学楼[建筑与装饰工程] 　　　　标段: 　　　　第 3 页 共 7 页

项目编码	010504006001(3)	项目名称	装配式预制混凝土外墙板(保温)	计量单位	m³
项目特征	1. 装配式预制混凝土外墙板(保温); 2. C30; 3. 水泥砂浆墙间竖向注浆; 4. 外墙工具式支撑				

序号	费用项目	单位	数量	单价(元)	合价(元)
1	人工费				213.80
2	材料费				2 286.97
2.1	装配式预制混凝土外墙板	m³	1.000	1 760.00	1 760.00
2.2	板枋材	m³	0.001	1 750.00	1.75
2.3	预埋铁件	kg	0.011	4.40	0.05
2.4	聚乙烯棒 $DN100 \sim 200$	kg	3.570	19.50	69.62
2.5	六角螺栓带螺母、垫圈 M16×(65~80)	套	23.301	2.10	48.93
2.6	镀锌六角螺栓带螺母 M14×80	套	0.238	2.40	0.57
2.7	背贴式止水带	m	6.899	28.00	193.17

续表

序号	费用项目	单位	数量	单价(元)	合价(元)
2.8	密封胶	支	3.291	6.00	19.75
2.9	注浆料	kg	22.024 8	8.10	178.40
2.11	水泥砂浆(中砂)	m³	0.005 3	340.00	1.80
2.12	水泥	kg	(4.410 3)	(0.29)	(1.32)
2.13	中砂	m³	(0.002 7)	(200.00)	(0.53)
2.14	水	m³	0.031 9	3.88	0.12
2.15	竖向构件支撑体系	套	0.029 12	165.00	4.80
2.16	加工铁件	kg	1.82	4.40	8.01
3	施工机具使用费				14.32
4	1+2+3 小计				2 515.09
5	管理费				16.76
6	利润				38.25
	综合单价				2 570.10

说明:参考计价定额确定综合单价,填制方法同最高投标限价。

该清单项目的最高投标限价为 2 577.72 元/m³,投标报价为 2 570.10 元/m³,一是企业掌握的部分材料单价不同,二是管理费和利润乘以系数 0.85。

表6.6　分部分项工程项目清单综合单价分析表

工程名称:××大学教学楼[建筑与装饰工程]　　　　　　　　标段:　　　　　　　　第4页　共7页

项目编码	010504013001(4)	项目名称	装配式预制混凝土空调板	计量单位	m³
项目特征	1.预制空调板; 2.C30				

序号	费用项目	单位	数量	单价(元)	合价(元)
1	人工费				287.88
2	材料费				2 812.78
2.1	装配式预制混凝土空调板	m³	1.000	2 750.00	2 750.00
2.2	板枋材	m³	0.001	1 750.00	1.75
2.3	镀锌六角螺栓带螺母 2 平垫 1 弹垫 M20×100 以内	套	23.250	2.20	51.15

序号	费用项目	单位	数量	单价(元)	合价(元)
2.4	低合金钢焊条 E43 系列	套	1.300	7.60	9.88
3	施工机具使用费				14.95
4	1+2+3 小计				3115.61
5	管理费				30.09
6	利润				68.78
	综合单价				3 214.48

说明:参考计价定额确定综合单价,填制方法同最高投标限价。

　　该清单项目的最高投标限价为 3 243.37 元/m³,投标报价为 3 214.48 元/m³,一是企业掌握的部分材料单价不同,二是管理费和利润乘以系数0.85。

表6.7　分部分项工程项目清单综合单价分析表

工程名称:××大学教学楼[建筑与装饰工程]　　　　　　　标段:　　　　　　　第5页　共7页

项目编码	010505002001(5)	项目名称	独立基础模板	计量单位	m²
项目特征	1. 普通独立基础 2. 模板材质由投标人根据施工需要确定,必须满足相关标准要求				
序号	费用项目	单位	数量	单价(元)	合价(元)
1	人工费				25.77
2	材料费				31.58
2.1	复合模板	m²	0.246 75	22.60	5.58
2.2	二等锯材	m³	0.011 11	2 280.00	25.33
2.3	其他材料费	元			0.67
3	施工机具使用费				0.41
4	1+2+3 小计				57.76
5	管理费				1.16
6	利润				2.58
	综合单价				61.49

说明:参考计价定额确定综合单价,填制方法同最高投标限价。

　　该清单项目的最高投标限价为 62.16 元/m²,投标报价为 61.49/m²,是因为管理费和利润乘以系数0.85。

表 6.8   分部分项工程项目清单综合单价分析表

工程名称:××大学教学楼［建筑与装饰工程］　　　　　　　标段:　　　　　　　第 6 页   共 7 页

项目编码	010609001001(6)	项目名称	成品空调金属 百叶窗护栏	计量单位	m²
项目特征	1. 铝合金百页材质; 2. 框厚度 1.1 mm,页片厚度 1.0 mm; 3. 颜色与门窗颜色一致				
序号	费用项目	单位	数量	单价(元)	合价(元)
1	人工费				6.16
2	材料费				93.40
2.1	成品空调金属百页护栏	m²	1.000 0	93.00	93.00
2.2	焊条 综合	kg	0.030 9	4.50	0.14
2.3	螺栓	kg	0.039 0	4.50	0.18
2.4	其他材料费	元			0.08
3	施工机具使用费				0.43
4	1+2+3 小计				99.99
5	管理费				0.45
6	利润				1.02
	综合单价				101.46

说明:参考计价定额确定综合单价,填制方法同最高投标限价。

　　　该清单项目的最高投标限价为 100.72 元/m²,投标报价为 101.46 元/m²,一是企业掌握的部分材料单价不同,二是管理费和利润乘以系数 0.85。

表 6.9   分部分项工程项目清单综合单价分析表

工程名称:××大学教学楼［建筑与装饰工程］　　　　　　　标段:　　　　　　　第 7 页   共 7 页

项目编码	011106002001(7)	项目名称	花岗石楼地面	计量单位	m²
项目特征	1. 1∶1.5 水泥砂浆找平层 25 mm 厚; 2. 1∶2 水泥砂浆结合层 15 mm 厚; 3. 花岗石面层 20 mm 厚,800 mm×800 mm; 4. 白水泥嵌缝; 5. 部位:门厅和过道				
序号	费用项目	单位	数量	单价(元)	合价(元)
1	人工费				48.48
2	材料费				132.91

续表

序号	费用项目	单位	数量	单价(元)	合价(元)
2.1	花岗石板 厚20 mm	m²	1.02	100.00	102.00
2.2	干混地面砂浆	t	0.074 0	408.00	30.19
2.3	白水泥	kg	0.100	0.81	0.08
2.4	水	m³	0.017 36	3.88	0.07
2.5	其他材料费				0.57
3	施工机具使用费				0.06
4	1+2+3 小计				181.45
5	管理费				2.39
6	利润				5.44
	综合单价				189.28

说明:参考计价定额确定综合单价,填制方法同最高投标限价。

该清单项目的最高投标限价为190.51 元/m²,投标报价为189.28 元/m²,一是企业掌握的部分材料单价不同,二是管理费和利润乘以系数0.85。

表6.10　材料暂估单价及调整表

工程名称:××大学教学楼［建筑与装饰工程］　　　　　　　　标段:　　　　　　　　第1页　共1页

序号	材料名称	规格型号	计量单位	暂估			确认			调整金额(元)	备注
				数量	单价(元)	合价(元)	数量	单价(元)	合价(元)		
				A_1	B_1	C_1	A_2	B_2	C_2	$D=C_2-C_1$	
1	花岗石	20 mm 厚 ≤800 mm× 800 mm	m²	460.00	100.00	46 000.00					用于清单项目 011106002001
本页小计							—	—		—
合计							—	—		—

2)计算分部分项工程费

将各分部分项工程项目清单综合单价分析表中的综合单价填入清单计价表,计算分部分项工程费,示例见表6.11。

表6.11 分部分项工程项目清单计价表

工程名称:××大学教学楼［建筑与装饰工程］   标段: 第1页 共1页

序号	项目编码	项目名称	项目特征描述	计量单位	工程量	金额(元)	
						综合单价	合价
	0101	土石方工程					
1	010102002001	挖沟槽土方	1.三类土,挖土深度<4 m; 2.基底夯实; 3.土方场内运输距离自行考虑	m³	560.45	18.11	10 149.75
		分部小计					10 149.75
	0105	混凝土及钢筋混凝土工程					
2	010502001001	C30独立基础	1.商品混凝土; 2.C30; 3.独立基础	m³	116.40	506.64	58 972.90
3	010504006001	装配式预制混凝土外墙板(保温)	1.装配式预制混凝土外墙板(保温); 2.C30; 3.水泥砂浆墙间竖向注浆; 4.外墙工具式支撑	m³	108.47	2 570.10	278 778.75
4	010504013001	装配式预制混凝土空调板	1.预制空调板; 2.C30	m³	4.15	3 214.48	13 340.09
5	010505002001	独立基础模板	1.普通独立基础; 2.模板材质由投标人根据施工需要确定,必须满足相关标准要求	m²	211.20	61.49	12 986.69
		分部小计					364 078.43
	0106	金属结构工程					
6	010609001001	成品空调金属百叶窗护栏	1.铝合金百页材质; 2.框厚度1.1 mm,页片厚度1.0 mm; 3.颜色与门窗颜色一致	m²	137.28	101.46	13 928.43
		分部小计					13 928.43
	0111	楼地面装饰工程					

续表

序号	项目编码	项目名称	项目特征描述	计量单位	工程量	金额（元）	
						综合单价	合价
7	011106002001	花岗石楼地面	1.1∶1.5 水泥砂浆找平层 25 mm 厚； 2.1∶2 水泥砂浆结合层 15 mm 厚； 3.花岗石面层 20 mm 厚，800 mm×800 mm； 4.白水泥嵌缝； 5.部位：门厅和过道； 6.花岗石按暂估单价 100 元/m² 计价	m²	449.64	189.28	85 107.86
		分部小计					85 107.86
		合计					473 264.47

6.3.2　计算措施项目费

1）填写措施项目清单构成明细分析表

脚手架、其他大型机械进出场及安拆、垂直运输等措施项目的价格计算可以根据类似工程竞争合理投标价格、类似清单项目结算单价、类似工程合同价格、租赁市场价格、地区计价定额等多种方式计算。

本教材参考地区计价定额和工程造价信息编制投标报价，脚手架、其他大型机械进出场及安拆、垂直运输按照地区计价定额的规定来计算，涉及的定额子目见模块5；临时设施、文明施工、环境保护、安全生产这几项安全生产措施费按照招标文件公布的金额填写；夜间施工增加、二次搬运、冬雨季施工增加、工程定位复测费等措施项目根据投标策略，以税前工程造价（不含措施项目费）为取费基础，按照工程所在地的计价规定费率的 70% 计取，具体见表6.12。措施项目构成填写说明如下：

（1）脚手架

脚手架措施项目还是套用综合脚手架（AS0009）和外脚手架（AS0016×0.4）两个定额子目，按照清单含量法计算。案例设定投标计算的建筑面积和外墙垂直面积分别为 4 980 m²、2 721.60 m²，清单含量分别为 49.80（100 m²/项）、27.216（100 m²/项）。

①人工费 = 清单含量×定额人工费×人工费调整系数 = 49.80×1 466.43×1.094 8（AS0009）+27.216×1 280.58×1.094 8×0.4（AS0016×0.4）= 95 213.79（元）。

②材料费 = 应逐一分析材料耗量，材料耗量 = 清单含量×定额消耗量，再乘以材料单价。

脚手架钢材的用量 = 49.80×84.159（AS0009）+27.216×87.910×0.4（AS0016×0.4）= 5 148.14（kg）。

表6.12 措施项目清单构成明细分析表

工程名称:××大学教学楼[建筑与装饰工程]　　标段:　　第1页 共1页

序号	项目编码	措施项目名称	计算基础	费率(%)	价格(元)	价格构成明细(元)					备注
						人工费	材料费	施工机具使用费	管理费	利润	
1	011601001001	脚手架			167 676.13	95 213.79	51 951.16	6 067.36	4 473.46	9 967.36	
2	011601002001	垂直运输			72 954.66	67 316.59	18 225.23	67 302.06	6 146.37	13 694.41	
2	011601003001	其他大型机械进出场及安拆			3 587.59	1 280.92	184.07	1 693.74	132.86	296.00	
3	011601006001	临时设施			19 672.46						
4	011601007001	文明施工			15 222.74						
5	011601008001	环境保护			2 576.16						
6	011601009001	安全生产			34 661.00						
8	011601010001	冬雨季施工增加	1 152 960.47	0.05	576.48						
9	011601011001	夜间施工增加	1 152 960.47	0.06	691.78						
10	011601013001	二次搬运	1 152 960.47	0.03	345.89						
7	01B001	工程定位复测费	1 152 960.47	0.01	115.30						
		合计			418 080.19						

锯材综合的用量＝49.80×0.110（AS0009）+27.216×0.140×0.4（AS0016×0.4）＝7.00（m³）。

其他材料费＝49.80×179.34（AS0009）+27.216×168.48×0.4（AS0016×0.4）＝10 765.27（元）。

材料费＝5 148.14×4.90+7.00×2 280.00+10 765.27＝51 951.16（元）。

和最高投标限价区别之处是投标人选用自行掌握的二等锯材价格报价。

③施工机具使用费＝清单含量×定额机械费+清单含量×柴油耗量×（柴油市场价-柴油定额价）＝［49.80×90.26+49.80×10.288×（7.15-6.00）］（AS0009）+［27.216×79.85×0.4+27.216×9.101×（7.15-6.00）×0.4（AS0016×0.4）＝6 067.36（元）。

④管理费＝清单含量×定额管理费＝49.80×88.73×0.85（AS0009）+27.216×77.54×0.4×0.85（AS0016×0.4）＝4 473.46（元）。

⑤利润＝清单含量×定额利润＝49.80×197.70×0.85（AS0009）+27.216×172.77×0.4×0.85（AS0016×0.4）＝9 967.36（元）。

脚手架措施项目费＝人工费+材料费+施工机具使用费+管理费利润＝95 213.79+51 951.16+6 067.36+4 473.46+9 967.36＝167 676.10（元）。

（2）垂直运输

分析垂直运输的工作内容,包括垂直运输机械进场及安拆、设备运转、使用等,按照施工企业拟定的施工方案,案例工程考虑1台轨道式塔式起重机,需要计算进场费和安拆费。

根据工程所在地计价定额规定,檐高超过3.6 m的建筑物应考虑垂直运输。垂直运输的面积按"建筑面积计算规则"计算。案例工程建筑面积为4 980.00 m²,则垂直运输的清单含量＝4 980/1＝4 980（m²/项）＝49.80（100 m²/项）,套用垂直运输AS0116。

1台轨道式塔式起重机要计算进场费、安拆费和基础费,套用塔式起重机大型机械设备进场费（AS0219）、塔式起重机大型机械一次性安拆费（AS0230）和塔式起重机轨道式基础（双轨,m）（AS0247）3个定额子目。

垂直运输措施项目价格计算参考答案

【扫一扫】垂直运输费的计算,需要套用4个定额子目,方法同脚手架措施项目,自行练习,扫二维码复核自己计算是否正确。

（3）其他大型机械进出场及安拆

按照企业拟定的施工方案,除了塔式起重机外,还要计算1台履带式挖掘机（斗容量≤1 m³）大型机械进出场及安拆价格,需要套用履带式挖掘机（斗容量）大型机械设备进场费（AS0202）,方法同脚手架措施项目,自行练习。

其他大型机械进出场及安拆价格计算参考答案

【扫一扫】扫二维码复核自己的计算是否正确。

（4）安全生产措施

安全生产措施包括临时设施、文明施工、环境保护、安全生产等措施,执行工程所在地计价规定,按照招标人公布的金额填列。

（5）夜间施工增加费、二次搬运费、冬雨季施工增加费、工程定位复测费

按照工程所在地规定计算,计算基础为税前建安工程造价（不含措施项目费）,根据投标策略,按照计价文件费率的70%计取,夜间施工增加费的费率为0.06%、二次搬运费的费率为0.03%、冬雨季施工增加费的费率为0.05%、工程定位复测的费率为0.01%。

（6）案例工程的税前工程造价（不含措施项目费）＝分部分项工程费+其他项目费＝473 264.47+679 696.00＝1 152 960.47（元）

2)计算措施项目费

措施项目费的计算通过填写措施项目清单计价表进行,示例见表6.13

表6.13 措施项目清单计价表

工程名称:××大学教学楼[建筑与装饰工程]　　　　　　　标段:　　　　第1页　共1页

序号	项目编码	项目名称	工程内容	价格(元)	备注
1	011601001001	脚手架	搭设脚手架、斜道、上料平台,铺设安全网,铺(翻)脚手板,转运、改制、维修维护,拆除、堆放、整理,外运、归库等	167 676.13	
2	011601002001	垂直运输	垂直运输机械进出场及安拆,固定装置、基础制作、安装,行走式机械轨道的铺设、拆除,设备运转、使用等	172 954.66	
3	011601003001	其他大型机械进出场及安拆	除垂直运输机械以外的大型机械安装、检测、试运转和拆卸,运进、运出施工现场的装卸和运输,轨道、固定装置的安装和拆除等	3 587.59	
4	011601006001	临时设施	为进行建设工程施工所需的生活和生产用的临时建(构)筑物和其他临时设施。包括临时设施的搭设、移拆、维修、清理、拆除后恢复等,以及因修建临时设施应由承包人所负责的有关内容	19 672.46	
5	011601007001	文明施工	施工现场文明施工、绿色施工所需的各项措施	15 222.74	
6	011601008001	环境保护	施工现场为达到环保要求所需的各项措施	2 576.16	
7	011601009001	安全生产	施工现场安全施工所需的各项措施	34 661.00	
8	011601010001	冬雨季施工增加	在冬季或雨季施工,引起防寒、保温、防滑、防潮和排除雨雪 等措施的增加,人工、施工机械效率的降低等内容	576.48	
9	011601011001	夜间施工增加	因夜间或在地下室等特殊施工部位施工时,所采用照明设备的安拆、维护、照明用电及施工人员夜班补助、夜间施工劳动效率降低等内容	691.78	

续表

序号	项目编码	项目名称	工程内容	价格（元）	备注
10	011601013001	二次搬运	因施工场地条件及施工程序限制而发生的材料、构配件、半成品等一次运输不能到达堆放地点，必须进行二次或多次搬运所发生的内容	345.89	
11	01B001	工程定位复测费	施工前的放线，施工过程中的检测，施工后的复测所发生的费用	115.30	
合计				418 080.19	

3）填写措施项目费用分拆表

措施项目发生在施工准备和施工及验收过程，招标文件一般会要求投标人明确措施项目费发生阶段，发承包双方约定措施项目费的支付方式和数额，因此投标人要填写措施项目费用分拆表，示例见表6.14。

表6.14　措施项目费用分拆表

工程名称：××大学教学楼［建筑与装饰工程］　　　　　标段：　　　　　第1页　共1页

序号	项目编码	措施项目名称	价格（元）	1.初始设立费用		2.中期运行费用		3.后期拆除费用	
				占比（%）	金额（元）	占比（%）	金额（元）	占比（%）	金额（元）
1	011601001001	脚手架	167 676.13	40	67 070.45	40	67 070.45	20	33 535.23
2	011601002001	垂直运输	172 954.66	40	69 181.86	40	69 181.86	20	34 590.94
3	011601003001	其他大型机械进出场及安拆	3 587.59	40	1 435.04	40	1 435.04	20	717.51
4	011601006001	临时设施	19 672.46	60	11 803.48	20	3 934.49	20	3 934.49
5	011601007001	文明施工	15 222.74	60	9 133.64	20	3 044.55	20	3 044.55
6	011601008001	环境保护	2 576.16	60	1 545.70	20	515.23	20	515.23
7	011601009001	安全生产	34 661.00	60	20 796.60	20	6 932.20	20	6 932.20
8	011601010001	冬雨季施工增加	576.48	30	172.94	60	345.89	10	57.65
9	011601011001	夜间施工增加	691.78	30	207.53	60	415.07	10	69.18
10	011601013001	二次搬运	345.89	30	103.77	60	207.53	10	34.59
11	01B001	工程定位复测费	115.30	20	23.06	60	69.18	20	23.06

续表

序号	项目编码	措施项目名称	价格(元)	1. 初始设立费用		2. 中期运行费用		3. 后期拆除费用	
				占比(%)	金额(元)	占比(%)	金额(元)	占比(%)	金额(元)
合计			418 080.19	—	181 474.07	—	153 151.49	—	83 454.63

说明:投标人应根据拟定的施工方案、类似工程承包经验等填写该表。

4)填写大型机械出场及安拆费用组成明细表

招标文件要求投标人提供大型机械进出场及安拆费用组成明细表的,投标人必须按要求提供。示例见表6.15。

表6.15　大型机械进出场及安拆费用组成明细表

工程名称:××大学教学楼[建筑与装饰工程]　　　　标段:　　　　第1页　共1页

序号	大型机械名称、规格、型号	数量	进出场次数	进出场费用单价(元) $C = C_1 + C_2 + C_3$			合价(元)	备注
				机械安拆费	机械装卸运输费	固定装置安拆费		
		A	B	C_1	C_2	C_3	$D = A \cdot B \cdot C$	
1	履带式挖掘机	1	1	3 587.59			3 587.59	
2	塔式起重机(轨道式基础,轨道100 m)	1	1	27 158.93	27 022.58	34 255.08	88 436.59	
合计							92 024.18	

说明:投标人应根据拟定的施工方案和类似工程承包经验等填写该表。

【扫一扫】了解案例工程各表、各大型机械安拆、运输费和固定装置安拆费的计算。

大型机械进出场及安拆组成计算参考答案

6.3.3　确定其他项目费

1)暂列金额

暂列金额按招标工程量清单提供的金额填写,示例见表6.16。

表 6.16　暂列金额明细表

工程名称:××大学教学楼[建筑与装饰工程]　　　　　标段:　　　　　　　第1页　共1页

序号	项目名称	计算基础	费率(%)	暂定金额（元）	确定金额（元）	调整金额±(元)	备注
1	合同价款调整暂列金额			47 579.00			
	合计			47 579.00			

2)专业工程暂估价

专业工程暂估价按照招标工程量清单提供的金额填写,示例见表6.17。

表 6.17　专业工程暂估价明细表

工程名称:××大学教学楼[建筑与装饰工程]　　　　　标段:　　　　　　　第1页　共1页

序号	专业工程名称	暂估金额（元）			确认金额（元）			调整金额±（元）	备注
		不含税价格	增值税	含税价格	不含税价格	增值税	含税价格		
		A_1	B_1	C_1	A_2	B_2	C_2	$D=C_2-C_1$	
1	电梯及安装工程			600 000.00					含采购、安装、调试、增值税等完整造价
	本页小计			600 000.00					
	合计			600 000.00					

3)计日工

计日工应按照招标工程量清单中列出的项目和数量,投标人自主确定综合单价,示例见表6.18。

表 6.18　计日工表

工程名称:××大学教学楼[建筑与装饰工程]　　　　　标段:　　　　　　　第1页　共1页

编号	计日工名称	单位	暂定数量	实际数量	综合单价（元）	合价（元）		调整金额±（元）
						暂定	实际	
						A_1	A_2	$B=A_2-A_1$
一	人工							

续表

编号	计日工名称	单位	暂定数量	实际数量	综合单价（元）	合价（元）		调整金额±（元）
						暂定	实际	
						A_1	A_2	$B=A_2-A_1$
1	房屋建筑工程、抹灰工程、装配式房屋建筑工程 普工	工日	50		178.00	8 900.00		
2	装饰（抹灰工程除外）工程普工	工日	10		198.00	1 980.00		
3	房屋建筑工程、抹灰工程、装配式房屋建筑工程 技工	工日	10		254.00	2 540.00		
4	装饰（抹灰工程除外）工程技工	工日	10		274.00	2 740.00		
5	高级技工	工日	5		310.00	1 550.00		
	人工小计					17 710.00		
二	材料							
	材料小计							
三	施工机具							
	施工机具小计							
	总计					17 710.00		

说明：①企业掌握的计日工单价:房屋建筑工程、抹灰工程、装配式房屋建筑工程普工 160 元/工日;装饰（抹灰工程除外)工程普工 180 元/工日;房屋建筑工程、抹灰工程、装配式房屋建筑工程的技工 230 元/工日;装饰（抹灰工程除外)工程技工 250 元/工日;高级技工 280 元/工日,根据投标策略,综合费按 20% 计算。

②计日工综合单价计算。根据工程所在地计价规定,计日工综合单价包括综合费,案例人工综合单价计算如下:

房屋建筑工程普工 =160+90×20% =178.00（元/工日）

装饰（抹灰工程除外)普工 =180+90×20% =198.00（元/工日）房屋建筑工程技工 =230+120×20% =254.00（元/工日）

装饰（抹灰工程除外)技工 =250+120×20% =274.00（元/工日）高级技工 =280+150×20% =310.00（元/工日）

③计日工综合单价按照招标文件要求保留整数,将计算结果小数四舍五入后填入计价中。

4）总承包服务费

案例工程有专业分包工程,电梯及安装工程含增值税的专业工程暂估价为 600 000.00 元,投标人根据服务内容,自主报价。案例工程根据投标策略,按照项目价值的 2.4% 计取,见表6.19。

表 6.19　总承包服务费计价表

工程名称:××大学教学楼[建筑与装饰工程]　　　　　　　标段:　　　　　　　第 1 页　共 1 页

序号	项目名称	计算基础	费率(%)	金额(元)	确认计算基础	结算金额(元)	调整金额±(元)	备注
		A_1	B	C_1	A_2	C_2	$D=C_2-C_1$	
1	专业分包工程							
1.1	电梯及安装工程	600000.00	2.4	14 400.00				总包单位要提供水电、脚手架等施工条件,土建工程予以配合,对施工现场进行协调和统一管理,对竣工资料统一汇总并整理
	本页小计							
	合计	—	—		—			—

5)其他项目费汇总

在明细表中完成其他项目清单计价的具体内容后,根据明细表的内容在"其他项目清单计价表"中汇总,示例见表 6.20。

表 6.20　其他项目清单计价表

工程名称:××大学教学楼[建筑与装饰工程]　　　　　　　标段:　　　　　　　第 1 页　共 1 页

序号	项目名称	暂估(暂定)金额(元)	结算(确定)金额(元)	调整金额±(元)	备注
1	暂列金额	47 579.00			详暂列金额明细表(见表 6.16)
2	专业工程暂估价	600 000.00			详专业工程暂估明细表(见表 6.17)
3	计日工	17 710.00			详计日工表(见表 6.18)
4	总承包服务费	14 400.00			详总承包费计价表(见表 6.19)
5	合同中约定的其他项目				
	合计	679 689.00			

6.3.4　确定税金

税金必须按照国家或省级、行业建设主管部门的规定计算。工程所在地计价办法规定：税金应按规定标准计算，不得作为竞争费用，税金包括增值税和附加税。采取一般计税法，销项税额=税前不含工程造价×销项增值税税率9%。由于附加税已经在管理费中报价，因此这里只需要对增值税报价。案例工程的增值税税金计算见表6.21。

表6.21　增值税计价表

工程名称：××大学教学楼［建筑与装饰工程］　　　　标段：　　　　　　第1页　共1页

序号	项目名称	计算基础说明	计算基础	税率(%)	金额(元)
1	销项增值税	税前不含税工程造价(不含专业工程暂估)	971 033.66	9	87 393.03
	合计				87 393.03

说明：案例工程的税前不含税工程造价(不含专业工程暂估价)=分部分项工程费+措施项目费+其他项目费-专业工程暂估价=473 264.47+418 080.19+679 689.00-600 000.00=971 033.66(元)

6.3.5　填写其他表格

1)发包人提供材料一览表

若工程项目存在发包人提供材料和工程设备应填写"发包人提供材料一览表"，案例工程没有，则不用填写此表。

2)承包人提供可调价主要材料表

发包人在招标文件中要明确承包人提供材料和工程设备的具体内容和风险幅度，招标工程量清单中提供了"承包人提供可调价主要材料表"，有主要材料的风险幅度系数和基准价，投标报价要填写投标单价，示例见表6.22。

表6.22　承包人提供可调价主要材料表
(适用价格信息调差法)

工程名称：××大学教学楼［建筑与装饰工程］　　　　标段：　　　　　　第1页　共1页

序号	名称、规格、型号	单位	数量	基准价 C_0(元)	投标报价(元)	风险幅度系数 r(%)	价格信息 C_i(元)	价差 ΔC(元)	价差调整金额 ΔP(元)
1	水泥 32.5	kg		0.30	0.28	≤5			
2	中砂	m³		195.00	200.00	≤5			
3	干混地面砂浆 M20	t		406.00	408.00	≤5			
4	砾石 5~40 mm	m³		185.00	190.00	≤5			

续表

序号	名称、规格、型号	单位	数量	基准价 C_0(元)	投标报价 (元)	风险幅度系数 $r(\%)$	价格信息 C_i(元)	价差 ΔC(元)	价差调整金额 ΔP(元)
5	商品混凝土 C20	m³		415.00	400.00	≤3			
6	商品混凝土 C30	m³		460.00	455.00	≤3			
7	商品混凝土 C40	m³		485.00	480.00	≤3			
本页小计									
合计									

6.3.6 造价汇总

1)单位工程造价汇总

将各单位工程的分部分项工程费、措施项目费、其他项目费和增值税汇总在"单位工程项目清单汇总表"中汇总,示例见表6.23。

表6.23 单位工程项目清单汇总表

工程名称:××大学教学楼[建筑与装饰工程]   标段: 第1页 共1页

序号	项目内容	金额(元)
1	分部分项工程费	473 264.47
1.1	土石方工程	10 149.75
1.2	混凝土及钢筋混凝土工程	364 078.43
1.3	金属结构工程	13 928.43
1.4	楼地面装饰工程	85 107.86
2	措施项目费	418 080.19
2.1	其中:安全生产措施项目费	72 132.36
3	其他项目费	679 689.00
3.1	其中:暂列金额	47 579.00
3.2	其中:专业工程暂估价	600 000.00
3.3	其中:计日工	17 710. 00
3.4	其中:总承包服务费	14 400.00
3.5	其中:合同中约定的其他项目	
4	增值税	87 393.03

续表

序号	项目内容	金额(元)
	投标报价 = 1+2+3+4	1 658 426.69

2)单项工程造价汇总

安装工程单位工程最高投标限价的编制步骤和方法同建筑与装饰工程,在模块 7 有完整案例。将各单位工程造价在"单项工程项目清单汇总表"中汇总,示例见表 6.24。

表 6.24　单项工程项目清单汇总表

工程名称:××大学教学楼[安装工程]　　　　　　　　标段:　　　　　　　第 1 页　共 1 页

序号	项目内容	金额(元)
1	教学楼工程建筑与装饰工程	1 658 426.69
2	教学楼工程安装工程	
	合计	

3)建设项目工程造价汇总

若合同工程为若干单项工程组成,还应当将单项工程造价汇总为建设工程造价,假设案例工程是某大学新建的一个单项工程,建设项目汇总示例见表 6.25。

表 6.25　建设项目清单计价汇总表

工程名称:××大学新建工程[安装工程]　　　　　　　标段:　　　　　　　第 1 页　共 1 页

序号	项目内容	金额(元)
1	教学楼	
2	宿舍楼	
	……	
	合计	

6.3.7　投标报价填报说明

投标报价的编制说明应该包括工程概况和编制依据等,应根据招标工程量清单提供的编制说明,详细描述投标报价编制时的编制依据、投标工期、工程施工方案等,即在清单编制说明的基础上,增加报价依据等内容,见表 6.26。

表6.26　投标报价填报说明

工程名称:××大学教学楼[建筑与装饰工程]　　　　　　　　　　　　　第1页　共1页

1.工程概况:本工程为框架结构,采用独立基础,建筑面积为4 980 m²,建筑层数为5层,地上为4层,檐口高度为19.80 m,投标工期为230日历天。施工现场距既有教学楼150 mm,施工中要采取相应的防噪措施。

2.工程招标范围:本次工程招标范围为施工图范围内的建筑工程和安装工程,其中电梯及安装工程专业分包。

3.编制依据:

(1)《建设工程工程量清单计价标准》(GB/T 50500—2024)。

(2)《房屋建筑与装饰工程工程量计算标准》(GB/T 50854—2024)和《通用安装工程工程量计算标准》(GB/T 50856—2024),以及根据工程需要补充的工程量计算规则。

(3)招标文件、招标工程量清单和有关报价要求,招标文件的补充通知和答疑纪要、澄清文件等。

(4)××大学教学楼工程施工图纸及相关资料。

(5)与建设工程有关的技术标准规范。

(6)施工现场情况、相关地勘水文资料、工程特点及交付标准。

(7)人工、材料、机械定价原则:根据自身企业生产力水平,结合投标工程制定并可实施的施工方案及以往施工工程数据进行定价,并参考工程所在地市场价、自积累项目综合指标以及工程造价管理部门××年××月发布的工程造价信息或价格指数。

(8)其他相关资料。

4.工程质量、材料、施工等的特殊要求:

(1)所有材料均须符合现行国家标准或行业标准及设计要求。

(2)钢筋、钢材、水泥均采用大厂产品。

(3)混凝土采用商品混凝土,砂浆采用预拌砂浆。

5.投标报价要求

(1)投标人应充分考虑施工中的各种运距,以此报价,结算时不得调整。

(2)花岗石(20 mm厚)暂估单价为100元/m²,投标时按此价格计入相关项目的综合单价。

(3)本工程的暂列金额为47 579.00元,投标人据此定金额填报,不得调整。

(4)本工程另行发包的电梯及安装工程含增值税的专业工程暂估价为600 000.00元,投标人根据清单中明确的服务内容填报总承包服务费,支付和结算时,中标费率不得调整。

(5)本工程的建筑与装饰工程安全生产措施费为72 132.36元,其中:临时设施费为19 672.46元,文明施工费为15 222.74元,环境保护费为2 576.16元,安全施工费为34 661.00元,投标人据此填报,支付和结算时,按建设行政主管部门的规定执行。

(6)本工程的最高投标限价总价为1 705 382.17元(大写:壹佰柒拾万零伍仟叁佰捌拾贰元壹角柒分)。投标人在投标函中填报的投标总价不得超过最高投标限价总价。

6.其他需要说明的问题:无。

6.3.8　复核、填写封面和扉页

1)复核

计算出投标报价后,编制人应按照内部工作程序进行检查和复核,企业领导根据投标形势和投标策略确认后,最后确定投标报价。

2) 封面和扉页

封面和扉页是明确投标报价的编制主体、编制人以及相应的签字盖章,以此明确相应的法律责任,填写时应按照规定的内容填写,金额大小写一致,书写正确,示例见表 6.27 和表 6.28。

表 6.27　投标总价封面

××大学教学楼工程

投标总价

招标人:　××大学

（盖章）

20××年 12 月 10 日

表 6.28　投标总价扉页

工程名称:××大学教学楼

标段名称:＿＿＿＿＿＿＿

投标总价

投标总价(小写):1 658 426.69

（大写）:壹佰陆拾伍万捌仟肆佰贰拾陆元陆角玖分

投　标　人:　　　　　　　（盖章）

法定代表人

或其授权人:　　　　　　　（签字或盖章）

编　制　人:　　　　　　　（签字及盖章）

编　制　时　间:

3)装订成册

按照招标文件要求的顺序装订,一般按照表格编码的顺序进行装订,综合单价分析表按照招标文件要求装订。

(1)封面

(2)扉页

(3)投标报价总说明

(4)建设项目清单计价汇总表(若有)

(5)单项工程项目清单汇总表

(6)单位工程项目清单汇总表

(7)分部分项工程项目清单计价表

(8)分部分项工程项目清单综合单价分析表(按招标文件要求,可能单独装订成册)

(9)材料暂估单价及调整表

(10)措施项目清单计价表

    ①措施项目清单构成明细分析表。

    ②措施项目费用分拆表。

    ③大型机械进出场及安拆费用组成明细表(若招标文件要求提供)。

(12)其他项目清单计价表

    ①暂列金额明细表。

    ②专业工程暂估价明细表。

    ③计日工表。

    ④总承包服务费计价表。

    ⑤直接发包的专业工程明细表(若有)。

(13)增值税计价表

(14)发包人提供材料一览表(若有)

(15)承包人提供可调价主要材料表

【议一议】结合模块5和模块6,讨论投标报价与最高投标限价的联系和不同,扫一扫,看看自己的理解是否正确。

投标报价与最高投标限价的联系与不同

【看一看】工程实践中,施工企业正逐渐减少对地区定额的依赖,重视造价资讯的收集和整理,建立企业造价数据库,结合企业经营管理水平和投标策略合理报价,提升报价竞争力。扫一扫,看看某企业根据自身经营管理水平和造价资讯进行投标报价的案例,加强对企业自主报价的认识。

某企业投标报价案例

学习小结

投标报价是投标人对招标文件(要约邀请)的回应,是要约,是响应招标文件的所报出的,对已标价工程量清单汇总后标明的总价,是投标人希望获得拟建工程施工任务的交易价格。

　　投标报价直接关系到承揽工程项目的中标率,还关系到中标后企业的盈亏,需要严格遵守关于招标投标的法律规定及程序,还需要对招标文件作出实质性响应,并符合招标文件的各项要求,科学规范地编制投标文件并合理地提出报价。编制人应具备法纪意识、竞争 意识和质量意识,依法依规投标,充分体现企业技术和经营管理水平,认真仔细填写表格,不仅要报价合理、具有竞争力,还要注意签字盖章、装订等细节,才能顺利入围评标。

　　本模块的案例同模块 4、模块 5 是同一案例,形成 3 个计价文件,有利于读者全面学习招标阶段的造价文件编制,特别是模块 6 和模块 5 的计价文件对比,更有利于让读者理解投标时自主报价的内容和方法。

　　投标报价具有个体性,不同企业,掌握的市场价格不同、技术和管理水平不同、投标策略不同,报价也就不同,案例只是一种情况假设,且数据不完整,主要是帮助读者快速掌握投标报价的编制步骤和方法。

模块 7 综合案例

【学习目标】

(1)清楚单项工程造价的构成;

(2)提升识图、列项、工程量计算、造价计算的能力;

(3)养成指标分析的习惯;

(4)培养分析研判、解决问题的能力;

(5)树立主动学习意识,培养举一反三的能力。

7.1 案例概况

××水泵房及消防水池工程,建筑面积为 328.95 m²,抗震设防烈度为 7 度,建筑场地类别为Ⅱ类,框架抗震等级为三级、框架-剪力墙结构、钢筋混凝土筏板基础。地下一层,层高为5.8 m。地上一层,层高为3.9 m,屋面女儿墙高度为0.9 m。外墙为实心砖墙,内墙为多孔砖墙(局部为装配式 ALC 条板轻质隔墙)、屋面为装配式预制混凝土叠合板、地面为细石混凝土面层、内墙面刷乳胶漆,以及外墙纸皮砖、钢制防火门、钢制防盗门、断热铝合金低辐射中空玻璃窗(6+12A+6 遮阳型)等。本工程图纸:建筑施工图5 张、结构施工图7 张、给排水施工图5张、电气施工图8 张,具体如图 7.1—图 7.25 所示。

建施技术措施表见表7.1。

表 7.1 建施技术措施表

类别	名称	使用部位	做法	备注
地面	细石混凝土地面	所有房间	西南 05J909（LD18）5a	燃烧性能等级 A 级
内墙面	水泥砂浆刷无机涂料墙面	所有内墙面	西南 11J515-7（N08）	燃烧性能等级 A 级
外墙面	纸皮砖墙面	详建筑立面	西南 11J516-955407	详建筑立面图

续表

类别	名称	使用部位	做法	备注
踢脚	水泥砂浆暗踢脚	所有内墙面	西南 11J312(4101Tb)	高 120 mm
屋面	保温不上人屋面	不上人屋面	详节能计算书	倒置式屋面
天棚	混合砂浆喷无机涂料天棚	所有房间	西南 11J515-31 P05	燃烧性能等级 A 级

结施简介:本工程场地按地震烈度 7 度设防,设计基本地震加速度幅值为 0.10g,设计地震分组为第二组,Ⅱ类场地。钢筋采用 22G101 钢筋平法图集设计。二次构件满足《砌体填充墙结构构造》(22G 614-1)等图集及规范要求。

水施简介:生活给水系统采用 PPR 管,热熔连接。废水管采用焊接钢管。屋面雨水管采用 UPVC 雨水管,承插连接。该工程地下室设置消防水池、水泵房;消防管道采用热浸镀锌钢管。

电施简介:本工程设计包括低压配电系统、照明、防雷接地系统。消防泵房照明及消防泵电源为二级负荷,泵房照明(兼备用照明)灯具自带蓄电池。

【扫一扫】了解建筑与装饰工程识图与安装工程识图。

建筑与装饰做法简介及整体展示

安装工程识图与模型讲解

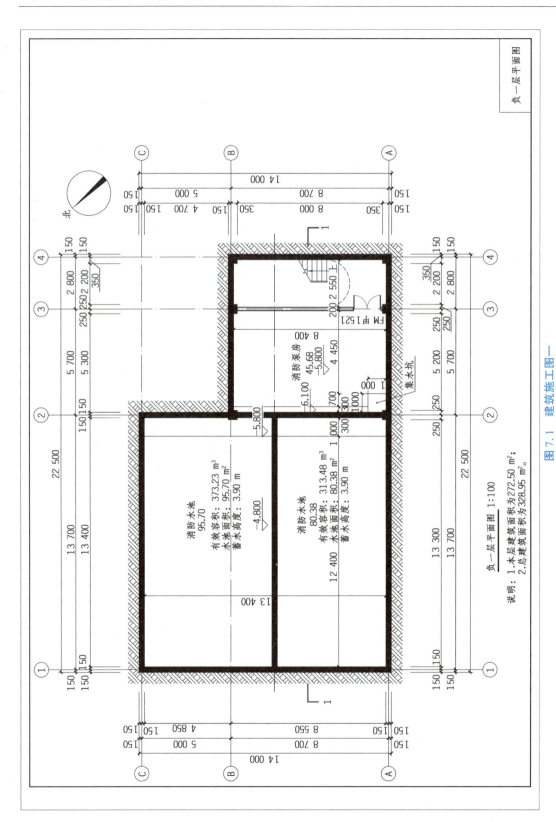

图 7.1 建筑施工图一

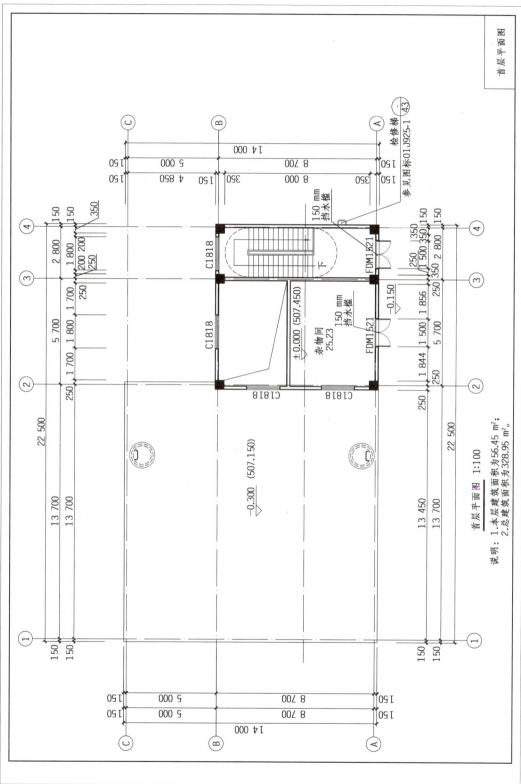

首层平面图

图 7.2　建筑施工图二

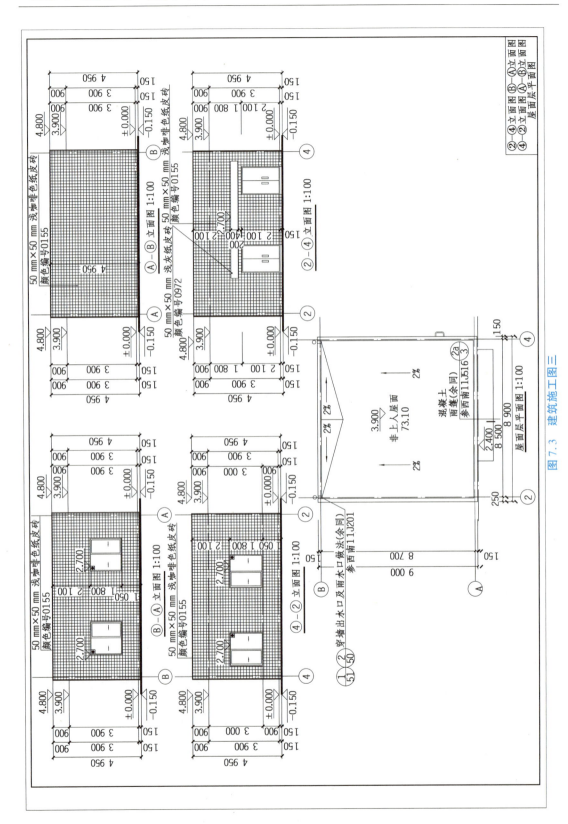

图 7.3 建筑施工图三

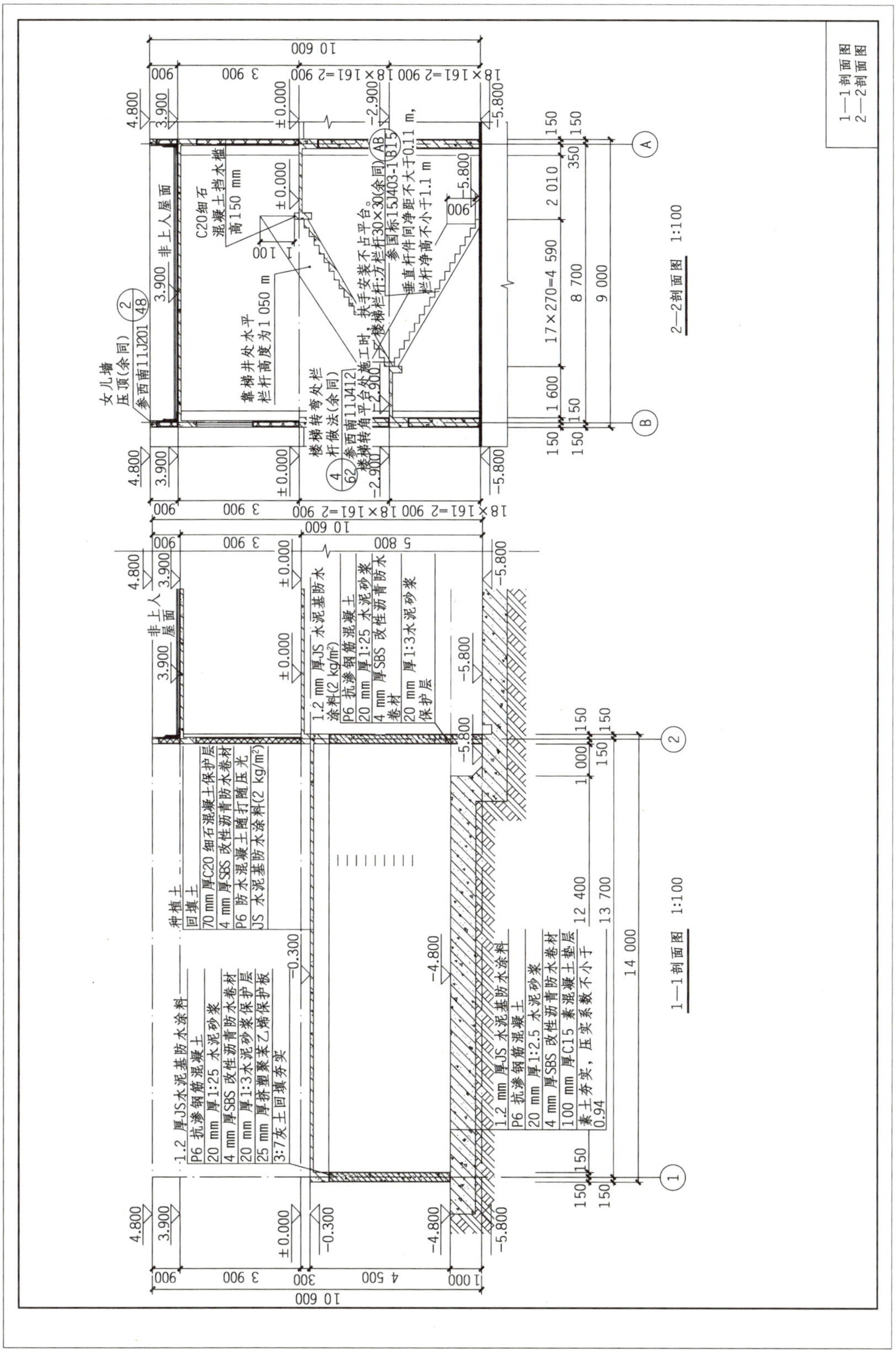
1—1剖面图
2—2剖面图
2—2剖面图　1:100
1—1剖面图　1:100
10 600
女儿墙
压顶(余同)
参西南11J201
非上人屋面
C20细石
混凝土挡水槛
高150 mm
靠梯井处水平
栏杆高度为1 050 m
楼梯转弯处栏
杆做法(余同)
参西南11J412
楼梯转角平台处施工时，扶手安装不占平台。
楼梯栏杆:方栏杆30×30(余同)
参国标15J403-1
垂直杆件间净距不大于0.11 m，
栏杆净高不小于1.1 m
17×270=4 590
8 700
9 000
1.2 mm 厚JS 水泥基防水涂料(2 kg/m²)
P6 抗渗钢筋混凝土
20 mm 厚1:25 水泥砂浆
4 mm 厚SBS 改性沥青防水卷材
20 mm 厚1:3水泥砂浆保护层
种植土
回填土
70 mm 厚C20 细石混凝土保护层
4 mm 厚SBS 改性沥青防水卷材
P6 防水混凝土随打随压光
JS 水泥基防水涂料(2 kg/m²)
1.2 厚JS水泥基防水涂料
P6 抗渗钢筋混凝土
20 mm 厚1:25 水泥砂浆
4 mm 厚SBS 改性沥青防水卷材
20 mm 厚1:3水泥砂浆保护层
25 mm 厚挤塑聚苯乙烯保护板
3:7灰土回填夯实
1.2 mm 厚JS 水泥基防水涂料
P6 抗渗钢筋混凝土
20 mm 厚1:2.5 水泥砂浆
4 mm 厚SBS 改性沥青防水卷材
100 mm 厚C15 素混凝土垫层
素土夯实，压实系数不小于0.94
12 400
13 700
14 000
4.800
3.900
±0.000
-0.300
-4.800
-5.800
-2.900

图 7.4　建筑施工图四

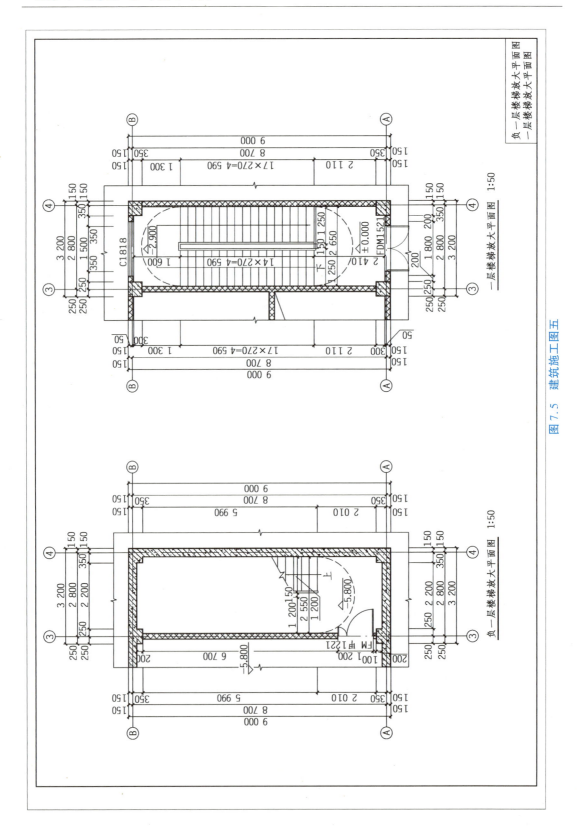

图 7.5 建筑施工图五

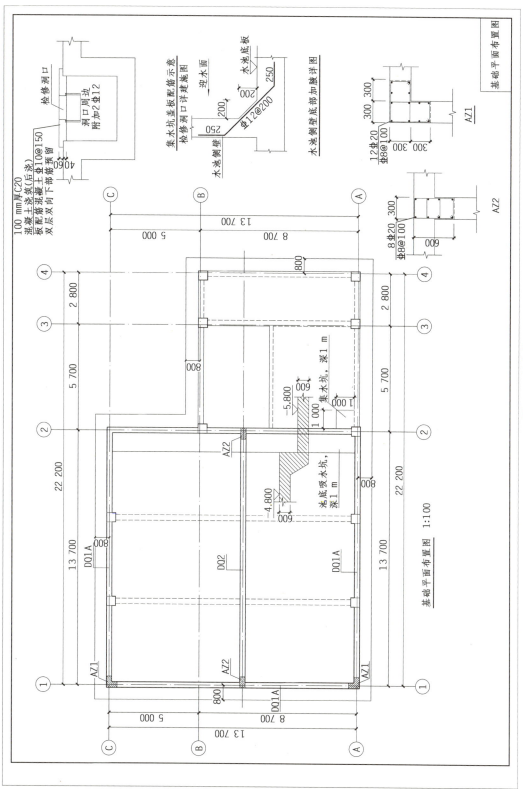

基础平面布置图

集水坑盖板配筋示意图

检修洞口详见建施图

水池侧壁底部加腋详图

水池侧壁

100 mm 厚 C20
混凝土浇筑（后浇）
板配筋混凝土 ➊10@150
双层双向下部筋预留

检修洞口

洞口周边
附加 2➊12

集水坑，深 1 m

滤底吸水坑，深 1 m

基础平面布置图 1:100

图 7.6　结构施工图一

·219·

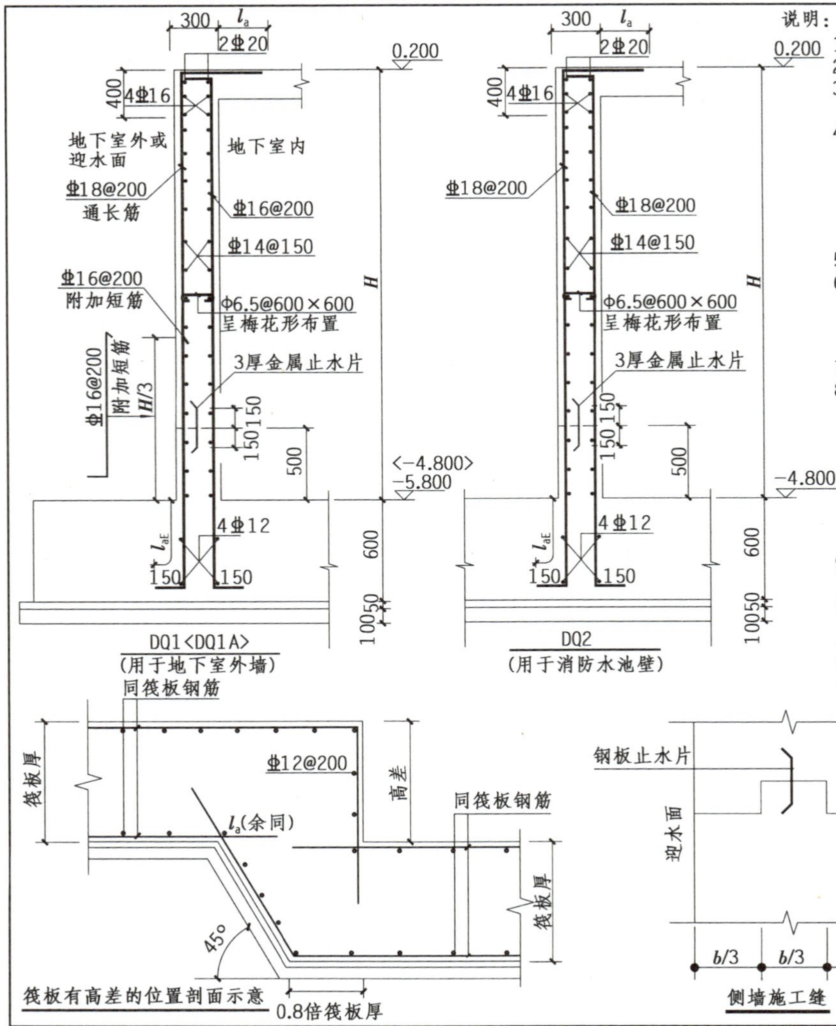

说明：

1. 地基基础设计等级为丙级，±0.000相当于绝对标高以建筑总图为准。
2. 本工程基础形式：柱下为筏板基础。
3. 基础设计根据四川博创勘察设计有限公司提供的《德阳定芯丸生物科技有限公司一期岩土工程地质勘察报告》。
4. 本工程基础持力层采用粉质黏质粉质石屑层，基底要求：基础开挖至设计基底标高后及时验槽，顶应预留300 mm厚土层用人工清基，人工清理至设计基底浸水状态下地动分必须动急闪起持力层，施工时应做好基坑内的防排水措施，作基础垫层前必须由地基单位会同业主方共同验槽，确认合格后方可进行下一道工序。
5. 本工程地下水对混凝土无侵蚀性。
6. 筏板、地下室外墙及消防水池均为C30防水混凝土，混凝土抗渗等级为P6。为提高防水混凝土的抗裂性，混凝土内应掺入膨胀剂或纤维，施工单位应根据防水剂和JR-K复合纤维运营混凝土的技术要求及掺量时，外加剂应经设计人员认可得建议时，防水通长配筋为⊈16@200双层双向布置。
7. 筏板混凝土保护层厚度均为600 mm，独立(条形)基础、水池底板迎水面：50 mm；筏板混凝土垫层时70 mm。
8. 防水混凝土结构迎水层厚度：
   ① 地下室外墙外侧、基础底及水池底板迎水面：35 mm。
   ② 地下室外墙内侧，地下室顶板迎水面：30 mm。
   ③ 柱、梁：25 mm。
   ④ 地下室外墙内侧，水池底板和水池墙的背水面，水池顶板迎水面：25 mm。
   ⑤ 梁、地下室顶板顶面、水池顶面、水池墙：25 mm。
9. 本工程地下室顶板顶面、基础按图集22G101—3施工。地下室外墙不得留竖向施工缝（后浇带除外）。
10. 集水坑数量与位置应同建筑施工，基础底板的物理性能够使化学成分必须符合国家现行有关规范和标准。集水坑深度为1 000 mm；施工时注意做好护坡，降水工作及化学成分必须符合合同约定处标准。J1(1 000 mm×1 000 mm)深度为1 000 mm。
11. 施工时注意建筑和水施对后方可施工，详细做法及安全专项措施。
12. 所有建筑材料的物理性能够使化学成分必须符合合同约定有关规范和标准。

钢板止水片大样

钢板止水片

侧墙施工缝

筏板有高差时的位置剖面示意

0.8倍筏板厚

⊈12@200

筏板有高差时

同筏板钢筋

D01〈D01A〉（用于地下室外墙）
同筏板钢筋

D02（用于消防水池壁）

2⊈20
300
⊈18@200
⊈14@150
Φ6.5@600×600 呈梅花形布置
3厚金属止水片
4⊈12
4⊈16
⊈18@200

地下室内
⊈16@200
⊈14@150
Φ6.5@600×600 呈梅花形布置
3厚金属止水片
4⊈12
地下室外或地下室迎水面
⊈18@200 通长筋
附加短筋
⊈16@200

图 7.7 结构施工图二

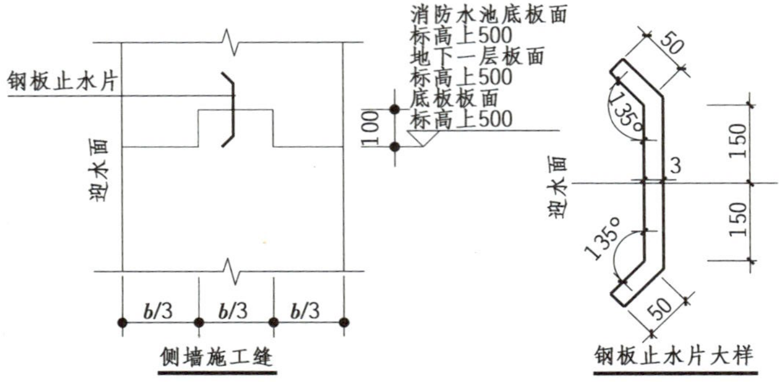

首层平面图、屋面层平面图

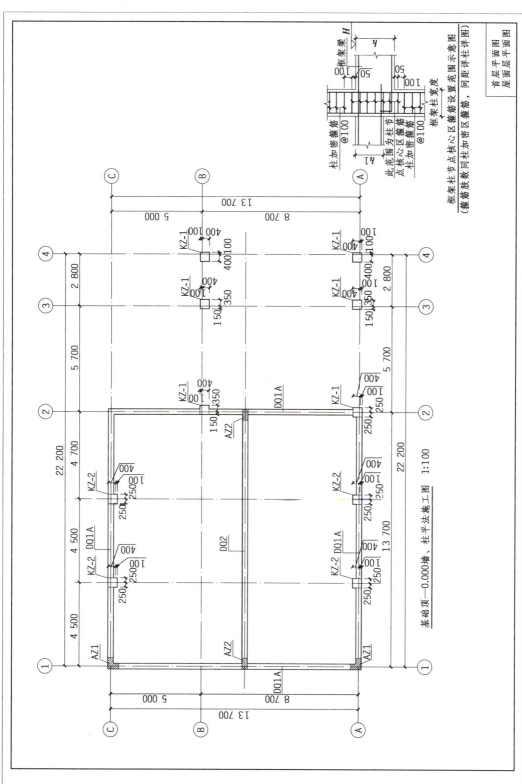

图7.8　结构施工图三

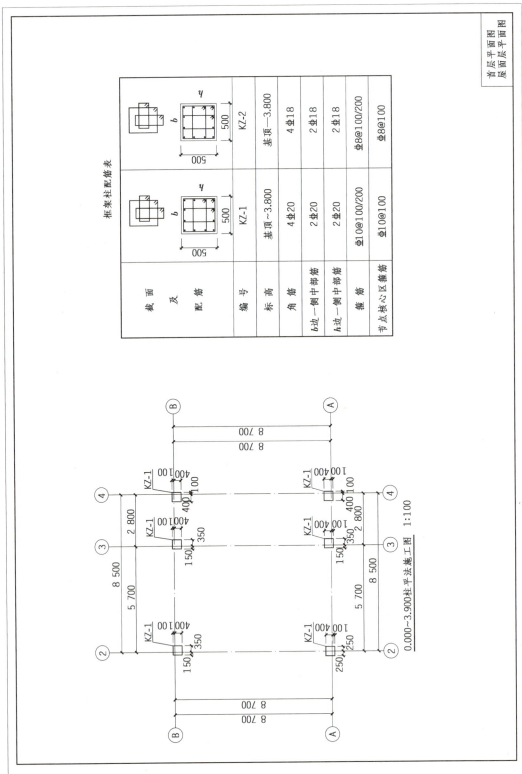

图 7.9　结构施工图图四

框架柱配筋表

截面及配筋	编号	KZ-1	KZ-2
标高		基顶~3.800	基顶~3.800
角筋		4Φ20	4Φ18
b边一侧中部筋		2Φ20	2Φ18
h边一侧中部筋		2Φ20	2Φ18
箍筋		Φ10@100/200	Φ8@100/200
节点核心区箍筋		Φ10@100	Φ8@100

首层平面图平面图
屋面层平面平面图

0.000~3.900柱平法施工图　1:100

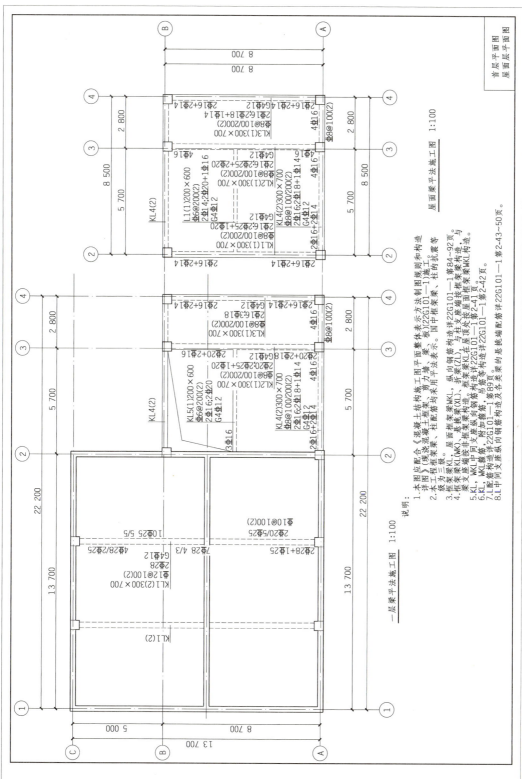

图 7.10　结构施工图五

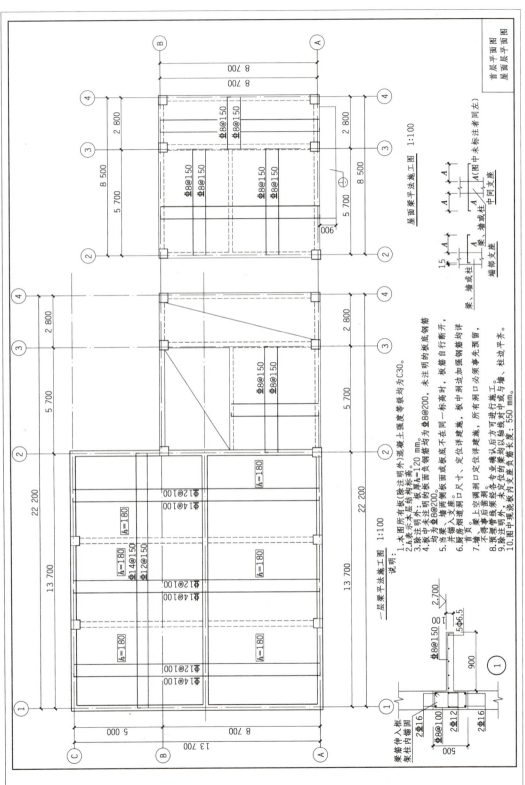

图 7.11 结构施工图六

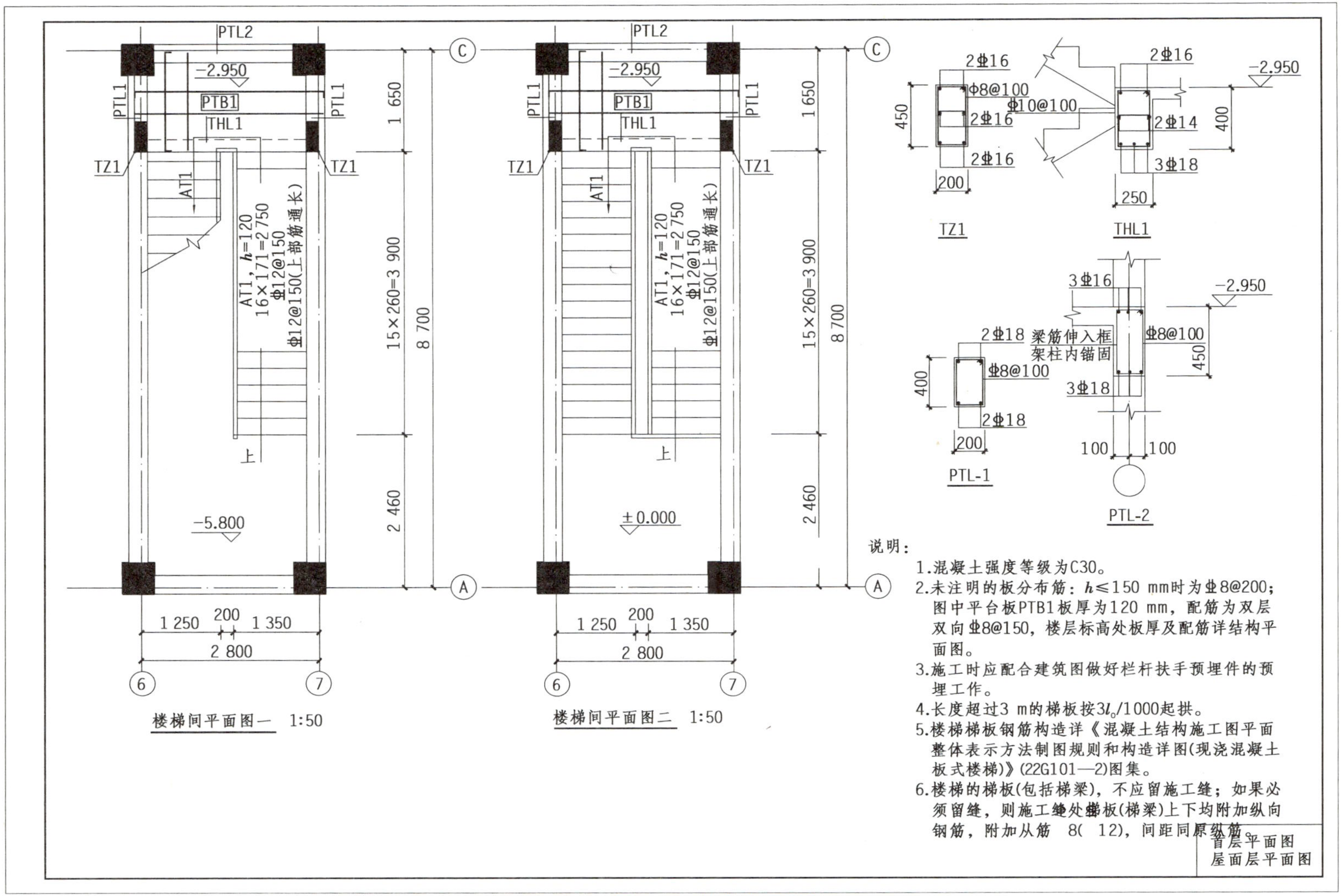

说明：

1. 混凝土强度等级为C30。
2. 未注明的板分布筋：$h \leq 150$ mm时为$\Phi 8@200$；图中平台板PTB1板厚为120 mm，配筋为双层双向$\Phi 8@150$，楼层标高处板厚及配筋详结构平面图。
3. 施工时应配合建筑图做好栏杆扶手预埋件的预埋工作。
4. 长度超过3 m的梯板按$3l_0/1000$布置。
5. 楼梯梯板钢筋构造详《混凝土结构施工图平面整体表示方法制图规则和构造详图(现浇混凝土板式楼梯)》(22G101—2)图集。
6. 楼梯的梯板(包括梯梁)上下部位均附加纵向钢筋，如果加处须留置缝，则施工缝处置楼板(梯梁)上下均附加纵向钢筋，附加从筋 8(12)，同距同原楼梯平面图。

THL1

TZ1 PTL-2 PTL-1

$2\Phi16$　$2\Phi14$　$3\Phi18$　$\Phi8@100$　-2.950
$2\Phi16$　$\Phi8@100$　$\Phi10@100$　梁筋伸入框架柱内锚固　$\Phi8@100$　$3\Phi18$

楼梯间平面图二　1:50

ATI $h=120$
$16 \times 171 = 2\,750$
$\Phi12@150$
$\Phi12@150$(上部负弯矩筋)
± 0.000
PTL1　TZ1　PTL2　PTB1　THL1　-2.950
$8\,700$　$1\,650$　$15 \times 260 = 3\,900$　$2\,460$
$1\,250$　200　$1\,350$　$2\,800$

楼梯间平面图一　1:50

ATI $h=120$
$16 \times 171 = 2\,750$
$\Phi12@150$
$\Phi12@150$(上部负弯矩筋)
-5.800
PTL1　TZ1　PTL2　PTB1　THL1　-2.950
$8\,700$　$1\,650$　$15 \times 260 = 3\,900$　$2\,460$
$1\,250$　200　$1\,350$　$2\,800$

图7.12　结构施工图七

屋面层平面图

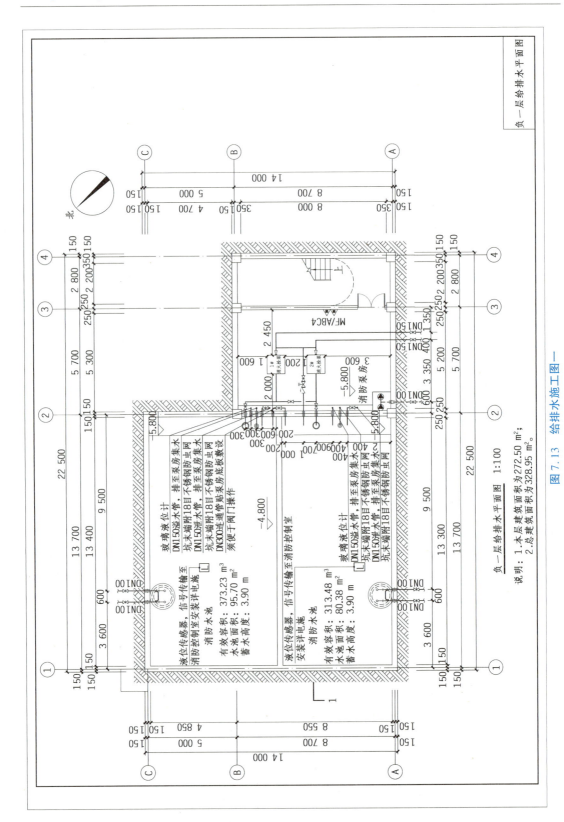

图 7.13　给排水施工图一

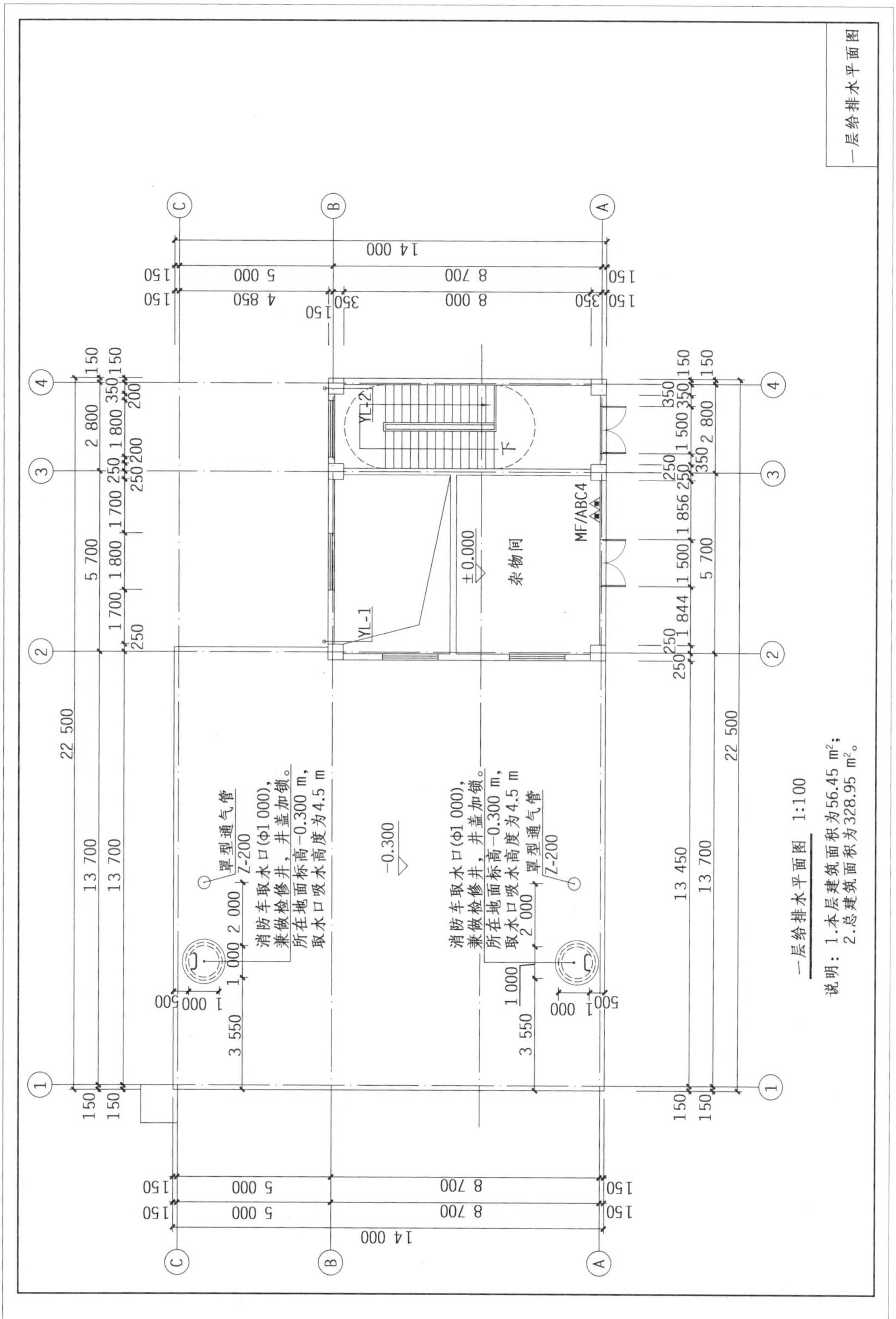

一层给水平面图 1:100

说明：1.本层建筑面积为56.45 m²；
2.总建筑面积为328.95 m²。

图 7.14 给排水施工图二

一层给排水平面图

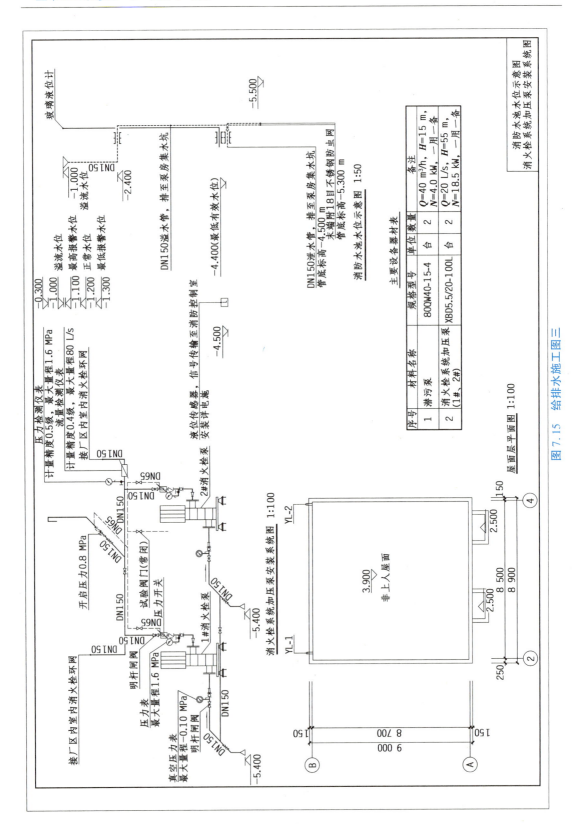

图 7.15　给排水施工图三

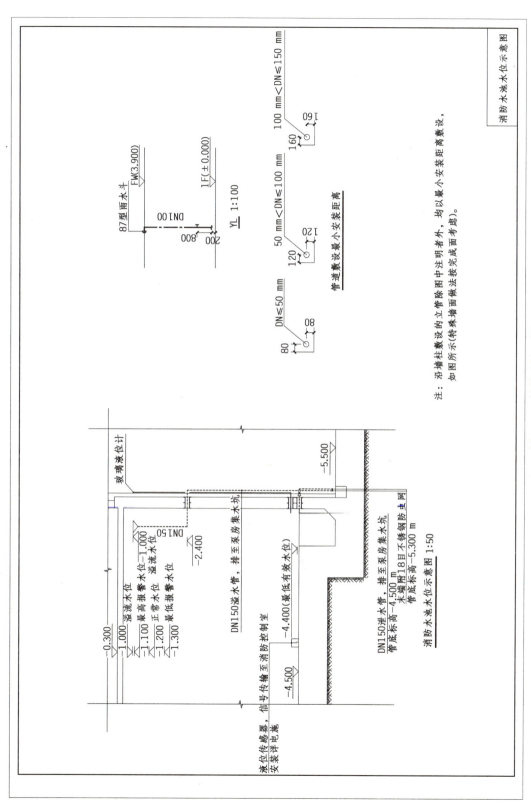

图 7.16　给排水施工图图四

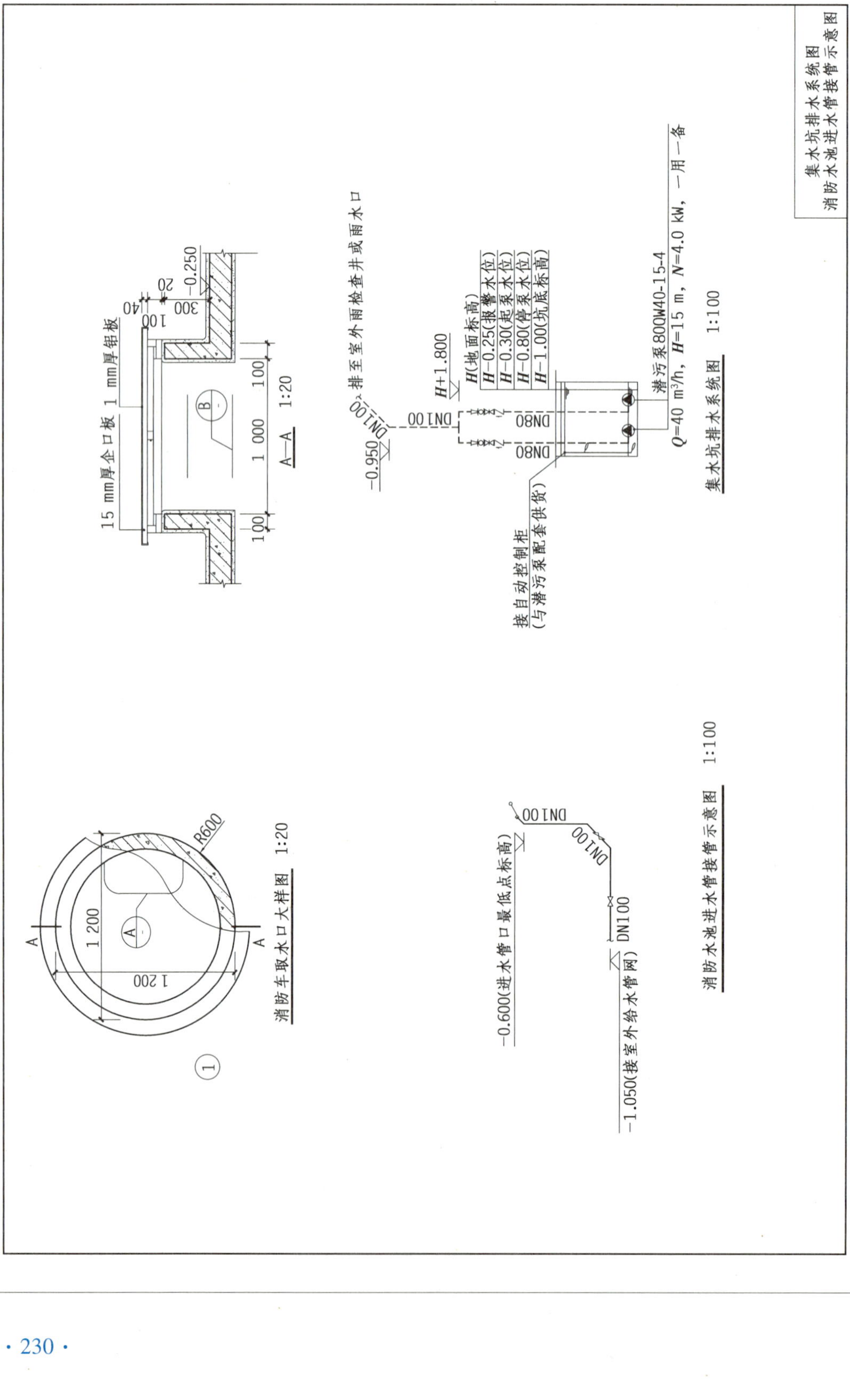

图 7.17 给排水施工图五

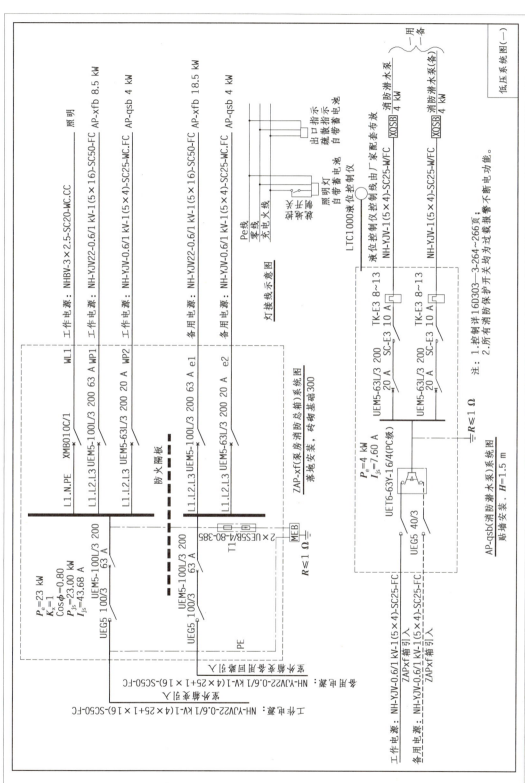

图 7.18 电气施工图一

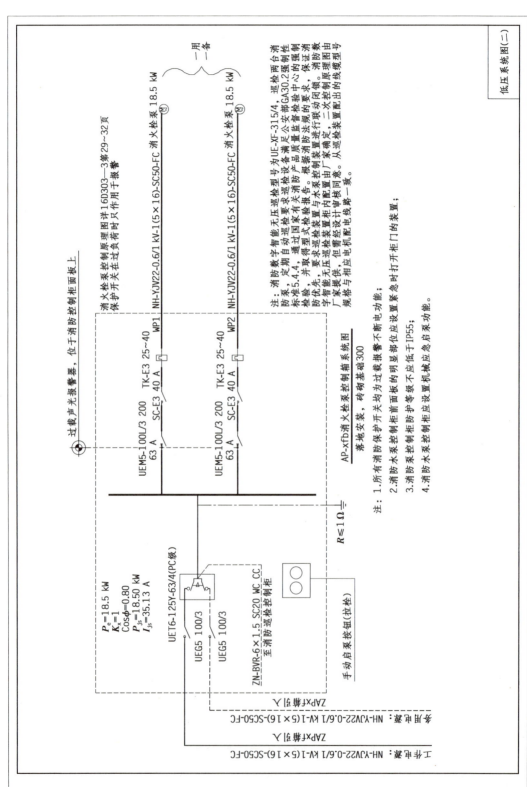

图 7.19　电气施工图二

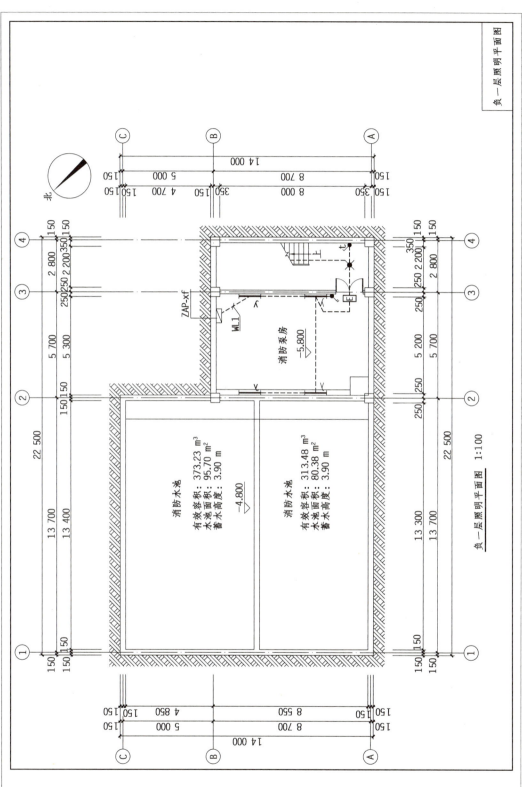

图 7.20　电气施工图三

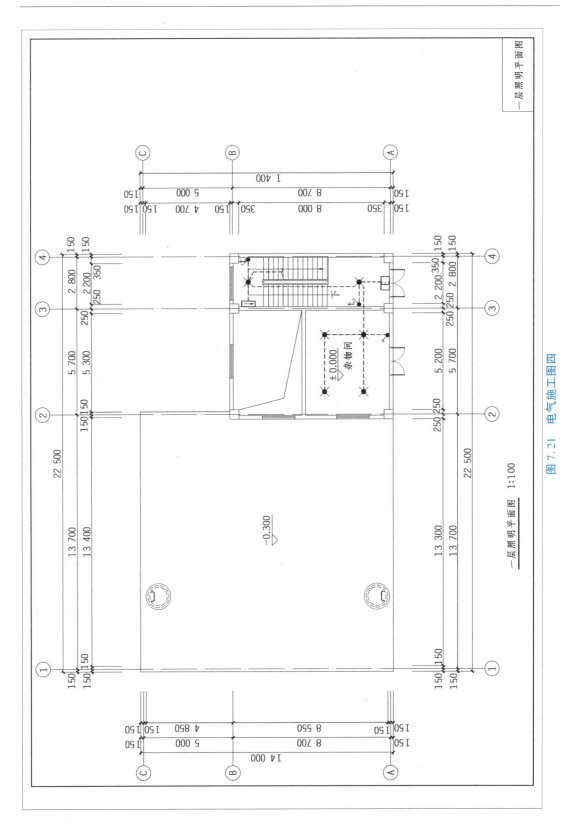

图7.21 电气施工图四

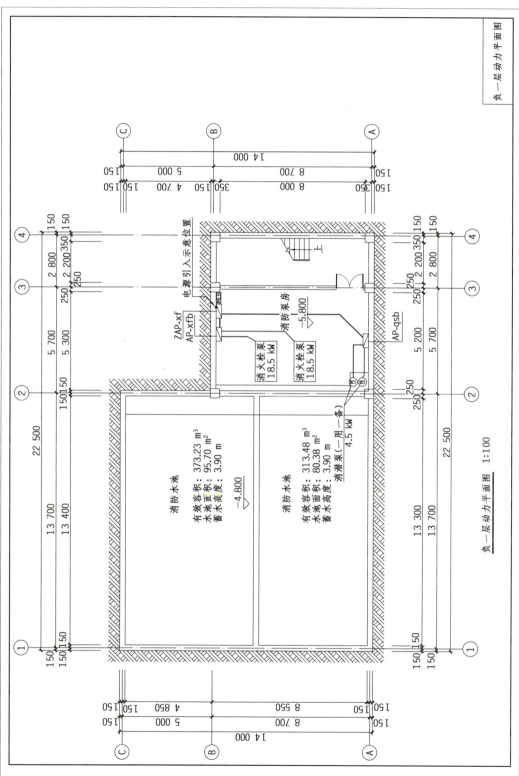

负一层动力平面图

电源引入示意位置

ZAP-xf
AP-xfb

消防泵房
-5.800

消火栓泵
18.5 kW

消火栓泵
18.5 kW

AP-qsb

消防水池

有效容积：373.23 m³
水池面积：95.70 m²
蓄水高度：3.90 m
-4.800

消防水池

有效容积：313.48 m³
水池面积：80.38 m²
蓄水高度：3.90 m

消潜泵（一用一备）
4.5 kW

负一层动力平面图 1:100

图7.22 电气施工图五

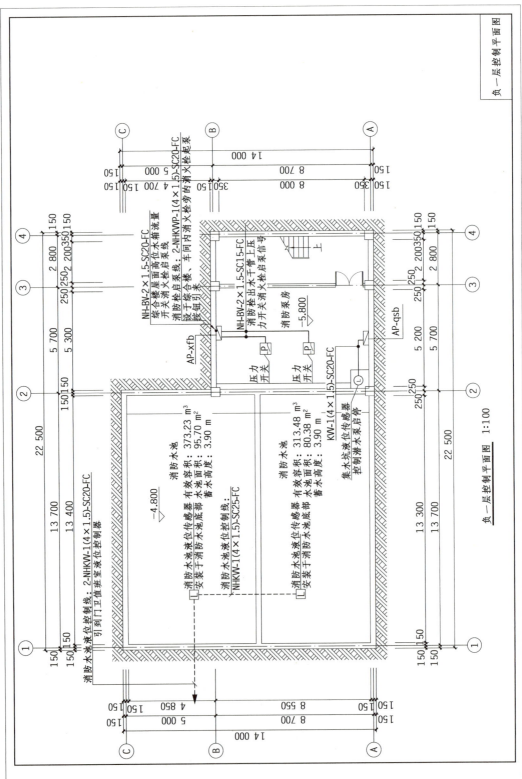

图 7.23 电气施工图六

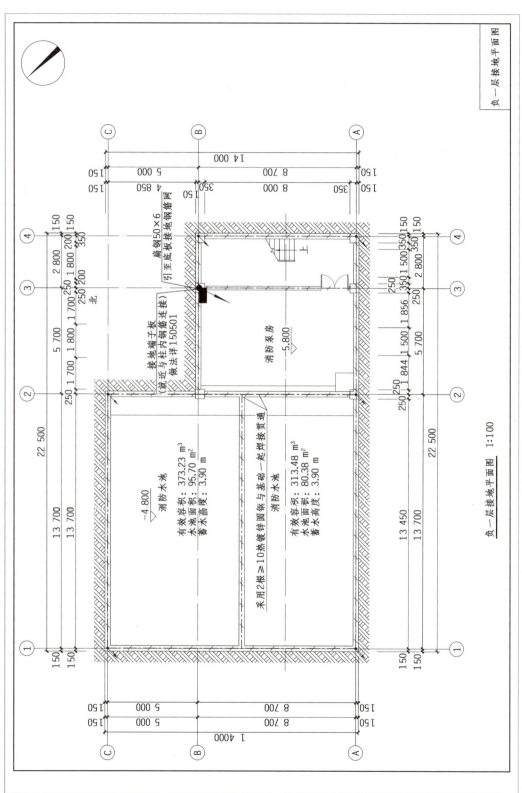

图 7.24 电气施工图七

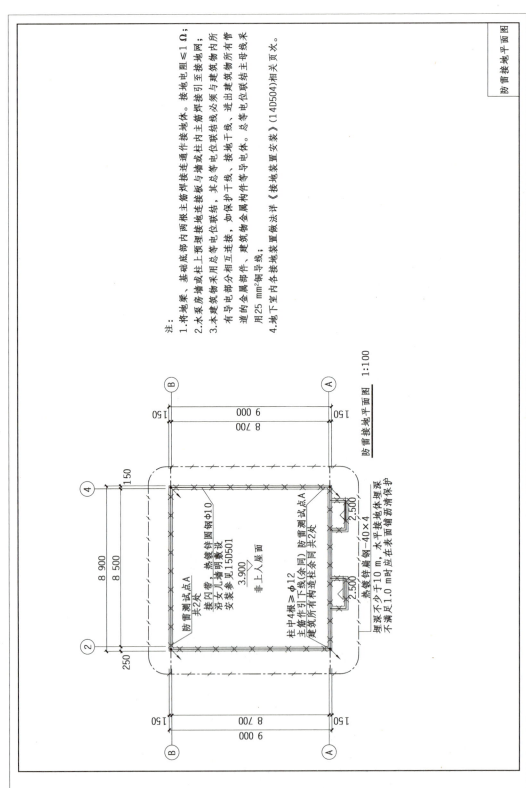

图 7.25　电气施工图八

7.2　案例特点及学习建议

1)案例特点

(1)规模适当、结构具有代表性

混凝土墙、框架结构等是现代建筑的常见结构形式,案例虽然只有 300 m² 左右,但是有框架结构,还有混凝土消防水池,有利于读者了解混凝土墙、框架结构等常见结构的计量与计价。

(2)合理设置装配式构件

基于安全和成本考虑,很难有全装配式建筑,常见的装配式建筑都是部分应用装配式构件或部品。案例工程是在真实工程的基础上合理调整设计,将现浇屋面板调整为装配式预制混凝土叠合板,内墙砌体调整为轻质条形板。通过案例的学习,既能进一步掌握装配式构件或部品的计量与计价,又能清楚完整工程的计量与计价。

(3)是完整的单项工程

案例工程呈现的是完整单项工程的最高投标限价,包括建筑与装饰工程、安装工程,有利于了解单项工程造价的构成和报表呈现形式,培养读者完整的工程造价职业能力。

2)学习建议

(1)复核工程量清单

为了节约篇幅,工程量清单完整报表以教学资源方式呈现,可以扫码阅读,也可以根据图纸自行编制工程量清单,与提供的工程量清单对比,提升识图能力、工程量计算能力,培养独立编制工程量清单的职业能力。

【扫一扫】看看单项工程的工程量清单完整报表及工程量计算表,加强对工程量清单的理解和认识,提升工程量计算能力。

招标工程量
清单

工程量报表(建筑与装饰工程)

工程量明细表
(安装工程)

(2)计算最高投标限价

为了节约篇幅,最高投标限价完整报表以教学资源方案呈现,可以扫码阅读,熟悉最高投标限价的构成、表格填写方法、造价汇总等;也可以根据图纸、现行价格信息和计价规定自行编制最高投标限价,与提供的最高投标限价进行对比,提升识图能力、工程量计算能力,培养独立编制最高投标限价的职业能力。

【扫一扫】看看单项工程的最高投标限价完整报表,加强对最高投标限价的理解和认识,提升计价依据应用能力(参考答案暂按"13规范"及配套文件编制)。

招标控制价

综合单价分析表（建筑与装饰工程）

综合单价分析表（安装工程）

（3）练习投标报价

可以自行拟定投标策略,收集价格信息、拟定施工方案,根据教学资源中的工程量清单编制投标报价,进一步提升计价能力。

7.3 工程造价指标分析

工程造价指标分析包含经济指标分析、清单工程量指标分析、主要材料耗量指标分析。工程造价指标是项目投资估算、设计方案选择、造价审核、成本分析的重要依据,企业应建立工程造价指标库,个人应养成工程造价指标分析的职业习惯。将工程造价指标与类似工程的造价指标进行对比,可以判断工程造价是否合理,积累执业经验。将复核检查后的工程造价指标纳入企业工程造价指标库,可以提升企业经营管理水平。

工程造价经济指标包括绝对数指标和相对数指标。绝对数指标是指工程造价或材料消耗量或工程量与建设规模(如建筑面积)的比值,如每平方米建筑面积造价。相对数指标是指各项费用组成的比例分析。

清单工程量指标是指各清单项目工程量与建筑面积的比值,基本相同的设计文件对应的清单工程量指标应基本相同。该类指标除用于投资估算等造价工作外,还用于在相似单项工程间进行横向对比,针对相同清单工程量指标间的差异,分析其原因,从而防止因计算错误(特别是计量单位错误)导致的工程量错误。

主要材料消耗量指标是指主要材料用量与建筑面积的比值,该指标是在清单工程量指标的基础上,同时考虑了材料的施工损耗因素。主要用于在相似单项工程间进行横向对比,针对材料消耗量指标间的差异,分析其原因,从而发现定额套用方面的错误。相同招标工程量清单对应不同投标报价分析的主要材料消耗量指标差异,反映了不同投标人的施工技术水平差异。

工程造价指标的具体内容见表7.2—表7.4。

表7.2　工程造价经济指标分析表

工程名称:				
名称		单位	指标、参数	所占比率%
总工程造价指标	工程总造价	元		
	建筑面积	m²		
	工程单方造价	元/m²		

续表

工程名称：				
总工程 造价指标	分部分项工程造价	元		
	分部分项工程单方造价	元/m²		
	措施项目造价	元		
	措施项目单方造价	元/m²		
	规费	元		
	规费单方造价	元/m²		
	其他费用(暂列金额、总包服务费等)	元		
	税金	元		
建筑与装饰 工程造价指标	分部分项工程造价	元		
	分部分项工程单方造价	元/m²		
	措施项目造价	元		
	措施项目单方造价	元/m²		
	规费	元		
安装工程 造价指标	分部分项工程造价	元		
	分部分项工程单方造价	元/m²		
	措施项目造价	元		
	措施项目单方造价	元/m²		
	规费	元		

表 7.3   清单工程量指标分析表

总建筑面积(m²)：			
指标项	单位	清单工程量	1 m² 单位建筑面积指标
挖土方	m³		
混凝土	m³		
钢筋	kg		
模板	m²		
砌体	m³		
防水	m²		

续表

总建筑面积(m²)：			
墙体保温	m²		
外墙面抹灰	m²		
内墙面抹灰	m²		
踢脚面积	m²		
楼地面	m²		
天棚抹灰	m²		
门	m²		
窗	m²		

表 7.4　主要材料耗量指标分析表

总建筑面积(m²)：			
指标项	单位	消耗量	1 m² 单位建筑面积指标
水泥 32.5	kg		
中砂	m³		
砾石	m³		
干混地面砂浆 M20	t		
商品混凝土 C15	m³		
商品混凝土 C30	m³		
商品混凝土 C40	m³		
……			

【扫一扫】看一看案例工程最高投标限价的指标分析,加强对工程造价经济指标的认识和理解。

造价指标分析

学习小结

  本模块选择的案例工程规模适当,结构具有代表性,并合理设置了装配式构件,呈现单项工程最高投标限价的完整报表和指标分析,采取开放式学习方式,读者可以自行编制工程量清单与最高投标限价,再与提供的参考答案对比,提升计量与计价能力。还可以拟定投标策略,收集市场价格信息,编制投标报价,进一步提升计价能力。

  通过本模块的学习,读者能清晰认识单项工程造价的构成,提升识读、列项、算量、计价能力,培养指标分析的习惯,树立主动学习意识和能力。

模块 8　计算机辅助计量与计价

【学习目标】

(1)能够精读图纸,虚实结合探究构造节点;

(2)能够熟练完成造价模型创建;

(3)掌握装配式建筑造价模型建立及导量流程;

(4)培养严谨仔细的工作态度和创新精神。

8.1　工程造价软件的基本认识

常用的工程造价软件有智多星、广联达、斯维尔、瑞特、神机妙算、宏业软件等,以上软件的共同特点(设计原理)通常包括以下几个方面:

①工程量计算:根据工程图纸或相关数据自动计算工程量。

②定额库管理:包含或允许用户导入各种工程定额,用于计算不同工程项目的成本。

③材料管理:管理材料的类型、价格和使用量,力求准确计算成本。

④价格信息更新:根据市场变化更新材料和劳务的价格信息。

⑤规范和标准:遵循国家或地区的建筑规范和工程标准,确保计算结果的准确性和合规性。

⑥报表生成:提供多种报表模板,方便用户生成工程预算、结算报告等。

⑦数据导入导出:支持多种文件格式的导入导出,方便与其他软件或系统的数据交换。

⑧用户界面友好:具有直观的用户界面,即使是非专业人士也能较容易地使用。

⑨辅助决策功能:提供数据分析和预测功能,帮助用户做出更加合理的决策。

⑩云服务和网络功能:一些软件提供云服务,允许用户在线协作和数据存储,提高工作效率。

各种软件在操作界面和特色功能上可能有所不同,但核心设计原理都是围绕提高工程造价的准确性、效率和合规性进行开发和设计。其中,参数的定义、输入的准确性、计算方法的选择、数据的一致性、更新的及时性等是关键环节,若某一环节出现错误可能导致计量或计价结果出现重大错误。各种工程造价软件各有特色,本教材以斯维尔软件和宏业软件为例,介绍计算机辅助计量与计价的步骤和方法。

8.1.1　认识工程量计算软件

工程量计算软件是基于 AutoCAD 软件(以下简称 CAD)的建筑与装饰工程计量,利用计算机的可视化技术,通过 CAD 的二维图形向三维模型的转化,从而建立各类三维构件。在此基础上对每一类三维构件进行工程量清单和定额的挂接,根据清单、定额所规定的工程量计算规则,结合钢筋标准及规范规定,计算机自动进行相关构件的空间分析和扣减,从而得到工程项目的各类工程量。

8.1.2　了解工程量计算软件建模原则

在进行三维建模的过程中,需要遵循以下 3 个原则:

①电子图文档识别构件或构件定义与布置。建模时应充分利用电子图文档智能识别功能,快速完成建模操作。如果没有电子图文档,则要按施工图模拟布置构件。

②用图形计算工程量的构件需绘制到模型中。在计算工程量时,仅定义了构件属性值但没有形成模型的构件,软件不会计算工程量。对于无法绘制的图形,可采用手工输入计算式模式。

③工程量分析统计前进行合法性检查。为保证构件模型的正确性、合理性,工程分析统计前进行合法性检查,可检查模型中存在的错误,如应连接的构件是否连接、应断开的节点是否断开、是否存在重复布置的构件等,以减少人为因素造成工程量精度误差。

8.1.3　认识工程量清单计价软件

工程量清单计价软件是按建设主管部门颁布的工程量清单计价标准、工程量清单计价定额规定和工程费用定额规定进行编制的软件程序。工程造价人员按照工程量清单计价标准的要求在工程量清单计价软件中录入对应的工程量清单和工程量清单计价定额,并输入正确的工程量,软件根据内置的工程费用计算原理计算出建筑安装工程费用,同时可生成各种工程造价用表。

工程量清单计价软件的出现大大减轻了工程造价人员烦琐的重复劳动,使工程造价人员能有更多的精力去学习新经验、新技术。目前造价软件的使用情况是工程造价人员将工程量输入工程量清单计价软件,计取各项工程费用、材料取差等一切后续工作皆由工程量清单计价软件来计算,使用工程量清单计价软件非常简便、快捷。

【知识拓展】计算机辅助计量与计价还有很多实用的工具软件,扫一扫,了解更多的工具软件。

计算机辅助计量与计价软件

8.2 计算机辅助工程量计算

本模块以模块4的案例工程为例,依据《建设工程工程量清单计价标准》(GB/T 50500—2024)、《房屋建筑与装饰工程工程量计算标准》(GB/T 50854—2024)、202×版《四川省建设工程工程量清单计价定额》等,运用斯维尔三维算量 for CAD 软件绘制建筑、结构、装配式的相关内容,介绍工程设置、图纸管理、识别或手动布置构件、工程量计算等操作流程。

8.2.1 新建工程

运行斯维尔三维算量 for CAD 软件新建工程。如图 8.1 所示,单击"新建工程"按钮进入新建工程页面,将工程名命名为"××装配式项目",选择工程保存路径,单击"确定"按钮,进入工程设置页面,根据实际项目进行工程设置。

图 8.1 新建工程

8.2.2 操作界面

1)界面介绍

启动程序后进入操作界面,主要由主菜单、工具栏、布置及修改按钮、菜单栏、导航器构件编号列表、快捷工具栏、导航器属性列表、命令聊天框以及绘制界面组成,如图 8.2 所示。

2)工具栏快捷命令介绍

用于建模的主要工具栏包括工程设置及相关快捷命令面板、属性查询及相关快捷命令面板、三维着色及相关快捷命令面板、钢筋布置及相关快捷命令面板以及计算汇总及相关快捷命令面板。以下分别介绍各面板的快捷命令。

（1）工程设置及相关快捷命令面板

工程设置及相关快捷命令面板如图 8.3 所示,主要用于新建工程时的计算规则和相关图集的设置以及工程保存快捷命令。

（2）属性查询及相关快捷命令面板

属性查询及相关快捷命令面板如图 8.4 所示,用于构件查询、筛选以及显示。

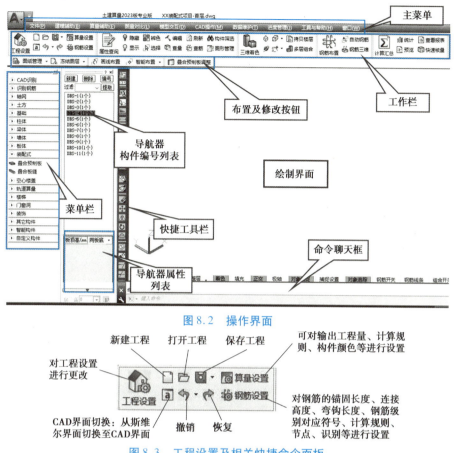

图 8.2 操作界面

图 8.3 工程设置及相关快捷命令面板

属性查询:可查询被选中构件的清单属性和定额属性状态下的物理属性、几何属性以及做法等。

隐藏:可隐藏被选中的构件。

显示:单击"显示"按钮后,弹出筛选对话框,对需要显示的构件进行筛选并显示。

辨色:可设置不同状态下构件显示颜色,如有无挂接做法、有无布置钢筋等状态。

选择:通过筛选设置,选中筛选构件。

编辑:可对选中的单个构件或选中的同类构件进行属性编辑。

查量:可查询构件的工程量计算公式及结果。

查筋:查询被选中构件已布的钢筋工程量。

构件筛选:通过设置筛选条件,筛选出需要的构件。

图形管理:分楼层、构件、编号统计图形构件的数量及截面特征,方便对构件进行检查与核对。

图 8.4 属性查询及相关快捷命令面板

（3）三维着色及相关快捷命令面板

三维着色及相关快捷命令面板主要用于算量模型的三维显示，主要命令如图8.5所示。

图8.5　三维着色及相关快捷命令面板

三维显示：将视图从平面显示界面切换到三维显示界面。

平面显示：将视图从三维显示界面切换到平面显示界面。

模型旋转：切换鼠标功能状态为模型旋转，可用鼠标控制模型旋转。

平移视图：切换鼠标功能状态为平移视图，可用鼠标平移视图。

三维着色：将视图从平面显示界面切换到三维显示界面，且构件被着色。

拷贝楼层：把构件从一个楼层拷贝到另一个楼层，包括构件的做法、布筋信息的拷贝。

多层组合：在三维视图模式下可将多个楼层进行组合，使被组合楼层整体显示。

（4）钢筋布置及相关快捷命令面板

钢筋布置及相关快捷命令面板如图8.6所示，主要用于构件钢筋布置和显示功能。其中"自动钢筋"命令可对选择的构件进行自动钢筋布置，主要用于构造钢筋布置、砌体钢筋布置等。

（5）计算汇总及相关快捷命令面板

算量模型创建完成后，通过计算汇总面板上的快捷命令对模型构件的工程量进行计算、统计、查看等，如图8.7所示。其中"快速核量"是指快速查看选中构件的工程量。

图8.6　钢筋布置及相关快捷命令面板

图8.7　计算汇总及相关快捷命令面板

8.2.3　模型建立

模型建立过程应遵循以下流程，如图8.8所示：

图8.8　模型建立流程

以叠合预制板为例，进行建模操作实操。

（1）自动识别叠合预制板

以案例工程项目首层平面布置图/屋面层叠合板预制板底板布置图（图8.9）中②轴至④轴交Ⓐ轴至Ⓑ轴处叠合预制板为例，混凝土强度等级为C30，板厚度为130 mm，其中预制层厚度为60 mm，现浇层厚度为70 mm。

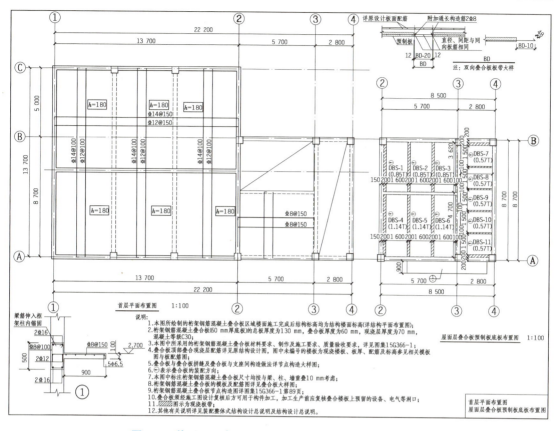

图 8.9 首层平面布置图/屋面层叠合板预制板底板布置图

①在首层操作界面,导入屋面层叠合板预制板底板布置图。

②单击左侧菜单栏中"CAD 识别"的下拉菜单按钮,选择"识别叠合板"弹出"叠合预制板识别"对话框,如图 8.10 所示。

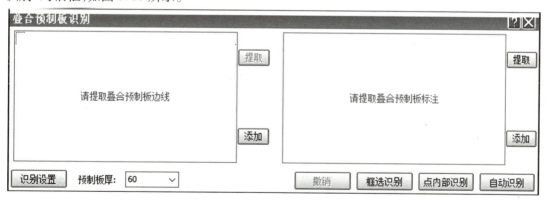

图 8.10 叠合预制板识别

③在"叠合预制板识别"对话框中,根据提示提取叠合预制板预制边线和标注。

④单击"自动识别",也可根据需要进行"框选识别"或"点内部识别"。

(2)手动绘制叠合预制板

①单击左侧菜单栏中"装配式"的下拉菜单按钮,选择"叠合预制板"。

②在导航器构件编号列表中新建叠合预制板,单击"编号"按钮,弹出叠合预制板"定义编号"对话框,如图8.11所示。根据设计图信息修改"构件编号"为"DBS-1","板顶高(mm)-DGD"为"同板底","板厚(mm)-T"为"60","砼强度等级-C"为"C30"。

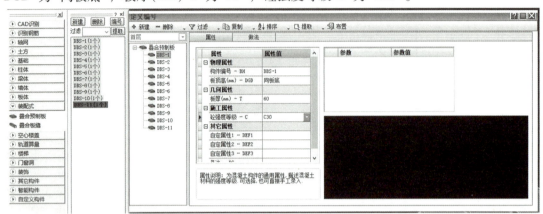

图8.11 叠合预制板属性定义

③单击"布置",可选择"点选内部生成",点选框架梁与柱围成的内部空间,自动生成板构件。也可选择"手动布置",依次绘制板的各个顶点,单击鼠标右键完成绘制,还可以选择"矩形布置",单击鼠标左键绘制矩形框生成板构件,完成模型建立,如图8.12所示。

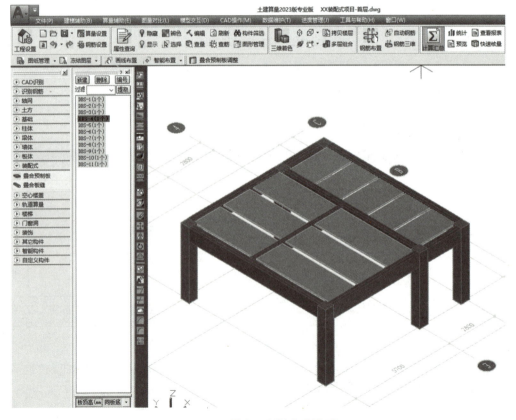

图8.12 叠合预制板完成模型

8.2.4 工程计算汇总

1)工程量计算汇总

所有构件绘制完成后,单击工具栏中的"计算汇总",弹出如图8.13所示的对话框。根据需要进行勾选,如要统计全部构件工程量,将对话框中所有选项进行勾选即可。当只需统计部分构件工程量时,可只勾选需统计部分的构件。单击下方"确定"按钮,系统即开始进行计算汇总。

通常需要勾选"计算方式"框内的"实物量与做法量同时输出",可同时获得清单列项工程量和按模型构件分别列项的工程量。

图8.13 计算汇总对话框

计算汇总完成后,弹出如图8.14所示的工程量分析统计表,单击"实物工程量"页面查看相应实物工程量。也可在工具栏右方单击"预览"查看工程量分析统计表。工程量分析统计表中可进行工程量筛选,查看指定楼层和构件的工程量,还可将当前清单工程量和实物工程量明细表导出到Excel文档进行保存。

单击窗口下方"展开明细"按钮,可详细查看构件的工程量信息。当显示方式为工程量清单时,单击"清单项",即可在展开明细中查看此清单项挂接的详细构件列表,以及这些构件的名称、位置、工程量。

2)工程量报表

单击工具栏右方"查看报表"按钮,在"报表打印"窗口展开报表目录中的文件夹,可选择预览各类工程量表格,如图8.15所示。可勾选表格进行打印。

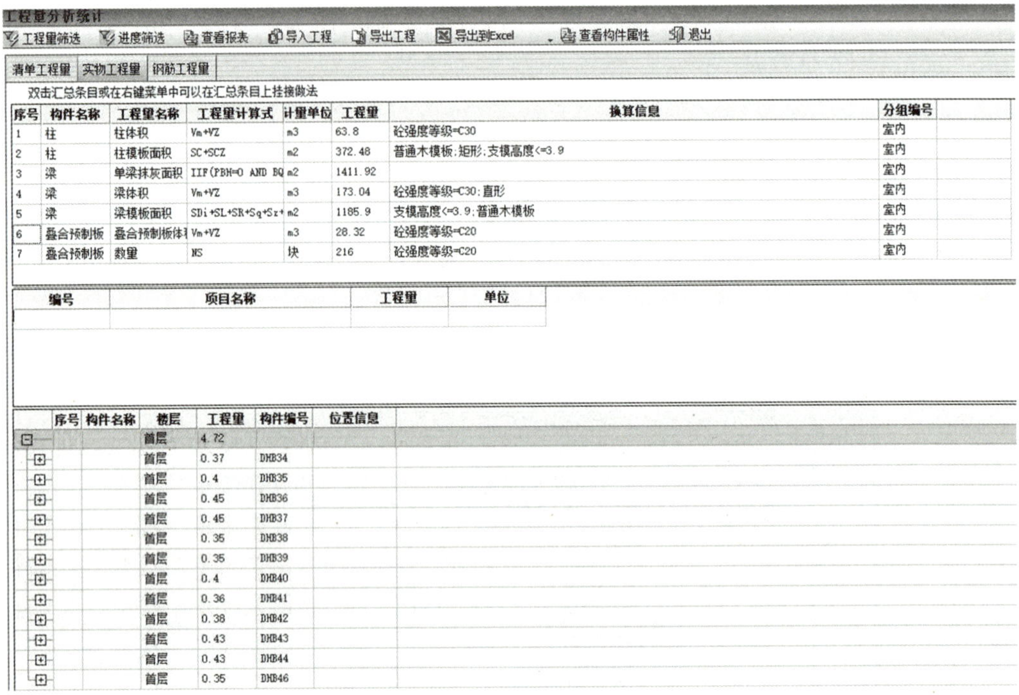

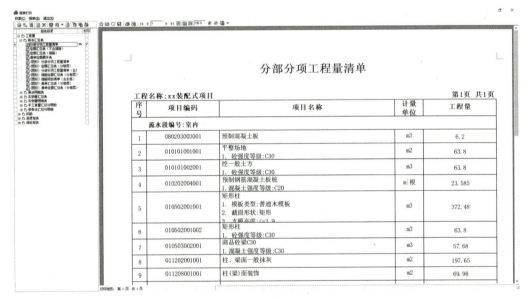

工程量分析统计

工程量筛选　进度筛选　查看报表　导入工程　导出工程　导出到Excel　查看构件属性　退出

清单工程量　实物工程量　钢筋工程量

双击汇总条目或在右键菜单中可以在汇总条目上挂接做法

序号	构件名称	工程量名称	工程量计算式	计量单位	工程量	换算信息	分组编号
1	柱	柱体积	Vm+VZ	m3	63.8	砼强度等级=C30	室内
2	柱	柱模板面积	SC+SCZ	m2	372.48	普通木模板;矩形;支模高度<=3.9	室内
3	梁	单梁抹灰面积	IIF(PBH=0 AND BQ	m2	1411.92		室内
4	梁	梁体积	Vm+VZ	m3	173.04	砼强度等级=C30;直形	室内
5	梁	梁模板面积	SDi+SL+SR+Sq+Sz+	m2	1185.9	支模高度<=3.9;普通木模板	室内
6	叠合预制板	叠合预制板体	Vm+VZ	m3	28.32	砼强度等级=C20	室内
7	叠合预制板	数量	NS	块	216	砼强度等级=C20	室内

编号	项目名称	工程量	单位

序号	构件名称	楼层	工程量	构件编号	位置信息
		首层	4.72		
		首层	0.37	DHB34	
		首层	0.4	DHB35	
		首层	0.45	DHB36	
		首层	0.45	DHB37	
		首层	0.35	DHB38	
		首层	0.35	DHB39	
		首层	0.4	DHB40	
		首层	0.36	DHB41	
		首层	0.38	DHB42	
		首层	0.43	DHB43	
		首层	0.43	DHB44	
		首层	0.35	DHB46	

图 8.14　工程量分析统计表

分部分项工程量清单

工程名称:xx装配式项目　　第1页　共1页

序号	项目编码	项目名称	计量单位	工程量
流水段编号:室内				
1	080203003001	预制混凝土板	m3	6.2
2	010101001001	平整场地 1. 砼强度等级:C30	m2	63.8
3	010101002001	挖一般土方 1. 砼强度等级:C30	m3	63.8
4	010202004001	预制钢筋混凝土板桩 1.混凝土强度等级:C20	m|根	23.585
5	010502001001	矩形柱 1. 模板类型:普通木模板 2. 截面形状:矩形 3. 支模高度:<=3.9	m3	372.48
6	010502001002	矩形柱 1. 砼强度等级:C30	m3	63.8
7	010503002001	商品砼梁C30 1.混凝土强度等级:C30	m3	57.68
8	011202001001	柱、梁面一般抹灰	m2	197.65
9	011208001001	柱(梁)面装饰	m2	69.98

图 8.15　工程量报表

【温故知新】要使用计算机辅助计量装配式建筑工程量,不仅需要学习装配建筑构件在软件中的操作,还需要熟悉整个工程在软件中的计量操作,扫一扫学习更多软件操作相关知识。

斯维尔工程量计算软件操作

完整工程操作

软件操作技巧视频

8.3　计算机辅助工程造价计算

8.3.1　工程项目设置

工程项目设置流程如图 8.16 所示。

图 8.16　工程项目设置流程

1)新建项目

根据当前政策文件要求选择计价标准以及合适工程的计税方式,单击"新建"按钮进入操作界面。

操作界面主要包括主菜单、工具栏、快捷按钮、工程列表区以及子窗口区。工程的建立依次按工程项目、单项工程、单位工程的顺序进行操作。根据工程项目层级分别显示子窗口,当前界面为工程项目层级窗口,工程项目子窗口包括工程项目设置、编制/清单说明、计费设置、工料机汇总表、单项工程报价总表、招(投)标清单 6 个常用功能页,如图 8.17 所示。

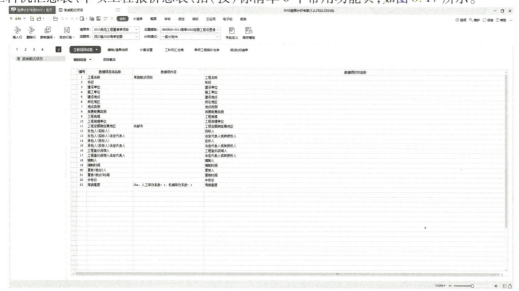

图 8.17　操作界面

（1）工程项目设置

"工程项目设置"页面为工程项目的第一个页面内容，主要用于填写工程信息，如图 8.18 所示。其录入数据项内容为报表总封面及取费费率提取的数据来源，如工程名称、工程规模以及所在地区等。

图 8.18　工程项目设置

（2）编制/清单说明

"编制/清单说明"页面主要用于对工程概况，工程招标和专业工程发包范围，工程量清单编制依据，工程质量、材料、施工等的特殊要求等的说明，如图 8.19 所示。

图 8.19　编制/清单说明

（3）计费设置

"计费设置"页面包括"批量套用综合单价模板""批量修改措施费率"和"批量修改费用汇总表"3 部分内容，主要用于对整个工程中取费标准的统一设置、调整。例如，批量设置定额人工费调整系数、措施费费率及税金标准，如图 8.20 所示。

（4）单项工程报价总表

工程计价完成后可在"单项工程报价总表"页面查看整个工程项目总造价的构成。

（5）招（投）标清单

"招（投）标清单"页面主要用于招标方提取整个工程项目的工程量清单及投标方编制的整

个工程项目部分清单的计价表,由其他项目清单、招标人材料购置费清单、零星工作项目人工单价清单、税金清单、须评审的材料清单和暂估材料(设备)清单等几个子标签功能页组成。

图 8.20 计费设置

2) 单项工程建立

项目层级的信息设置完成后,将鼠标移至工程列表区"某装配式项目"位置,单击鼠标右键,选择"新建单项工程",创建单项工程,在右侧子窗口中输入相应的单项工程信息,如图 8.21 所示。当单项工程信息与总项目信息一致时,可默认不再修改。

图 8.21 新建单项工程

3)单位工程建立

单项工程创建完成后,在"单项工程1"处单击鼠标右键,选择"新建单位工程"依次选择"建筑与装饰工程""安装工程",如图8.22所示。单位工程创建完成后,窗口默认处于"分部分项工程"标签页面,可开始对单位工程进行工程量清单的录入和编辑工作。

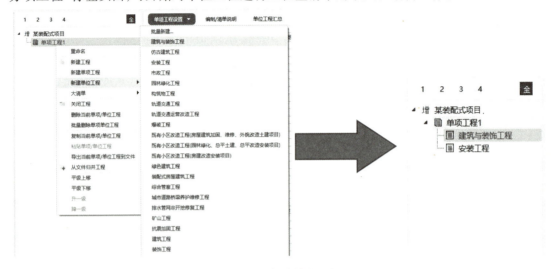

图8.22 新建单位工程

8.3.2 工程量清单编制

单位工程建立完成后,进入建筑与装饰工程分部分项工程量清单页面。

1)手动录入分部分项工程项目清单

以下按照工程量清单编制顺序介绍清单项目编码、工程量、项目特征描述的录入操作方法。

(1)确定项目编码

分部分项工程量清单创建有两种方法:一是直接录入项目编号,简称"直接编号法";二是在数据检索窗口或项目库中选择调用,简称"列表选择法"。

①直接编号法

采用直接编号法录入项目编号即在计价表第二列"编号"栏单元格,录入清单编号后按Enter键或转移鼠标到其他单元格,系统就会自动到项目库中查找该编号的项目,如果找到则调用项目,否则系统将录入的内容清除,需要重新录入。

②列表选择法

列表选择法是最为常见的工程量清单编码录入方式,即从项目库查询窗口选择调用。双击"编号"列任意单元格,或按鼠标右键选择"插入项目清单",弹出清单"查询"窗口,如图8.23所示。

窗口左侧为专业列表,右侧为对应所选专业的分项工程量清单列表。选定需要的清单数据行,单击"选用"按钮,录入工程量清单。"查询"窗口左下角配置有"选用后关闭"功能,勾选表示选用项目后自动关闭"查询"窗口,反之重返"查询"窗口(方便连续调用其他项目)。

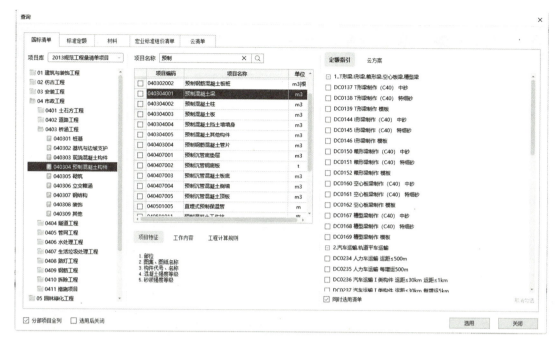

图 8.23　查询窗口

（2）项目特征描述

选择需要编辑的分项清单栏,单击窗口下方"子目信息"标签,在"项目特征"页面编辑相应内容,当前为"装配式预制混凝土　叠合楼板（底板）"清单项目的编辑状态,如图 8.24 所示。

图 8.24　子目特征编辑

（3）录入清单工程量

一般在调用项目后录入该项目的工程量,也可以在其他时候补充录入或修改工程量。工程量允许录入正数、负数或 0,可以直接录入数值,也可以录入四则运算表达式让程序自动计算结果,如图 8.25 所示。

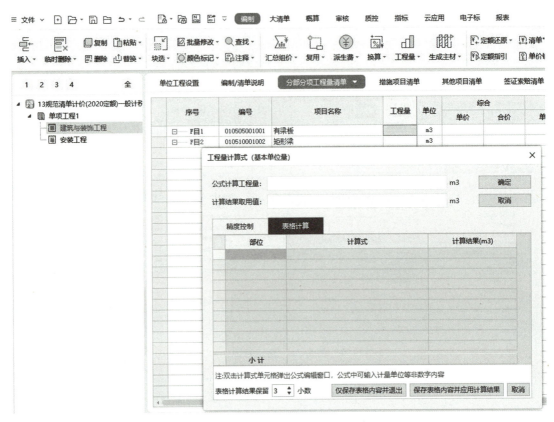

图8.25　工程量录入

（4）分部分项工程项目清单排序

分部分项工程项目清单录入完成后，因添加、删减原因造成清单编码不统一或分部较混乱，可选择上侧工具窗口中的"排序"功能，对整个单位工程的分部分项清单进行自动分部，如图8.26所示。选择"排序"功能，对所有清单项目进行编码后三位顺序码进行自动排序。

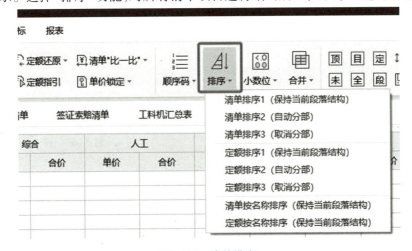

图8.26　清单排序

2)措施项目清单

单击建筑与装饰单位工程主窗口页面中"措施项目清单"标签,在该页面中进行措施项目清单的编辑,如图 8.27 所示。其他项目及税金清单,软件中已列好相应表格,无须添加。

序号	编号	项目名称	工程量/计算式	单位/费率	综合 单价	综合 合价	人工 单价	人工 合价	材料 单价	材料 合价
C		总价措施项目清单								
C	011707001001	安全文明施工	1	项	1572828.50	1572828.50				
C	①	环境保护	(分部分)	1.54%	86505.57	86505.57				
C	②	文明施工	(分部分)	6.52%	366244.35	366244.35				
C	③	安全施工	(分部分)	11.36%	638118.99	638118.99				
C	④	临时设施	(分部分)	8.58%	481959.59	481959.59				
C	011707002001	夜间施工	1	项	43814.51	43814.51				
C	①	夜间施工费	(分部分)	0.78%	43814.51	43814.51				
C	011707003001	非夜间施工照明	1	项						
C	011707004001	二次搬运	1	项	21345.53	21345.53				
C	①	二次搬运费	(分部分)	0.38%	21345.53	21345.53				
C	011707005001	冬雨季施工	1	项	32580.02	32580.02				
C	①	冬雨季施工	(分部分)	0.58%	32580.02	32580.02				
C	011707006001	地上、地下设施、建筑物的临时保护	1	项						
C	011707007001	已完工程及设备保护	1	项						
C	011708001001	工程定位复测费	1	项	7864.14	7864.14				
C	①	工程定位复测	(分部分)	0.14%	7864.14	7864.14				
C	011707007002	红线外临时用水、临时用电、临时用道	1	项						
C	011707008002	外电接入费	1	项						
C	011707008003	投标人认为应列的其他措施费用	1	项						
C		小计				1678432.70				
C		单价措施项目清单									
C	011701006001	基础满堂脚手架	7901.17	m2	5.10	40295.97	3.49	27575.08	1.19	9402.39
C	AS0021换	满堂脚手架 基本层[单价*0.4,综合]	79.012	100m2	510.06	40300.86	348.95	27571.24	119.33	9428.50
木		脚手架钢材	389.055	kg	4.139	1610.30				
木		锯材 综合	1.896	m3	1991.25	3775.41				

图 8.27　措施项目清单

8.3.3　工程量清单计价

工程量清单编制完成后,需按分部分项工程费、措施项目费、其他项目费及税金的计算程序依次完成相关费用的确定。费用计算的操作与工程量清单在同一界面,费用计算操作完成后,可通过打印选项选择分别打印工程量清单或最高投标限价(投标报价)文件报表。

1)分部分项工程费的确定

(1)定额选用

定额选用可通过单击鼠标右键调用定额库,也可通过软件提供的项目定额指引方式快捷选择定额。

①单击鼠标右键从定额库中调用定额。在需要调用定额的工程量清单行,单击鼠标右键选择"插入定额",如图 8.28 所示,弹出定额查询窗口,如图 8.29 所示,窗口左侧选择定额所属分部,右侧显示定额数据栏,双击所需定额栏,完成定额录入,定额工程量默认同清单工程量。

当同一清单需要套用多个定额项目时,可再次在同一编码位置调用定额项目。但需要特别注意每一个定额项目对应的单位是否和清单单位相同,如不相同,则要调整相应定额的工程量。

图 8.28　插入定额

②定额指引库中快速调用定额。选择需要插入定额的清单编码单元格,单击"编号",在单元格中出现"┉"按钮,单击该按钮,弹出"定额指引库"对话框,如图 8.30 所示。可同时勾选所需的多个定额,单击"确定"按钮,完成定额录入,定额工程量默认为清单工程量。

需要注意,采用该定额指引的方式,软件会将与当前清单项目可能相关的定额列表列出来,提供快捷选择方式,但并不一定完全满足实际项目所需。如果所需定额在此对话框中没有列出,则单击对话框下方"定额明细/查询套用"按钮,转到定额库中再次选择定额。

定额的选用还可从主窗口右侧选择快捷工具"插入"按钮,调出定额库,方法同鼠标右键调用定额方式。

按上述方法依次将整个项目的分部分项工程量清单所需要的定额选择完成。

(2)定额换算

定额换算是关于定额基价、定额人工单价、定额材料单价、定额机械单价及综合费单价乘除系数或直接加减费用的处理。以挖土方清单项目为例,如该工程中开挖出的土方产生场外运输的距离为 2 km,则清单中除了套用土方开挖定额以外,还需套用土方运输定额。根据定额说明,采用机械挖土汽车运输的方式,土方运输只能选用定额编号 AA0091"每增运 1 000 m"定额项目,运输定额单价计算需要乘以 2。该换算主要操作步骤如下:

图 8.29　定额查询

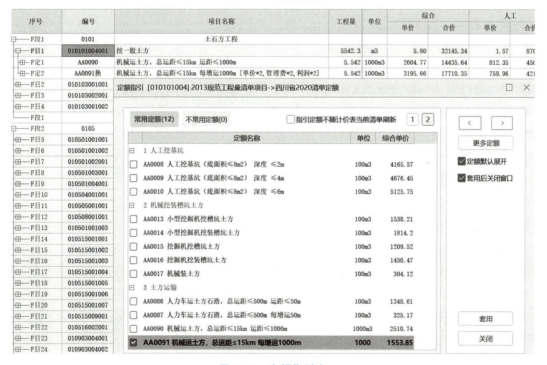

图 8.30　定额指引库

①选择土方运输定额,在右下窗口专用工具栏"系数换算"界面"单价"输入框中填写"2"或"＊2",表示当前定额号对应的单价乘以2,如图8.31所示。若仅为定额人工费调整,则在对应的输入框中填写数字,输入方式可用"＋、－、＊、╱"运算符号,如定额人工单价增加100元,则直接输入"+100"。

②勾选"管理费、利润随单价系数调整",表示定额单价中管理费、利润同时乘系数"2",如管理费、利润不调整,则取消勾选。

③单击"执行换算"按钮,完成定额系数调整。定额编号单元格添加"换"字,并在定额名称单元格显示具体换算内容,如图8.32所示为完成定额换算后的土方清单项目。

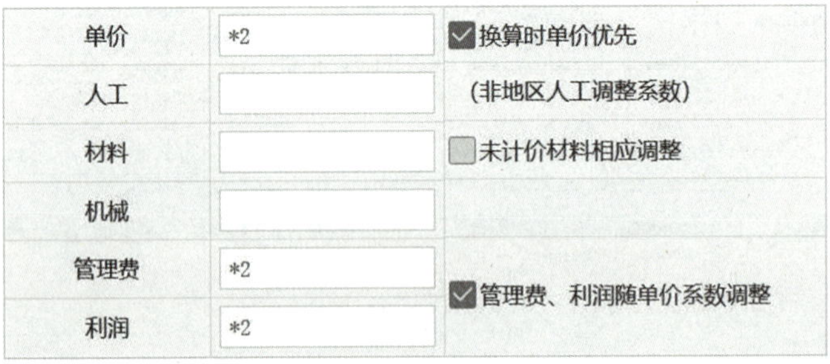

单价	*2	☑ 换算时单价优先
人工		(非地区人工调整系数)
材料		☐ 未计价材料相应调整
机械		
管理费	*2	
利润	*2	☑ 管理费、利润随单价系数调整

图 8.31　定额换算

序号	编号	项目名称	工程量	单位	综合单价	综合合价
⊟—F段1	0101	土石方工程				
⊟—F目1	010101004001	挖一般土方	5542.3	m3	5.80	32145.34
⊟—F定1	AA0090	机械运土方,总运距≤15km 运距≤1000m	5.542	1000m3	2604.77	14435.64
⊟—F定2	AA0091换	机械运土方,总运距≤15km 每增运1000m [单价*2,管理费*2,利润*2]	5.542	1000m3	3195.66	17710.35

图 8.32　土方定额

注意:定额初始录入时,系统会弹出"定额标准换算"对话框,如图8.33所示。可以直接在对话框中"换算描述"列的"实际运距"行输入工程中的实际数据,图中输入实际土方运输距离"2",单位默认为定额单位km,单击"确定"按钮后,定额换算完成,换算提示为本定额AA0090加上1个AA0091定额形成土方运输2km的新单价,如图8.34所示。

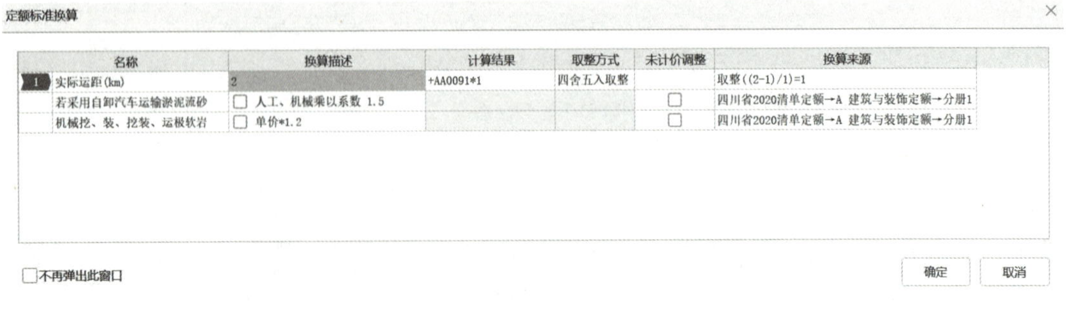

	名称	换算描述	计算结果	取整方式	未计价调整	换算来源
1	实际运距(km)	2	+AA0091*1	四舍五入取整		取整((2-1)/1)=1
	若采用自卸汽车运输淤泥流砂	☐ 人工、机械乘以系数 1.5			☐	四川省2020清单定额→A 建筑与装饰定额→分册1
	机械挖、装、挖装、运极软岩	☐ 单价*1.2			☐	四川省2020清单定额→A 建筑与装饰定额→分册1

☐ 不再弹出此窗口　　　　　　　　　　　　　　　　　　　　　　　　确定　　取消

图 8.33　定额标准换算对话框

如需将经过运算处理的定额恢复到调整前的原始状态,可单击快捷按钮区的"定额还原"选项,取消定额调整。

序号	编号	项目名称	工程量	单位	综合	
					单价	合价
⊟—F段1	0101	土石方工程				
⊞—F目1	010101001001	平整场地	22072.35	m2	1.35	29797.67
⊟—F目2	010101004001	挖一般方	5542.3	m3	4.20	23277.66
⊞—F定2	AA0090换	机械运土方，总运距≤15km 运距≤1000m [+AA0091*1]	5.542	1000m3	4202.60	23290.81

图 8.34　土方定额换算

2)措施项目费的确定

措施项目清单页面中,措施项目清单计算公式及费率系统已根据文件预置好,需要操作者根据当地政策文件规定确认,如图 8.35 所示。

图 8.35　总价措施费用计算

3)其他项目费的确定

(1)暂列金额

单击"其他项目清单"标签,暂列金额默认为费率输入方式。在"暂列金额"行的工程量单元格显示费用计算式"(分部分项工程量清单合价+措施项目清单合价)＊费率",单击"单位/费率"单元格,输入费率为 10%,软件自动按此计算规则计算暂列金额。如要直接录入固定费用,可在暂列金额行右击,选择"置为直接录入费用行",便可录入固定费用。

(2)暂估价

由于材料(工程设备)暂估价已经在工料机汇总表中设置好,在"其他项目清单"页面中不再操作,只需对专业工程暂估价进行设置。例如,要在建筑与装饰工程中增加一项幕墙工程暂估价,可按如下方法操作:

①在"其他项目清单"页面中,单击"专业工程暂估价/结算价"段落编号 2.2 下方单元格,增加编号 2.2.1。

②在"项目名称"单元格输入专业工程名称"幕墙工程"。

③由于当前行默认为直接录入费用行,则输入工程量为"1",单位设为"项"。

④在"单价"列对应单元格输入专业工程暂估价数据。

专业工程暂估价设置完成后如图 8.36 所示。其他项目费用中总承包服务费添加方法同暂估价,计日工单价在页面下方相应单元格中输入。

		序号	编号	招标编码	项目名称	工程量/计算式	单位/费率	综合	
								单价	合价
□	Q段				其他项目清单				
□	Q段	1	1		暂列金额				
	Q计	1.1	1		暂列金额	〈计算式〉	〈费率〉⑨	9000000.00	9000000.00
	Q段				小计				9000000.00
□	Q段	2	2		暂估价				
	Q费	2.1			材料(工程设备)暂估价/结算价		项		
□	Q段	2.2			专业工程暂估价/结算价				
	Q费	2.2.1			幕墙工程	1	项	5000000.00	5000000.00
	Q段				小计				5000000.00
	Q段				小计				5000000.00

图 8.36　专业工程暂估价

输入费用时应注意,"序号"列显示当前专业工程费用的计算方式为"Q 费",如果要将该行设置为采用计算公式的方式,则右击鼠标选择"置为公式计算费用行",可以自定义计算式,并采用输入费率的方式进行计算。

4)税金的确定

如图 8.37 所示,税金在费用汇总页面的相应位置进行费率填写,也可以调入系统预设的取费模板进行取费计算或修改,可单击上侧工具窗口中"费率提取",软件将自动按工程设置的标准设置汇总表中的费率数据,也可单击"费率查询",在查询窗口中逐一选择所需费率,操作方法同措施费查询。

费用名称	[程序]计算公式	费率	金额	
1 分部分项及单价措施项目	分部分项合价+单价措施项目合价		17920960.86	
2 总价措施项目	总价措施项目合价		988914.18	
2.1 其中:安全文明施工费	安全文明措施费		926693.34	
3 其他项目	其他项目合价			
3.1 其中:暂列金额	暂列金额			
3.2 其中:专业工程暂估价	专业工程暂估价			
3.3 其中:计日工	计日工			
3.4 其中:总承包服务费	总承包服务费			
4 规费	D.1+D.2+D.3		496442.85	分部分项清单定额人工费+
1 社会保险费	D.1.1+D.1.2+D.1.3+D.1.4+D.1.5		387225.42	分部分项定额人工费+
(1)养老保险费	(分部分项定额人工费+单价措施项目定额人工费)*费率	7.5%	248221.43	分部分项定额人工费+
(2)失业保险费	(分部分项定额人工费+单价措施项目定额人工费)*费率	0.6%	19857.71	分部分项清单定额人工费+
(3)医疗保险费	(分部分项定额人工费+单价措施项目定额人工费)*费率	2.7%	89359.71	分部分项定额人工费+
(4)工伤保险费	(分部分项定额人工费+单价措施项目定额人工费)*费率	0.7%	23167.33	分部分项定额人工费+
(5)生育保险费	(分部分项定额人工费+单价措施项目定额人工费)*费率	0.2%	6619.24	分部分项清单定额人工费+
2 住房公积金	(分部分项定额人工费+单价措施项目定额人工费)*费率	3.3%	109217.43	分部分项定额人工费+
3 工程排污费				按工程所在地环境保护部门
5 创优质工程奖补偿奖励费	(A+B+C+D)*费率			分部分项工程费+措施项目
6 税前工程造价	A+B+C+D+E		19406317.89	
6.1 其中:甲供材料(设备)费	甲供材料费			
7 销项增值税额	(F-F.1-不计税设备金额)*费率	9%	1746568.61	分部分项工程费+措施项目
招标控制价/投标报价总价合计=税前工程造价+销项增值税额	F+G		21152886.50	

图 8.37　费用汇总表

8.3.4　工程报表

1)工程量清单报表

单击工程项目列表窗口下方"报表输出"按钮,或快捷按钮区内"报表打印中心"按钮,进入报表中心窗口,如图 8.38 所示。在窗口上侧工具栏"报表组选择"下拉列表中选择要打印的报表类型,如要打印工程量清单用表,首先勾选"子项工程"栏中所有层级工程,然后勾选"工程项目汇总表"栏需要打印的项目层级的封面、扉页以及总说明,最后勾选"单位工程报表"中需打印的费用表类型。需要注意,窗口左侧的"子项工程"中要勾选上打印的工程类别,右侧详细报表才能打印。

图 8.38　报表中心

2)工程量清单计价报表

工程量清单计价报表包括最高投标限价、投标报价以及工程结算价报表。单击窗口右侧"报表组选择"下拉列表选择相应的报表类型,如最高投标限价表,窗口即显示计价表内容,依次选择需要打印的表格。可通过窗口右侧工具栏选择打印预览和导出为其他格式的报表。如图 8.39 所示为"分部分项工程和单价措施项目清单与计价表"打印预览页面,单击窗口上方"×"按钮关闭当前报表并进入下一报表预览状态,单击"允许修改"按钮,可对当前报表的表头文字进行编辑。

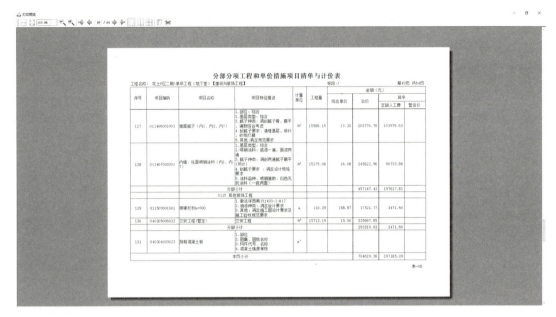

图 8.39　报表预览

【温故知新】我们不仅要熟练使用计算机辅助计量与计价软件进行装配式建筑工程造价,还需要掌握更多不同类型建筑工程造价,扫一扫了解不同工程的工程造价指标。

清单计价
软件操作

软件操作视频

指标查询

指标查询App

学习小结

数字化时代,工程造价人员将在实践工作中频繁使用工程造价软件计算工程量和计取工程费用,提升工程造价工作的质效。专业软件的应用对工程造价人员提出了更高要求,必须精通工程专业,正确领会和运用各项标准和定额,正确设置参数、定义构件、根据工程实际选择正确的计算方法、及时更新数据库数据,才能发挥工具软件的最大效益,否则一个操作失误就可能造成工程造价的重大偏差,因此利用计算机辅助计量与计价不仅要求业务精通,还必须严谨仔细。

工程造价软件有很多,各有特色,企业根据业务需要选用。教材选择斯维尔工程造价软件进行介绍,重在帮助读者借助具体软件了解计算机辅助计量与计价的原理、步骤和方法。

附录　装配式建筑工程计量与计价实训任务书和指导书

装配式建筑工程计量与计价实训任务书

一、课程的地位、作用和目的

装配式建筑工程计量与计价实训是职业技能训练的重要环节,通过编制单位工程的招标工程量清单及最高投标限价或投标报价,理论联系实际,加深学生对清单计价的理解,掌握工程量清单计价的主要内容、编制方法和编制程序,培养学生的动手能力,分析和解决实际问题的能力,建立团队意识、质量意识、责任意识。

二、图纸建议

根据实训时长,选择规模适当的、带有装配式建筑构件或部品的建筑工程。

三、课程设计任务

(一)编制工程量清单
(二)编制最高投标限价或投标报价

四、课程设计组织形式

根据实训时间,可以采取独立完成和合作完成的方式开展实训。

(一)独立完成
独立完成是要求每个学生独立完成实训项目的工程量清单和最高投标限价或投标报价的编制。

（二）合作完成

1. 划分小组

自愿原则,划分若干课程设计小组,每组 4~8 人,组长 1 名、人多的小组增设 1 名副组长。模拟工作团队,开展角色扮演并对设计中的问题进行讨论和交流,相互学习、共同进步。

2. 合理划分任务

每个组员都应该涉及各个分部工程的工程量计算和综合单价确定,任务可以适当重合,如每个组员都应该计算土石方工程量,小组整体要完成所有分部分项工程的工程量计算和综合单价确定。

组员之间应该相互检查复核,培养质量意识。

每个人提交完整的工程量清单和最高投标限价或投标报价的造价文件,在说明中明确自己完成的具体内容。

五、课程设计成果

（一）工程量清单（独立文档）

要求内容完善、格式规范、形式美观、顺序合理、模拟签字和盖章。

（二）最高投标限价或投标报价（独立文档）

要求内容完善、格式规范、形式美观、顺序合理、模拟签字和盖章。

（三）工程量计算稿（独立文件）

（四）其他指导教师要求提交的内容

如实训日志等。

六、成绩评定

（一）评定内容

1. 实训过程资料。

2. 实训成果。

3. 实训中的职业能力和素质。

（二）评价方法

应采取过程性、多维度的评价方式,具体见表 1。

表 1   实训成绩考核记录表

序号	考核内容	自评 （20%）	小组评价 （20%）	教师评价 （60%）	合计
1	过程资料的完整性:30 分				
2	造价成果的规范性、合理性:50 分				
3	职业能力和素质:20 分				

续表

序号	考核内容	自评 （20%）	小组评价 （20%）	教师评价 （60%）	合计
4	小计				
	总评				

（三）评定等级

建议按照优、良、中、及格和不及格 5 个等级予以评定，其中出现以下情况之一的，不予合格：

1. 不提交成果。

2. 成果明显不完整。

3. 成果明显抄袭。

装配式建筑工程计量与计价实训指导书

学生应参照以下步骤进行实训。

一、做好准备工作

1. 认真阅读任务书、划分小组。

2. 选择好图纸。

3. 收集资料：图集，标准，政策法规，材料价格信息，本地区关于工、料、机价格调整的有关规定等。

4. 拟定招标条件，填写在"招标文件摘要"中。

4. 全面阅读图纸、图集。可以按照最新图集或定额做法调整图纸中的相关内容，对于图纸中有矛盾、有误、有漏的内容，以小组为单位研讨，模拟设计单位提出解决方案，填写在"图纸补充说明"中。

5. 需要由施工方案确定的工程项目，以小组为单位进行研讨，考虑技术的可行性、经济的合理性，选择常规的施工工艺和顺序或拟定的施工方案，并填写在"施工工艺或方案说明"中。

6. 根据任务书和指导书制订小组（个人）工作计划。

二、计算工程量

（一）划分清单项目

在熟悉标准和定额、阅读图纸的基础上，小组讨论初步划分清单项目。

（二）计算工程量

（三）交流、复核、统计工程量

三、编制工程量清单

1.每个人独立完成工程量清单的编制，若是分工完成工程量计算的，应在说明中要写明自己计算工程量的项目。

2.相互检查、复核后，合理排列清单表格顺序，模拟签字盖章。

四、编制最高投标限价

（一）计算综合单价

（二）计算最高投标限价

1.每个人独立完成最高投标限价编制，若是分工完成的，编制说明中要写明自己计算综合单价的项目。

2.相互检查、复核后，合理排列计价表格，模拟签字盖章。

五、整理

整理成果，力求完善、规范、美观、合理。

六、进度安排建议

实训时间为×年×月×日至×年×月×日，具体进度安排由指导教师根据实训任务时间提出建议。

七、参考文献（指导教师根据实训需要补充）

［1］中华人民共和国住房和城乡建设部.建设工程工程量清单计价标准:GB/T 50500—2024［S］.北京:中国计划出版社,2024.

［2］中华人民共和国住房和城乡建设部.房屋建筑与装饰工程工程量计算标准:GB/T 50854—2024［S］.北京:中国计划出版社,2024.

［3］中华人民共和国住房和城乡建设部,中华人民共和国国家质量监督检验检疫总局.建筑工程建筑面积计算规范:GB/T 50353—2013［S］.北京:中国计划出版社,2013.

［4］中华人民共和国住房和城乡建设部.通用安装工程工程量计算标准:GB/T 50856—2024［S］.北京:中国计划出版社,2024.

八、附件

附件1　招标文件（摘录）

附件2　图纸补充通知

附件3　施工方案(摘录)

附件1　　招标文件(摘录)

_____工程招标文件(摘录)

1. 招标条件

　　本招标项目_____(项目名称)已由_____(项目审批、核准或备案机关名称)以_____(批文名称及编号)批准建设,项目业主为_____,建设资金来自_____(资金来源),项目出资比例为_____,招标人为_____。项目已具备招标条件,现对该项目施工进行公开招标。

2. 项目概况与招标范围

　　建设地点:_____

　　建设规模:_____

　　计划工期:_____

　　招标范围:_____

3. 最高投标限价:_____元

　　本工程,安全文明施工费,建筑与装饰工程_____元,安装工程_____元,各投标人按照给定数额填列,结算时按照相关规定和合同约定结算。

4. 暂估价

4.1 材料暂估价

4.2 专业工程暂估价

　　本工程专业分包的专业工程有_____,暂估价为_____元。

　　本工程甲方另行发包的工程有_____,暂估价为_____元,其总承包服务费按施工单位投标时的费率进入工程结算,直接委托总承包单位施工,总承包服务费不再计取。

5. 暂列金额:_____元

6 甲供材料

　　本工程甲供材料为暂估价,具体明细如下:

(招标文件是编制造价文件的重要依据,以上内容自行补充和调整,旨在培养学生重视招标文件的应用)

附件2　图纸补充通知

<u>　　　　　　　　　　　　　　</u>工程图纸补充通知

变更原因及内容：

设计单位(盖章)：　　　　　　　　　　　　　建设单位(盖章)：
设计人员签字：　　　　　　　　　　　　　　建设单位负责人签字：
　　　年　　月　　日　　　　　　　　　　　　　　　　年　月　日
(工作中关于图纸问题可能以"设计答疑单"出现,这里设计为"图纸补充通知"的形式,仅作为学习使用,
旨在培养学生知晓图纸问题的处理方法和流程。)

附件 3 常规施工工艺和顺序(施工方案)(摘录)

_____工程施工方案(摘录)

---

1. 土石方施工方案

2. 混凝土采取_____(现场搅拌/预拌混凝土)

3. 砂浆采取_____(现场拌合/预拌干混砂浆/湿拌砂浆)

4. 主要机械:

(施工工艺和顺序或施工方案是编制造价文件的重要依据,以上内容自行补充和调整,旨在培养学生要结合施工工艺和顺序或施工方案编制清单、计算工程造价)

参考文献

[1] 中华人民共和国住房和城乡建设部. 建设工程工程量清单计价标准:GB/T 50500—2024 [S]. 北京:中国计划出版社,2024.

[2] 中华人民共和国住房和城乡建设部. 房屋建筑与装饰工程工程量计算标准:GB/T 50854—2024[S]. 北京:中国计划出版社,2024.

[3] 中华人民共和国住房和城乡建设部. 通用安装工程工程量计算标准:GB/T 50856—2024 [S]. 北京:中国计划出版社,2024.

[4] 许雪微,林兆昌,邹兵,等. 建设工程工程量清单计价标准:GB/T 50500—2024 应用指南 [M]. 北京:中国建筑工业出版社,2025.

[5] 本书编委会. 2024 版建设工程工程量清单计价标准应用指南[M]. 北京:中国建设科技出版社有限责任公司,2025.

[6] 四川省建设工程造价总站. 四川省建设工程工程量清单计价定额[S]. 成都:四川科学技术出版社,2020.

[7] 中国建设工程造价管理协会. 建设项目设计概算编审规程:CECA/GC 2-2015[S]. 北京:中国计划出版社,2015.

[8] 四川省住房和城乡建设厅. 四川省建设工程造价咨询标准:DBJ51/T 090—2018[S]. 成都:西南交通大学出版社,2018.

[9] 武育秦,胡晓娟. 建筑工程计量与计价[M]. 2 版. 重庆:重庆大学出版社,2014.

[10] 胡晓娟. 工程造价实训[M]. 2 版. 重庆:重庆大学出版社,2022.

[11] 胡晓娟. 工程量计算习题集[M]. 2 版. 重庆:重庆大学出版社,2023.